Christian Schulze
Mikrofonarrays zur Bestimmung der
Einfügungsdämpfung an verkürzten Lärmschutzwänden

TUDpress

DRESDNER BEITRÄGE
ZUR SENSORIK

Herausgegeben von
Gerald Gerlach

Band 63

Christian Schulze

Mikrofonarrays zur Bestimmung der Einfügungsdämpfung an verkürzten Lärmschutzwänden

TUD*press*

2016

Die vorliegende Arbeit wurde unter dem Titel „Mikrofonarrays zur Bestimmung der Einfügungsdämpfung an verkürzten Lärmschutzwänden“ am 29.08.2014 als Dissertation an der Fakultät Elektrotechnik und Informationstechnik der Technischen Universität Dresden eingereicht und am 09.12.2015 verteidigt.

Vorsitzender:	Prof. Dr.-Ing. habil. Rüdiger Hoffmann
Gutachter:	apl. Prof. Dr. rer. nat. et Ing. habil. Elfgard Kühnicke
	Prof. Dr.-Ing. habil. Frohmut Wellner
	Dr.-Ing. Wolfram Bartolomaeus

Bibliografische Information der Deutschen Nationalbibliothek
Die Deutsche Nationalbibliothek verzeichnet diese Publikation in der Deutschen Nationalbibliografie; detaillierte bibliografische Daten sind im Internet über http://dnb.d-nb.de abrufbar.

Bibliographic information published by the Deutsche Nationalbibliothek
The Deutsche Nationalbibliothek lists this publication in the Deutsche Nationalbibliografie; detailed bibliographic data are available in the Internet at http://dnb.d-nb.de.

ISBN 978-3-95908-075-0

Universitätsverlag & Buchhandel
Eckhard Richter & Co. OHG
Bergstr. 70 | D-01069 Dresden
Tel.: 0351/47 96 97 20 | Fax: 0351/47 96 08 19
http://www.tudpress.de

TUDpress ist ein Imprint von w.e.b.

Gesetzt vom Autor.
Printed in Germany.

TECHNISCHE UNIVERSITÄT DRESDEN

Fakultät Elektrotechnik und Informationstechnik

MIKROFONARRAYS ZUR BESTIMMUNG DER EINFÜGUNGSDÄMPFUNG AN VERKÜRZTEN LÄRMSCHUTZWÄNDEN

Dipl.-Ing. Christian Schulze

von der Fakultät Elektrotechnik und Informationstechnik der Technischen Universität Dresden

zur Erlangung des akademischen Grades eines

Doktoringenieurs

(Dr.-Ing.)

genehmigte Dissertation

Vorsitzender: Prof. Dr.-Ing. habil. Rüdiger Hoffmann
Gutachter: apl. Prof. Dr. rer. nat. et Ing. habil. Elfgard Kühnicke
Prof. Dr.-Ing. habil. Frohmut Wellner
Dr.-Ing. Wolfram Bartolomaeus

Tag der Einreichung: 29.08.2014
Tag der Verteidigung: 09.12.2015

VORWORT DES HERAUSGEBERS

Die Entwicklung unserer modernen Industriegesellschaft ist durch eine enorme Zunahme der Mobilität gekennzeichnet, die sowohl den Gütertransport als auch den Individualverkehr betrifft. Die kontinuierlich wachsende Verkehrsdichte führt jedoch auch zu immer größerem Verkehrslärm, der die menschliche Gesundheit beeinträchtigen kann. Breit akzeptiertes Ziel unserer Gesellschaft ist es deshalb einerseits, den Verkehr zu senken, andererseits aber auch, den Verkehrslärm zu senken. Letzteres betrifft zum Beispiel das Reifengeräusch, das durch den Kontakt zwischen Reifen und Straße bestimmt wird und deshalb insbesondere von der Fahrbahnoberfläche und den Reifeneigenschaften abhängt.

Durch sekundäre Schallschutzmaßnahmen, wie z. B. Schallschutzwände, kann der Schalldruckpegel direkt in der Nähe der Schallentstehung gemindert werden. Sinnvoll ist es, die schalltechnische Wirksamkeit solcher Bauwerke im Voraus bewerten zu können, um damit bereits bei der Planung die Baukosten zu minimieren. Andererseits benötigt man für die technische Weiterentwicklung von Lärmschutzwänden auch effektive messtechnische Untersuchungsmethoden, mit denen die schalltechnische Wirksamkeit von Lärmschutzmaßnahmen schnell und mit möglichst geringem Aufwand überprüft werden kann.

Ziel der hier vorliegenden Arbeit war deshalb die Entwicklung und Erprobung eines innovativen neuen Messverfahrens, das für sehr kurze Prototypen geeignet ist. Bisher wurden Einzelmikrofone verwendet, wofür die zu prüfende Wand eine Mindestlänge von ca. 200 m aufweisen musste, um praxisrelevante Schlussfolgerungen ziehen zu können. Dem gegenüber werden in der hier vorliegenden Arbeit Mikrofonarrays genutzt, mit denen infolge ihrer Richtwirkung Störanteile im Schallfeld gezielt ausgeblendet werden können. Auf diese Weise lassen sich die notwendige Länge und die Kosten um etwa eine Größenordnung verringern.

Damit kommt der vorliegenden Arbeit neben den interessanten wissenschaftlichen Aspekten auch eine große wirtschaftliche Bedeutung zu. Deshalb wünsche ich der Arbeit die ihr gebührende Aufmerksamkeit!

Dresden im August 2018 — Gerald Gerlach

KURZFASSUNG

Ziel der vorliegenden Arbeit ist die Entwicklung und Erprobung eines innovativen Messverfahrens zur In-situ-Bestimmung der spektralen Einfügungsdämpfung an verkürzten Prototypen neuartiger Lärmschutzwände mit und ohne Aufsätze.

Bisher wird zur Bestimmung der Einfügungsdämpfung mit einem Einzelmikrofon der spektrale Immissionsschalldruckpegel gemessen, der während der Fahrzeugvorbeifahrt bei freier Schallausbreitung bzw. bei installierter Lärmschutzwand auftritt. Das Mikrofon befindet sich dabei in der Regel in 25 m Abstand zur Mitte des ersten Fahrstreifens. Die Einfügungsdämpfung des Schallschirms ergibt sich anschließend durch Subtraktion der beiden gemessenen Immissionsschalldruckpegel. Für die Messungen mit Einzelmikrofon ist es erforderlich, dass die zu prüfende Wand eine Mindestlänge von ca. 200 m aufweist. Erstens soll dadurch der Mittelwert der vom horizontalen Schalleinfallswinkel abhängigen Einfügungsdämpfung einer semi-infiniten Lärmschutzwand erfasst werden. Zweitens muss gewährleistet sein, dass die Schallbeugung um die Seitenkanten des Schallschirms keinen relevanten Einfluss auf den Immissionsschalldruckpegel besitzt. Drittens sollen Störquellen abgeschirmt werden, die sich seitlich des vorbeifahrenden Fahrzeugs befinden und durch die kugelförmige Richtcharakteristik des Einzelmikrofons nicht ausgeblendet werden können. Die erforderliche große Länge des zu untersuchenden Schallschirms ist jedoch mit erheblichen Kosten sowie gegebenenfalls mit Beeinträchtigungen des laufenden Verkehrs durch aufwendige Absperrmaßnahmen während des Wandaufbaus verbunden.

Die Idee des innerhalb der vorliegenden Arbeit entwickelten Messverfahrens beruht auf der Anwendung eines Mikrofonarrays. Dieses ermöglicht die In-situ-Bestimmung der Einfügungsdämpfung für senkrechten Schalleinfall an einer stark verkürzten Wand von ca. 20 m Länge. Durch die Ausnutzung der Richtwirkungseigenschaft des Mikrofonarrays können Störanteile im Schallfeld gezielt ausgeblendet werden. Dies trifft zum einen auf die Schallbeugung um die Seitenkanten des Schallschirms zu, wenn die zu untersuchende Wand eine definierte Mindestlänge aufweist. Zum anderen können bis zu zwei gleichzeitig auftretende Stör-Schallquellen seitlich des Schallschirms ausgeblendet werden, wenn diese eine definierte Mindestentfernung zur Mitte der zu untersuchenden Wand besitzen. Die Einfügungsdämpfung eines semi-infiniten Schallschirms für senkrechten Schalleinfall ist im Allgemeinen größer als dessen mittlere winkelabhängige Einfügungsdämpfung. Um die Ergebnisse des neuartigen Messverfahrens mit Mikrofonarray am finiten Schallschirm und die Ergebnisse des bisherigen Messverfahrens mit Einzelmikrofon am semi-infiniten Schallschirm vergleichbar zu machen, wird in der vorliegenden Arbeit ein Korrekturwert bestimmt.

ABSTRACT

Aim of the present work is the development and the testing of an innovative measurement technique to determine the spectral insertion loss at truncated prototypes of novel noise screens with and without crown elements in situ.

Currently, to determine the insertion loss, a single microphone is applied to measure the spectral immission sound pressure level that occurs during a vehicle pass-by in case of both free sound propagation and sound propagation over the installed noise screen. Thereby, the microphone is generally placed at a distance to the center of the first traffic lane of 25 m. The insertion loss of the noise screen is yielded by subsequently subtracting both measured immission sound pressure levels. The measurements with single microphone require a minimum length of the noise screen to be tested of ca. 200 m. First, this shall guarantee the ascertainment of the average value of the insertion loss of a semi-infinite noise screen depending on the horizontal angle of sound incidence. Second, it has to be ensured that the sound diffraction around the lateral edges of the noise screen does not have any relevant influence on the immission sound pressure level. Third, potentially disturbing noise sources shall be screened that occur next to the vehicle passing by and which cannot be suppressed by the spherical directional characteristic of the single microphone. However, the required length of the noise screen to be tested is connected with extensive costs as well as with interferences of the continuous traffic by complex traffic blockades during the installation of the noise screen where required.

The idea of the measurement technique developed in the present work is based on the application of a microphone array. This allows the determination of the insertion loss for perpendicular sound incidence at a truncated noise screen possessing a length of only approximately 20 m in situ. By taking advantage of the directivity property of the microphone array, disturbing acoustic components can by systematically suppressed. On the one hand, this applies to the sound diffraction around the lateral edges of the noise screen if the noise screen to be examined has a defined minimum length. On the other hand, up to two disturbing noise sources occurring simultaneously at the side of the noise screen can be suppressed, if they possess a defined minimum distance to the center of the noise screen to be tested. In general, the insertion loss of a semi-infinite noise screen for perpendicular sound incidence is greater than the average value of its insertion loss depending on the angle of sound incidence. To make the results of the novel measurement technique with microphone array gained at a finite noise screen and the results of the current measurement technique with single microphone gained at a semi-infinite noise screen comparable, a correction value is determined in the present work.

INHALTSVERZEICHNIS

SYMBOL- UND ABKÜRZUNGSVERZEICHNIS

A_{D}	Substitutionsvariable zur Modellierung der Schallbeugung am keilförmigen Hindernis
A_{FZ}	Substitutionsvariable zur Charakterisierung der Fresnel-Zone
A_{H}	Substitutionsvariable zur Modellierung der Schallbeugung am keilförmigen Hindernis
AB	Asphalt-Beton
a_{F}	Länge der Projektion des Ortsvektors vom Arraymittelpunkt zum m-ten Mikrofon $\vec{x}_{\mathrm{m}}$ auf den Wellenzahlvektor der aus Richtung des Fokuspunkts einfallenden ebenen Schallwelle $\vec{k}_{\mathrm{F}}$
a_{FZ}	große Halbachse der elliptischen Fresnel-Zone
a_{m}	Fensterfunktions-Koeffizient
a_{n}	Potenzreihen-Koeffizient
a_{Q}	Länge der Projektion des Ortsvektors vom Arraymittelpunkt zum m-ten Mikrofon $\vec{x}_{\mathrm{m}}$ auf den Wellenzahlvektor der aus Richtung des Quellpunkts einfallenden ebenen Schallwelle $\vec{k}_{\mathrm{Q}}$
a_{RE}	große Halbachse des Rotationsellipsoids
B_{FZ}	Substitutionsvariable zur Charakterisierung der Fresnel-Zone
B_{H}	Substitutionsvariable zur Modellierung der Schallbeugung am keilförmigen Hindernis
BASt	Bundesanstalt für Straßenwesen
BEM	Randelemente-Methode; englisch: „boundary element method"
b	Breite des Mikrofonarrays
b_{FZ}	kleine Halbachse der elliptischen Fresnel-Zone
b_{RE}	kleine Halbachse des Rotationsellipsoids
C_{ges}	Gesamtkostenfunktion zur Bestimmung der Qualität der Richtcharakteristik des Mikrofonarrays
C_{n}	Teilkostenfunktion zur Bestimmung der Qualität des n-ten definierten Kriteriums der Richtcharakteristik des Mikrofonarrays
c	diskretes Co-Arraypattern
c_0	Schallgeschwindigkeit in Luft
c_{n}	Wichtungsfaktor der n-ten Teilkostenfunktion C_{n}

D	Richtungsmaß
D_{Beug}	Schallbeugungskoeffizient
$D_{\mathrm{e\ Boden}}$	schalltechnische Wirksamkeit (Einfügungsdämpfung) des Bodens; englisch: „excess attenuation"
$D_{\mathrm{e\ Lsw}}$	schalltechnische Wirksamkeit (Einfügungsdämpfung) einer Lärmschutzwand
$D_{\mathrm{e\ Lsw\ m}}$	schalltechnische Wirksamkeit (Einfügungsdämpfung) einer Lärmschutzwand gemittelt über horizontalen Quellwinkel φ_{Q}
D_{z}	Schirmwert des Schallschirms
DFT	diskrete Fourier-Transformation
EM	Einzelmikrofon
E_{ν}	Funktion zur analytischen Beschreibung der Schallbeugung am keilförmigen Hindernis mit dem Keilindex ν_{H}
e	Eulersche Zahl
$\boldsymbol{e}$	komplexer Steuervektor
F	Funktion zur analytischen Beschreibung des Schallreflexionsfaktors für Kugelwellen r_{K}
F_{Beug}	Schallminderungsfaktor für Schallbeugung am Hindernis mit impedanzbelegten Flächen
F_{Boden}	Schallminderungsfaktor für Bodenreflexion mit Berücksichtigung von vorhandener Impedanzdiskontinuität
F_{Div}	Schallminderungsfaktor für Divergenz und atmosphärische Dämpfung
$F_{\mathrm{Effekt\ n}}$	Schallminderungsfaktor für n-ten Schallausbreitungseffekt
F_{FZ}	Konstante zur Definition der Größe der Fresnel-Zone
FEM	Finite-Elemente-Methode; englisch: „finite element method"
FFT	schnelle Fourier-Transformation; englisch: „fast Fourier transform"
FWHM	mögliche Definition der Hauptkeulenbreite eines Arraypatterns; englisch: „full width half maximum"
f	Frequenz
f_{N}	innerhalb des nordischen Prognosemodells NORD 2000 definierte Grenzfrequenz
f_{S}	Abtastfrequenz
He	Helmholtz-Ähnlichkeitskennzahl (kurz: Helmholtz-Zahl)
HKB	Hauptkeulenbreite eines Arraypatterns
h_{E}	Empfängerhöhe über dem Boden
h_{eff}	effektive Schirmhöhe
$h_{\mathrm{eff\ o}}$	effektive Schirmhöhe der Oberkante des Schallschirms
$h_{\mathrm{eff\ s}}$	effektive Schirmhöhe der Seitenkante des Schallschirms
h_{Q}	Quellhöhe über dem Boden
i	Index für relevanten Ausbreitungspfad, für Kugelwellenreflexionsfaktor, für Zeitintervall
K_{N}	Kohärenzfaktor gemäß dem nordischen Prognosemodell NORD 2000
K_{Ni}	Kohärenzfaktor gemäß dem nordischen Prognosemodell NORD 2000 zur Modellierung der Kohärenz der Schalldruckanteile entlang von i-tem sekundärem Pfad und primärem Pfad
K_{S}	Kohärenzfaktor gemäß dem schweizerischen Prognosemodell SonRoad
K_{W}	Anzahl der Koeffizienten zur Konstruktion von Fensterfunktionen a_{m}, die einen Wert von ungleich Null annehmen

k	Wellenzahl; Betrag des Wellenzahlvektors
$\vec{k}_{\mathrm{F}}$	Wellenzahlvektor der aus Richtung des Fokuspunkts einfallenden ebenen Schallwelle
$\vec{k}_{\mathrm{Q}}$	Wellenzahlvektor der aus Richtung des Quellpunkts einfallenden ebenen Schallwelle
L_{H}	Länge des Pfads von der Schallquelle über die Oberkante des keilförmigen Hindernisses zum Empfänger
L_{min}	erforderliche Mindestlänge der zu untersuchenden finiten Lärmschutzwand
L_{pE}	Schalldruckpegel am Empfänger
$L_{\mathrm{pE\ dir}}$	Schalldruckpegel am Empfänger bei direkter Schallausbreitung (freie Schallausbreitung ohne reflektierenden Boden)
$L_{\mathrm{pE\ frei}}$	Schalldruckpegel am Empfänger bei freier Schallausbreitung über reflektierendem Boden
$L_{\mathrm{pE\ frei\ int}}$	Schalldruckpegel am Empfänger bei freier Schallausbreitung über reflektierendem Boden integriert über Fahrzeugvorbeifahrt
$L_{\mathrm{pE\ Lsw}}$	Schalldruckpegel am Empfänger bei Schallausbreitung über vorhandene Lärmschutzwand über reflektierendem Boden
$L_{\mathrm{pE\ Lsw\ int}}$	Schalldruckpegel am Empfänger bei Schallausbreitung über vorhandene Lärmschutzwand über reflektierendem Boden integriert über Fahrzeugvorbeifahrt
L_{pRef}	Schalldruckpegel im Referenzabstand r_{Ref} zur Schallquelle
L_{S}	Leistungsdichtepegel
L_{SA}	Leistungsdichtepegel der an der Oberkante des finiten Schallschirms lokalisierten Schallquelle
L_{SB}	Leistungsdichtepegel der an einer der Seitenkanten des finiten Schallschirms lokalisierten Schallquelle
L_{SC}	Leistungsdichtepegel einer seitlich des finiten Schallschirms lokalisierten Stör-Schallquelle
L_{W}	Schallleistungspegel
L_{W}	Arraypattern in logarithmierter Form (Pegeldarstellung)
$L_{W\mathrm{A}}$	Arraypattern der an der Oberkante des finiten Schallschirms lokalisierten Schallquelle in logarithmierter Form (Pegeldarstellung)
$L_{W\mathrm{B}}$	Arraypattern der an einer der Seitenkanten des finiten Schallschirms lokalisierten Schallquelle in logarithmierter Form (Pegeldarstellung)
$L_{W\mathrm{C}}$	Arraypattern einer seitlich des finiten Schallschirms lokalisierten Stör-Schallquelle in logarithmierter Form (Pegeldarstellung)
Lsw	Lärmschutzwand
M	Mikrofonanzahl
MA	Mikrofonarray
m	Index für Mikrofon, für Fensterfunktion
max	maximaler Wert des betrachteten Wertebereichs
min	minimaler Wert des betrachteten Wertebereichs
N	Anzahl der berücksichtigten Pfade
N_{B}	Anzahl der berücksichtigten Bodenreflexionspfade gemäß dem schweizerischen Prognosemodell SonRoad
N_{FFT}	Anzahl der Stützstellen der schnellen Fourier-Transformation
N_{Fr}	Fresnel-Zahl
N_{NB}	Anzahl der berücksichtigten Nicht-Bodenreflexionspfade gemäß dem schweizerischen Prognosemodell SonRoad
N_{W}	Fensterbreite

n	Index für Fensterfunktion, für relevanten Schallausbreitungseffekt, für diskrete Kreisfrequenz, für Potenzreihe, für Qualitätskriterium der Richtcharakteristik des Mikrofonarrays
OPA	offenporiger Asphalt
PZD	mögliche Definition der halben Hauptkeulenbreite eines Arraypatterns; englisch: „peak-to-zero distance"
p	komplexer Schalldruck
$\hat{p}$	Amplitude des komplexen Schalldrucks
$\widetilde{p}_0$	Bezugswert für die Berechnung des Schalldruckpegels (Effektivwert)
p_{B}	komplexer Schalldruck am Empfänger, resultierend aus Schallausbreitung von der Quelle zum Empfänger über gültigen Bodenreflexionspfad gemäß dem schweizerischen Prognosemodell SonRoad
p_{Beug}	komplexer Schalldruck am Empfänger, resultierend aus Schallausbreitung von der Quelle zum Empfänger durch Beugung am Hindernis
p_{dir}	komplexer Schalldruck am Empfänger, resultierend aus Schallausbreitung von der Quelle zum Empfänger über direkten Pfad
$p_{\mathrm{dir\ H}}$	komplexer Schalldruck am Empfänger, resultierend aus Schallausbreitung von der Quelle zum Empfänger über direkten Pfad mit gegebenenfalls vorhandener Hinderniswirkung
p_{E}	komplexer Schalldruck am Empfänger
p_{Ei}	komplexer Schalldruck am Empfänger, resultierend aus Schallausbreitung von der Quelle zum Empfänger über *i*-ten Pfad
p_{Inkoh}	komplexer Schalldruck am Empfänger, resultierend aus Schallausbreitung von der Quelle zum Empfänger bei vollständig inkohärenter Addition der einzelnen Schalldruck-Anteile
p_{Koh}	komplexer Schalldruck am Empfänger, resultierend aus Schallausbreitung von der Quelle zum Empfänger bei vollständig kohärenter Addition der einzelnen Schalldruck-Anteile
p_{NB}	komplexer Schalldruck am Empfänger, resultierend aus Schallausbreitung von der Quelle zum Empfänger über gültigen Nicht-Bodenreflexionspfad gemäß dem schweizerischen Prognosemodell SonRoad
p_{Ref}	komplexer Schalldruck am Referenzort
p_{Refl}	komplexer Schalldruck am Empfänger, resultierend aus Schallausbreitung von der Quelle zum Empfänger durch Reflexion am Boden
p_{S}	Substitutionsvariable des komplexen Schalldrucks
q	komplexer Schallfluss
R	Radius einer Schallquelle/ eines Empfängers (z. B. Radius einer Mikrofonmembran)
R_0	horizontaler Abstand zwischen Schallquelle und Empfänger
R_1	Abstand zwischen Schallquelle und Empfänger
R_{11}	Teilstrecke des Abstands zwischen Schallquelle und Empfänger
R_{12}	Teilstrecke des Abstands zwischen Schallquelle und Empfänger
R_2	Abstand zwischen Spiegelquelle und Empfänger
R_{E}	Abstand zwischen Oberkante des keilförmigen Hindernisses und Empfänger
R_{Q}	Abstand zwischen Schallquelle und Oberkante des keilförmigen Hindernisses
r	Ortskoordinate des kugelförmigen Koordinatensystems (Länge des Ortsvektors $\vec{x}$)
r_{E}	komplexer Schallreflexionsfaktor für ebene Wellen
r_{K}	komplexer Schallreflexionsfaktor für Kugelwellen

r_{KE}	komplexer Schallreflexionsfaktor für Kugelwellen für empfängerseitige Impedanzbelegung
r_{KQ}	komplexer Schallreflexionsfaktor für Kugelwellen für quellseitige Impedanzbelegung
r_{Ref}	Referenzabstand
S	Leistungsdichtespektrum
S_0	Bezugsfläche
S_{FZ}	Flächeninhalt der elliptischen Fresnel-Zone
$S_{\mathrm{FZ\ Seg}}$	Flächeninhalt eines Segments der elliptischen Fresnel-Zone
S_{H}	Hüllfläche
$\boldsymbol{S}_{\mathbf{xy}}$	komplexe Kreuzspektralmatrix
$\boldsymbol{S}^{\mathbf{0}}_{\mathbf{xy}}$	modifizierte komplexe Kreuzspektralmatrix
SMA	Splitt-Mastix-Asphalt
SNR	Pegeldifferenz zwischen Hauptkeule und amplitudenstärkster Nebenkeule des Arraypatterns (Nebenkeulenunterdrückung); englisch: „signal-to-noise ratio"
$\mathrm{SNR}_{\mathrm{min}}$	erforderliche Mindest-Nebenkeulenunterdrückung des Arraypatterns des eingesetzten Mikrofonarrays
s_{B}	horizontaler Abstand einer an der Seitenkante des finiten Schallschirms lokalisierten Schallquelle zur Mitte der Lärmschutzwand; entspricht der halben Länge der finiten Lärmschutzwand
s_{C}	horizontaler Abstand einer seitlich des finiten Schallschirms lokalisierten Stör-Schallquelle zur Mitte der Lärmschutzwand
t	Zeit
t_0	Referenz-Zeit
VLS	Verkehrslärmspektrum
v	Fahrzeuggeschwindigkeit
W	komplexes Arraypattern des Mikrofonarrays
$\boldsymbol{W}$	Wichtungsmatrix
w_{B}	numerische Distanz
w_{m}	Wichtungsfaktor des m-ten Mikrofons
w_{W}	Wichtungsfaktor einer Fensterfunktion
X	komplexe Fourier-Transformierte des Zeitsignals $x(t)$
x	Ortskoordinate des kartesischen Koordinatensystems
x	Signal-Variable
$\vec{x}$	Ortsvektor von einer Punktschallquelle im Koordinatenursprung zum Immissionsort
x_1	Schnittpunkt der Fresnel-Zone mit der x-Achse
x_2	Schnittpunkt der Fresnel-Zone mit der x-Achse
$\vec{x}_{\mathrm{F}}$	Ortsvektor vom Arraymittelpunkt zum Fokuspunkt
$\vec{x}_{\mathrm{m}}$	Ortsvektor vom Arraymittelpunkt zum m-ten Mikrofon
x_{n}	n-tes Qualitätskriterium der Richtcharakteristik des Mikrofonarrays
$\vec{x}_{\mathrm{Q}}$	Ortsvektor vom Arraymittelpunkt zum Quellpunkt
Y	komplexe Fourier-Transformierte des Zeitsignals $y(t)$
Y_0	komplexe Fourier-Transformierte des Schalldruck-Zeit-Signals im Arraymittelpunkt $y_0(t)$
Y_{m}	komplexe Fourier-Transformierte des Schalldruck-Zeit-Signals am m-ten Mikrofon $y_m(t)$

Y_Q	komplexe Fourier-Transformierte des Schalldruck-Zeit-Signals im Quellpunkt $y_Q(t)$
y	Ortskoordinate des kartesischen Koordinatensystems
y	Signal-Variable
y_0	Schalldruck-Zeit-Signal im Arraymittelpunkt
y_1	Schnittpunkt der Fresnel-Zone mit der y-Achse
y_2	Schnittpunkt der Fresnel-Zone mit der y-Achse
y_D	Position der Impedanzdiskontinuität in y-Richtung
y_M	Mittelpunkt der Fresnel-Zone
y_m	Schalldruck-Zeit-Signal am m-ten Mikrofon
y_Q	Schalldruck-Zeit-Signal im Quellpunkt (Quellsignal)
y_S	Substitutionsvariable zur Beschreibung des Wichtungsfaktors μ
$y_{\varphi Q}$	Abstände zwischen der Schallquelle und dem Empfänger bzw. der Lärmschutzwand bzw. der Impedanzdiskontinuität für horizontale Quellwinkel von $\varphi_Q \neq 0°$
$y_{\varphi Q0}$	Abstände zwischen der Schallquelle und dem Empfänger bzw. der Lärmschutzwand bzw. der Impedanzdiskontinuität für horizontalen Quellwinkel von $\varphi_Q = 0°$
Z	komplexe Fourier-Transformierte des Schalldruck-Zeit-Signals am Ausgang des Beamformers $z(t)$
Z_0	charakteristische Impedanz der Luft (Schallkennimpedanz)
Z_A	komplexe charakteristische Impedanz
Z_W	komplexe Wandimpedanz
z	Ortskoordinate des kartesischen Koordinatensystems
z	Schalldruck-Zeit-Signal am Ausgang des Beamformers
z_H	Schirmwert
α	Schalldämpfungskoeffizient der Luft
α_H	Gültigkeitsparameter für die Modellierung der Schallbeugung am keilförmigen Hindernis nach [HP81]
β	Keilwinkel des keilförmigen Hindernisses
γ	empirischer Parameter zur Berechnung des Kohärenzfaktors gemäß dem schweizerischen Prognosemodell SonRoad
γ_0	empirischer Parameter zur Berechnung des Kohärenzfaktors gemäß dem schweizerischen Prognosemodell SonRoad
δ	Beugungswinkel am Schallschirm
ΔA_m	Amplitudenkorrektur des Beamformers für m-tes Mikrofon
$\Delta D_{e\ Lsw}$	Differenz zwischen der Einfügungsdämpfung der untersuchten Lärmschutzwand bei Anwendung des Mikrofonarray-Verfahrens und des Einzelmikrofon-Verfahrens
ΔL_p	Minderung des Schalldruckpegels am Referenzort durch Schallausbreitungseffekte bei Schallausbreitung zum Empfänger
$\Delta L_{p\ min}$	erforderliche minimale Differenz zwischen dem Schalldruckpegel von interessierender Schallquelle und Stör-Schallquelle am Empfänger
$\Delta L_{p\ frei}$	Minderung des Schalldruckpegels am Referenzort durch Schallausbreitungseffekte bei freier Schallausbreitung über reflektierendem Boden zum Empfänger
$\Delta L_{p\ Lsw}$	Minderung des Schalldruckpegels am Referenzort durch Schallausbreitungseffekte bei Schallausbreitung über vorhandene Lärmschutzwand über reflektierendem Boden zum Empfänger
$\Delta L_{p\ Lsw\ o}$	Minderung des Schalldruckpegels am Referenzort durch Schallausbreitungseffekte bei Schallausbreitung über Oberkante von vorhandener Lärmschutzwand über reflektierendem Boden zum Empfänger

$\Delta L_{\mathrm{p\ Lsw\ s}}$	Minderung des Schalldruckpegels am Referenzort durch Schallausbreitungseffekte bei Schallausbreitung über Seitenkante von vorhandener Lärmschutzwand über reflektierendem Boden zum Empfänger
Δt_{m}	Laufzeitkorrektur des Beamformers für *m*-tes Mikrofon
Δt_{v}	berücksichtigte Dauer der Vorbeifahrt des Fahrzeugs mit der Geschwindigkeit *v*
Δt_{vi}	*i*-tes Zeitintervall der Vorbeifahrt des Fahrzeugs mit der Geschwindigkeit *v*
ΔR_2	definierte Weglängendifferenz zur Beschreibung des Randes des Rotationsellipsoids/der Fresnel-Zone
Δx_{i}	*i*-te Teilstrecke der Vorbeifahrt des Fahrzeugs
$\Delta\varphi_{\mathrm{Q}}$	Schrittweite des Quellwinkels
Θ	Menge von Mikrofonindizes
ϑ	Ortskoordinate des kugelförmigen Koordinatensystems (Winkel zwischen z-Achse und Ortsvektor $\vec{x}$)
ϑ_{B}	Schalleinfallswinkel bei Bodenreflexion
ϑ_{E}	Empfängerwinkel zur Beschreibung der Schallbeugung am keilförmigen Hindernis
ϑ_{FZ}	Winkel zur Beschreibung der Fresnel-Zone
ϑ_{H}	Winkel zur Beschreibung der Schallbeugung am keilförmigen Hindernis
ϑ_{Hi}	Winkel zur Beschreibung der Schallbeugung am keilförmigen Hindernis durch Berücksichtigung des *i*-ten relevanten Schallanteils am Empfänger
ϑ_{Q}	Quellwinkel zur Beschreibung der Schallbeugung am keilförmigen Hindernis
λ	Wellenlänge
μ	Wichtungsfaktor
$\vec{\nu}$	komplexer Schallschnelle-Vektor
ν_{H}	Keilindex
Ξ	Strömungsresistanz
π	Kreiszahl
ρ_0	Dichte der Luft
τ	Integrationsvariable
$\vec{\upsilon}$	Vektorfeld
υ_r	*r*-Komponente des Vektorfelds $\vec{\upsilon}$ in kugelförmigen Koordinaten
υ_ϑ	ϑ-Komponente des Vektorfelds $\vec{\upsilon}$ in kugelförmigen Koordinaten
υ_φ	φ-Komponente des Vektorfelds $\vec{\upsilon}$ in kugelförmigen Koordinaten
Φ	komplexes Schnellepotenzial
Φ_{E}	komplexes Schnellepotenzial am Empfänger
φ	Ortskoordinate des kugelförmigen Koordinatensystems (Winkel zwischen x-Achse und Projektion des Ortsvektors $\vec{x}$ in die x-y-Ebene)
φ_{F}	Winkel zwischen der Verbindungslinie vom Arraymittelpunkt zum Fokuspunkt und der Normalen des Mikrofonarrays; Fokuswinkel
φ_{Q}	Winkel zwischen der Verbindungslinie vom Arraymittelpunkt zum Quellpunkt und der Normalen des Mikrofonarrays; Quellwinkel
φ_{QB}	horizontaler Quellwinkel, unter dem die Schallausbreitung um die Seitenkante des Schallschirms auftritt
φ_{QC}	horizontaler Quellwinkel, unter dem die Schallausbreitung von der seitlich des Schallschirms befindlichen Stör-Schallquelle auftritt

$\varphi_{\mathrm{Q\ max}}$	maximaler betrachteter Winkel zwischen der Verbindungslinie vom Arraymittelpunkt zum Quellpunkt und der Normalen des Mikrofonarrays; maximal betrachteter Quellwinkel
χ	Funktionsargument
$\vec{\chi}$	Differenzvektor zweier Mikrofon-Ortsvektoren
ω	Kreisfrequenz
ω_{n}	*n*-te diskrete Kreisfrequenz
Arg	Argument einer komplexen Zahl
$\arccos$	trigonometrische Arkuskosinus-Funktion
C_{Fr}	Fresnel-Integral
$\cos$	trigonometrische Kosinus-Funktion
d	Differentialoperator für gewöhnliche Ableitung
∂	Differentialoperator für partielle Ableitung
div	Divergenz
E	Erwartungswert
$\in$	Element von
erf	Fehlerfunktion
erfc	komplementäre Fehlerfunktion
$\mathcal{F}$	Fourier-Transformation
f_{Fr}	Fresnel-Hilfsfunktion
g_{Fr}	Fresnel-Hilfsfunktion
grad	Gradient
H	Heaviside-Funktion (Sprungfunktion)
^{H}	hermitescher Matrix-Operator
$\Im$	Imaginärteil einer komplexen Zahl
j	imaginäre Einheit
$\lg$	dekadischer Logarithmus
$\Re$	Realteil einer komplexen Zahl
S_{Fr}	Fresnel-Integral
sgn	Signum-Funktion (Vorzeichenfunktion)
$\sin$	trigonometrische Sinus-Funktion
$\tan$	trigonometrische Tangens-Funktion
∞	Unendlichkeit
*	Operator komplex konjugiert
$\cap$	Operator partiell kohärente Addition

1 EINLEITUNG

Ein aktuelles Problem der Industriegesellschaft stellt der zunehmende Verkehrslärm dar, der mit der kontinuierlich wachsenden Verkehrsdichte einhergeht. Zur Vermeidung der Beeinträchtigung der menschlichen Gesundheit existieren verschiedene Strategien der Minderung des Verkehrslärms, insbesondere des Reifen-Fahrbahn-Geräuschs. Der Fokus primärer Schallschutzmaßnahmen liegt dabei auf der Lärmminderung in unmittelbarer Nähe der Schallquelle. Im konkreten Fall des Reifen-Fahrbahn-Geräuschs ist die Schallemission im Bereich der Kontaktstelle zwischen Reifen und Straße besonders von der Fahrbahnoberfläche und den Reifeneigenschaften abhängig. Zur Minderung des Reifen-Fahrbahn-Geräuschs werden Fahrbahnoberflächen und Fahrzeugreifen im Hinblick auf deren Schall- und Schwingverhalten optimiert.

Der Schalldruckpegel am Immissionsort kann außerdem durch sekundäre Schallschutzmaßnahmen gemindert werden, wie z. B. Schallschirme, Wälle, Galerien und Tröge. Um im Voraus die schalltechnische Wirksamkeit solcher Bauwerke zu bewerten und damit unnötige Kosten beim Bau zu vermeiden, sind möglichst genaue Modelle der Schallemission und der Schallausbreitung erforderlich. Für die Erprobung von Prototypen neuartiger Lärmschutzwände mit spezieller Geometrie oder optimierten schallabsorbierenden Materialien sind jedoch messtechnische Untersuchungen an realen Strukturen erforderlich. Insbesondere die schalltechnische Wirksamkeit von Schallschirmen in Kombination mit speziellen Aufsätzen, sogenannten Schirmkronen, wird auf diese Weise ermittelt.

Ziel der vorliegenden Arbeit ist die Entwicklung und Erprobung eines innovativen Messverfahrens, das ein Mikrofonarray zur In-situ-Bestimmung der spektralen Einfügungsdämpfung an verkürzten Prototypen neuartiger Lärmschutzwände mit und ohne Aufsätze nutzt.

Bisher wird zur Bestimmung der Einfügungsdämpfung mit einem Einzelmikrofon der spektrale Immissionsschalldruckpegel gemessen, der während der Fahrzeugvorbeifahrt bei freier Schallausbreitung bzw. bei installierter Lärmschutzwand auftritt. Das Mikrofon befindet sich dabei in der Regel in 25 m Abstand zur Mitte des ersten Fahrstreifens. Die Einfügungsdämpfung des Schallschirms ergibt sich anschließend durch Subtraktion der beiden gemessenen Immissionsschalldruckpegel.

Für die Messungen mit Einzelmikrofon ist es erforderlich, dass die zu prüfende Wand eine Mindestlänge von ca. 200 m aufweist. Erstens soll dadurch der Mittelwert der vom horizontalen Schalleinfallswinkel abhängigen Einfügungsdämpfung einer semi-infiniten Lärmschutzwand erfasst werden. Zweitens muss gewährleistet sein, dass die Schallbeugung um die Seitenkanten des Schallschirms keinen relevanten Einfluss auf den Immissionsschalldruckpegel besitzt. Drittens sollen Störquellen abgeschirmt werden, die sich seitlich des vorbeifahrenden Fahrzeugs befinden und durch die kugelförmige Richtcharakteristik des Einzelmikrofons nicht ausgeblendet werden können. Die aus diesen drei Forderungen resultierende große Länge des zu untersuchenden Schallschirms ist jedoch mit erheblichen Kosten sowie gegebenenfalls mit Beeinträchtigungen des laufenden Verkehrs durch aufwendige Absperrmaßnahmen während des Wandaufbaus verbunden.

Die Anwendung eines Mikrofonarray-Messsystems soll die Ermittlung der Einfügungsdämpfung an einer finiten, d. h. stark verkürzten Wand ermöglichen (ca. 20 m Länge). Bei einem Entwicklungserfolg können die Baukosten durch die erhebliche Verringerung der notwendigen Mindestlänge der zu untersuchenden Testwand sowie deren Aufsatz um ein Vielfaches gesenkt werden. Grundlage des neuartigen Verfahrens ist die Nutzung der Richtwirkungseigenschaft eines Mikrofonarrays, die durch die Anwendung einer nachgeschalteten Signalverarbeitung auf die einzelnen Mikrofonsignale erzielt wird. Durch Fokussierung des Arrays auf die zu untersuchende Schallquelle können Störanteile im Schallfeld ausgeblendet werden. Dazu zählen neben der Schallbeugung um die Seitenkanten eines finiten Schallschirms zum Beispiel Fahrzeuge des fließenden Verkehrs, die sich neben dem Testfahrzeug oder der Testschallquelle im Bereich der zu untersuchenden Lärmschutzwand befinden. Bei ausreichender Richtwirkung eines Mikrofonarrays ist eine Abschirmung der Störquellen unnötig.

Zu Beginn der Arbeit wird der Stand der Technik zur Thematik vorgestellt. Es folgen Ausführungen zu den grundlegenden Eigenschaften der Richtcharakteristik und der Ansteuerung von Mikrofonarrays. Die beschriebene nachgeschaltete Signalverarbeitung ermöglicht die Bestimmung von absoluten Quellpegeln, die für das neuartige Messverfahren notwendig ist. In den sich daran anschließenden Kapiteln sind die Ergebnisse der drei Hauptarbeitsschritte dargestellt, die zur Entwicklung des neuen Messverfahrens erforderlich sind (vgl. Bild 1.1).

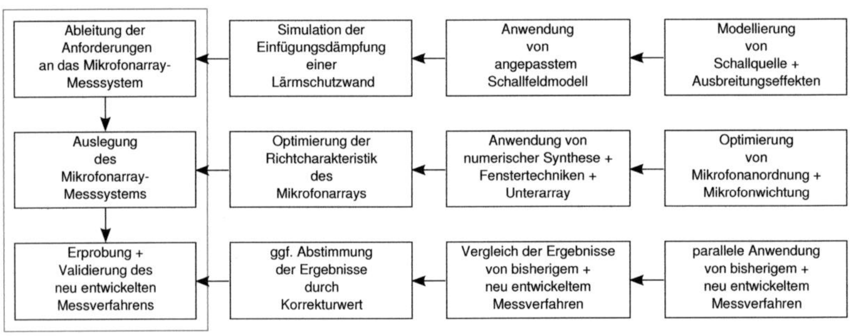

Bild 1.1: Struktur der Hauptarbeitsschritte zur Entwicklung des neuen Messverfahrens

In Kapitel 4 werden die an das Mikrofonarray-Messsystem gestellten Anforderungen zur In-situ-Bestimmung der Einfügungsdämpfung von Lärmschutzwänden spezifiziert. Die Anforderungen lassen sich anhand von Ergebnissen von Schallfeldsimulationen für einen semi-infiniten Schallschirm und eine finite Wand in ungestörter bzw. gestörter akustischer Umgebung ableiten. Ausgehend vom Stand der Technik, in Form bestehender internationaler Prognosemodelle, wird ein geeignetes Schallfeldmodell ausgewählt und an die vorliegende Zielstellung angepasst. Das gewählte Modell berücksichtigt die Schallquelle des Verkehrs und die wesentlichen Einflussgrößen der Schallausbreitung von der Quelle zum Empfänger. Besonderes Augenmerk bei der Modellierung der Schallausbreitung liegt auf der Reflexion von Kugelwellen über impedanzbelegtem Boden mit Impedanzdiskontinuität, der Schallbeugung an Hindernissen mit impedanzbelegten Flächen sowie der Kombination der schalltechnischen Wirkung der verschiedenen relevanten Ausbreitungspfade durch partiell kohärente Addition der einzelnen Schalldruck-Anteile am Immissionsort. Im Anschluss an den Nachweis der Funktionsfähigkeit erfolgt die Anwendung des angepassten Schallfeldmodells zur Simulation der zu erwartenden richtungsabhängigen spektralen Einfügungsdämpfung semi-infiniter Lärmschutzwände für eine spezifische Quell-Empfänger-Geometrie. Die anschließend anhand der Simulationsergebnisse abgeleiteten Anforderungen an das Mikrofonarray hängen zum einen von der Höhe der Lärmschutzwand, zum anderen von den akustischen Umgebungsbedingungen ab, die bei der Anwendung des Messverfahrens am finiten Schallschirm vorherrschen, d. h., ob eine gestörte oder ungestörte akustische Umgebung vorliegt.

In Kapitel 5 werden die Eigenschaften des Mikrofonarray-Messsystems durch Optimierung der spektralen Richtcharakteristik des Arrays an die spezifizierten Anforderungen angepasst. Da für die Ermittlung der vom horizontalen Schalleinfallswinkel abhängigen Einfügungsdämpfung der Lärmschutzwand ausschließlich die Quelllokalisation in horizontaler Richtung notwendig ist, wird für das neuartige Messverfahren ein Linienarray eingesetzt. Die Optimierung der spektralen Richtcharakteristik des Arrays erfolgt durch Optimierung der Mikrofonanordnung sowie der Mikrofonwichtung. Auch die Verwendung eines Unterarrays wird betrachtet. Anschließend wird der Anwendungsbereich des optimierten Mikrofonarray-Messsystems ermittelt. Dies betrifft insbesondere die Definition einer erforderlichen Mindestlänge der zu untersuchenden Lärmschutzwand. Sie soll die korrekte Bestimmung der Einfügungsdämpfung eines semi-infiniten Schallschirms für senkrechten Schalleinfall durch In-situ-Messung an einer finiten Wand garantieren. Die definierte Mindestlänge des zu untersuchenden Schallschirms hängt, wie die Anforderungen an das eingesetzte Mikrofonarray-Messsystem, zum einen von der Höhe der Lärmschutzwand, zum anderen von den akustischen Umgebungsbedingungen ab, die bei der Anwendung des Messverfahrens am finiten Schallschirm vorherrschen (gestörte/ ungestörte akustische Umgebung).

Kapitel 6 beschreibt die messtechnische Erprobung und Validierung des neuartigen Messverfahrens an einer Referenz-Lärmschutzwand im Raum Sachsen. Dabei kamen zeitgleich das bisherige Einzelmikrofon-Verfahren und das neuartige Mikrofonarray-Verfahren mit optimiertem Linienarray zur In-situ-Bestimmung der spektralen richtungsabhängigen Einfügungsdämpfung zum Einsatz. Die Messungen erfolgten zum einen mit Hilfe einer stationären Punktschallquelle, zum anderen bei kontrollierter Vorbeifahrt eines Pkws mit konstanter Geschwindigkeit von 80 km/h. In der Arbeit werden die Messergebnisse des Array-Verfahrens denen der Einzelmikrofon-Messung gegenübergestellt. Der Schwerpunkt der Auswertung liegt dabei auf der Analyse der Unterschiede beider Verfahren zur Ermittlung der Einfügungsdämpfung der Lärmschutzwand in Abhängigkeit von Frequenz und Schalleinfallswinkel (Quellwinkel). Es wird untersucht, ob eine Korrektur erforderlich ist, um die Ergebnisse des Array-Verfahrens und die Ergebnisse der Einzelmikrofon-Messung vergleichbar zu machen. Letztendlich soll die Frage beantwortet werden, ob die Bestimmung der mittleren winkelabhängigen Einfügungsdämpfung eines semi-infiniten Schallschirms durch die messtechnische Untersuchung einer finiten Wand mit Mikrofonarray bei ausschließlicher Betrachtung des horizontalen Quellwinkels von 0° erfolgen kann.

2 STAND DER TECHNIK

Um im Voraus die schalltechnische Wirksamkeit von sekundären Schallschutzmaßnahmen zu bewerten und damit unnötige Kosten beim Bau zu vermeiden, sind möglichst genaue Modelle der Schallemission und der Schallausbreitung erforderlich. In Deutschland erfolgt diese Bewertung derzeit auf Basis der Richtlinien für den Lärmschutz an Straßen (RLS-90) [RLS92]. Innerhalb dieses Prognosemodells kann die Schallausbreitung in der Nähe von senkrechten Schallschirmen/Lärmschutzwänden (Lsws) ohne Aufsatz und anderen geometrisch einfachen, schallreflektierenden und schallbeugenden Bauwerken mit Hilfe von ingenieurmäßigen Formeln mit hinreichender Genauigkeit beschrieben werden.

Zur Bewertung der schalltechnischen Wirksamkeit von Bauwerken mit komplexerer Geometrie stehen im derzeitigen deutschen Prognosemodell bisher keine ingenieurmäßigen Formeln zur Verfügung. In den letzten Jahren fanden Untersuchungen an Galerien, Trögen [SKH12a] und Tunnelöffnungen [SKH12b] statt, um solche ingenieurmäßigen Formeln für die potentielle Aufnahme in die zu überarbeitenden RLS-90 zu entwickeln. Dazu wurde die Schallausbreitung im Bereich der komplexen Bauwerke durch Anwendung der Finite Elemente Methode numerisch modelliert und die für die Schallimmission wesentlichen Effekte der Schallausbreitung identifiziert. Die numerischen Berechnungsergebnisse sowie umfangreiche Recherchen bestehender eingesetzter internationaler Prognosemodelle zum Stand der Technik ermöglichten es anschließend, bauwerkspezifische ingenieurmäßige Beschreibungen der Schallausbreitung abzuleiten. Für die messtechnische Verifikation dieser entwickelten analytischen Beschreibungen standen Ergebnisse von Messungen an Bauwerken komplexer Geometrie im Modellmaßstab zur Verfügung. Diese Messungen wurden in der Halle für Modelltechnik der Bundesanstalt für Straßenwesen (BASt) durchgeführt. Aufgrund der Komplexität der Bauwerke und der daraus resultierenden Baukosten wären messtechnische Untersuchungen an realen Strukturen unter idealisierten Randbedingungen zur Verifikation von entwickelten analytischen Beschreibungen kaum denkbar gewesen.

Für die Erprobung von Prototypen neuartiger Lärmschutzwände mit spezieller Geometrie oder optimierten schallabsorbierenden Materialien sind messtechnische Untersuchungen an realen Strukturen jedoch üblich. Auch die schalltechnische Wirksamkeit von Schallschirmen in Kombination mit speziellen Aufsätzen, sogenannten Schirmkronen, lässt sich auf diese Weise ermitteln. Solche Schirmkronen werden seit einigen Jahren verstärkt entwickelt, da sie die schalltechnische Wirksamkeit verbessern können, oft ohne den Schallschirm selbst zu erhöhen. Basis dafür ist die gezielte Beeinflussung der akustischen Impedanz an der Oberkante der Lärmschutzwand und damit der Schallbeugung über den Schallschirm. Dies kann z. B. durch $\lambda/4$-, $\lambda/2$- oder Helmholtz-Resonatoren erreicht werden (s. [CBM11], [VM00b], [ZBEA11]). Andere Entwickler setzen auf passive klappenförmige, T- oder L-förmige Aufsätze oder Schirmkronen mit aktiven Systemen (z. B. [Kok11], [GG07], [Asd05], [SH11]).

Das Einfügungsdämpfungsmaß einer Lärmschutzwand ist definiert als die frequenzabhängige Minderung des Schalldruckpegels einer Schallquelle, die durch Errichtung des Schallschirms am Immissionsort hervorgerufen wird. Die In-situ-Bestimmung der Einfügungsdämpfung von Prototypen neuartiger Lärmschutzwände und deren Varianten im Originalmaßstab erfolgt bisher durch die Messung mit einem Einzelmikrofon (EM) in größerer Entfernung, von typischerweise 25 m zur Mitte des ersten Fahrstreifens (vgl. Bild 2.1, links). Diese Methode erfordert den Aufbau der zu prüfenden Wand am Einsatzort über eine Länge von typischerweise 200 m. Ein Schallschirm dieser Länge kann näherungsweise als semi-infinite, d. h. eine in Längsrichtung unendlich ausgedehnte Wand betrachtet werden, bei der der Einfluss der Schallbeugung um die Seitenkanten des Schallschirms auf den Immissionsschalldruckpegel hinter der Lärmschutzwand nicht in Betracht gezogen werden muss. Mit der notwendigen Länge des Schallschirms sind jedoch erhebliche Kosten sowie gegebenenfalls Beeinträchtigungen des laufenden Verkehrs durch aufwendige Absperrmaßnahmen während des Wandaufbaus verbunden. Um bei bisherigen messtechnischen Untersuchungen von Schallschirmen mit Aufsätzen die erheblichen Kosten des Neubaus einer Lärmschutzwand einzugrenzen, werden z. B. einzelne Wandelemente aus bestehenden Schallschirmen größerer Länge herausgenommen und bei gleicher Höhe der Schirmoberkante durch Wandelemente mit Schirmkrone ersetzt (vgl. [VM00a]). Dabei ist zu beachten, dass die Bestimmung einer allgemein vergleichbaren schalltechnischen Wirksamkeit von Aufsätzen durch In-situ-Messungen freie Schallausbreitungsbedingungen ohne reflektierende Hindernisse über den gesamten Bereich hinter und vor der Lärmschutzwand erfordert. Diese Voraussetzungen liegen an bestehenden Lärmschutzwänden im Bereich maßgeblicher Immissionsorte, die durch Schallschirme geschützt werden, jedoch oft nicht vor (vgl. [BH03], [BKSW01]).

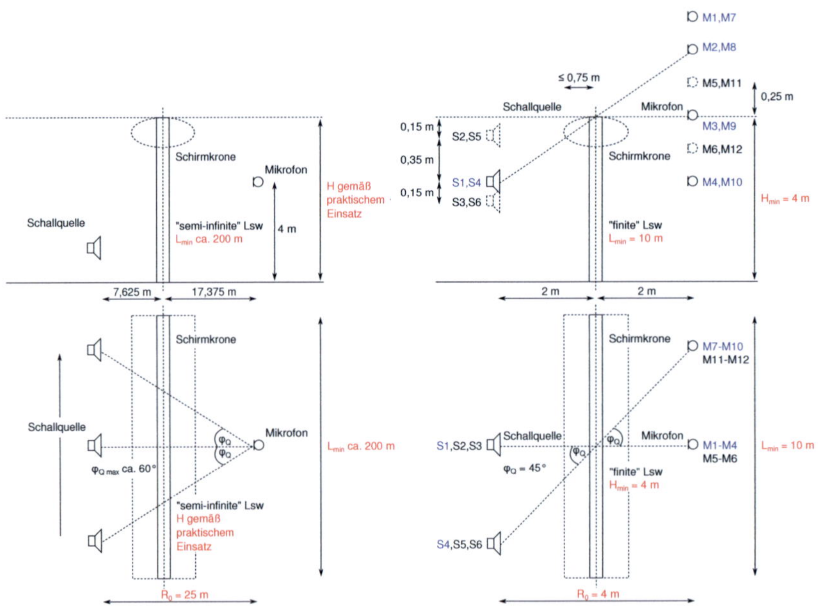

Bild 2.1: Messtechnische Bestimmung der schalltechnischen Wirksamkeit von Lsws und deren Aufsätzen; links: im Fernbereich; rechts: im Nahbereich gemäß [DIN04]; oben: Seitenansicht; unten: Draufsicht (blaue Markierung: obligatorische Quell-/ Mikrofon-Positionen)

Zur messtechnischen Bestimmung des Einflusses von Schallschirmaufsätzen auf die Schallbeugung in situ befindet sich ein alternatives Messverfahren im Norm-Vorentwurf DIN CEN/TS 1793-4

[DIN04]. Dabei wird an zweimal vier bis zweimal sechs Positionen unterschiedlicher Höhe in unmittelbarer Nähe von 2 m hinter der Lärmschutzwand der Immissionsschalldruckpegel gemessen, den eine Schallquelle vor der Lärmschutzwand bei installiertem und bei nicht installiertem Schallschirmaufsatz verursacht (vgl. Bild 2.1, rechts). Die aus den Messergebnissen abgeleitete Miller-Index-Differenz gibt Aufschluss über die Pegelminderung am Immissionsort, die infolge der Beeinflussung der Schallbeugung durch den Schallschirmaufsatz auftritt. Das Messverfahren beruht auf der Korrelationsmesstechnik und der Anwendung eines Adrienne-Fensters zur Eliminierung von Signalanteilen der Impulsantwort, die durch Schallreflexion am Boden und an störenden seitlichen Hindernissen entstehen. Im Gegensatz zur Messung in größerer Entfernung zum Schallschirm erfordert das Verfahren daher eine Mindestlänge der zu untersuchenden Lärmschutzwand von nur 10 m. Damit die Reflexionen am Boden für den normseitig definierten Terz-Frequenzbereich von 100 Hz bis 5 kHz zuverlässig herausgefiltert werden können, muss die Höhe der Lärmschutzwand, gemäß [DIN04], mindestens 4 m betragen. Für zu untersuchende Lärmschutzwände von geringerer Höhe ist eine Kürzung der normseitig angegebenen Länge des Adrienne-Fensters zielführend. Dies hat jedoch eine Erhöhung der unteren Grenzfrequenz der spektralen Miller-Index-Differenz zur Folge. Eine untere Grenzfrequenz von 315 Hz (Terzband), gemäß dem relevanten Frequenzbereich des standardisierten Verkehrslärmspektrums (VLS) aus [DIN97], erfordert eine Mindesthöhe der Lärmschutzwand von ca. 1,6 m. Die Höhenangaben beziehen sich jeweils auf die Prüfanordnung für senkrechten Schalleinfall.

Bisher existiert kein allgemeingültiges Verfahren, um die schalltechnische Wirksamkeit in größerer Entfernung zum Schallschirm aus den Messergebnissen nach [DIN04] in unmittelbarer Nähe der Lärmschutzwand abzuleiten. *DE ROO* zeigte in [DRP07], dass die schalltechnische Wirksamkeit der Aufsätze im Nahbereich nicht ohne Weiteres auf den Fernbereich übertragen werden kann. Auch variiert der Zusammenhang zwischen Nah- und Fernbereich je nach Wirkprinzip des Aufsatzes (Resonator, Klappe, Absorber). Anhand von numerischen Berechnungen entwickelte *DE ROO* für T-förmige Aufsätze eine empirische Beschreibung zur Vorhersage der schalltechnischen Wirksamkeit im Fernbereich auf der Basis von Messergebnissen nach [DIN04] im Nahbereich. Die Forschungen ergaben eine gute Übereinstimmung zwischen der empirisch vorhergesagten ortsabhängigen Wirksamkeit des Aufsatzes im Fernbereich und dem mittleren Verlauf der ortsabhängigen Wirksamkeit, der durch numerische Simulation und anschließende Anwendung der Methode der kleinsten Fehlerquadrate bestimmt wurde. Gleichzeitig weicht die numerisch bestimmte Wirksamkeit des T-förmigen Aufsatzes im Fernbereich an verschiedenen Immissionsorten jedoch um 4 dB bis 5 dB vom mittleren Verlauf der numerisch bestimmten ortsabhängigen Wirksamkeit ab. Im Zusammenhang mit dieser starken Streuung verweist *DE ROO* auf die innerhalb der numerischen Simulationen berücksichtigten Effekte der Bodenreflexion und der meteorologischen Gradienten. Diese Effekte müssen für eine realistische Vorhersage der Wirksamkeit des Aufsatzes im Fernbereich betrachtet werden, sie überlagern jedoch die „reine" Wirkung des Aufsatzes ohne Auftreten dieser Effekte. Insbesondere die Vorhersage einer zu hohen schalltechnischen Wirksamkeit des Aufsatzes ist als kritisch anzusehen und soll durch weiterführende Untersuchungen von *DE ROO* vermieden werden.

Des Weiteren zeigten messtechnische Untersuchungen in [GG07], dass die schalltechnische Wirksamkeit von Aufsätzen, die sowohl auf reflektierenden als auch auf absorbierenden Lärmschutzwänden installiert wurden, im Nahbereich um bis zu 5 dB variiert. Der Einfluss von Aufsätzen auf die Schallbeugung wird damit nicht nur durch die spezifische Schirmkrone selbst, sondern auch durch die Lärmschutzwand, auf der sie installiert werden (insbesondere durch deren Absorptions-/ Reflexions-Eigenschaften), bestimmt. Um diese Unterschiede bei der Vergleichbarkeit der schalltechnischen Wirksamkeit von Schallschirmaufsätzen zu berücksichtigen, wird in [DIN04] gefordert, die Messungen an zwei verschiedenen Bezugswänden - einer reflektierenden und einer absorbierenden Wand - durchzuführen. Jedoch stellt sich die Frage, ob sich diese Unterschiede im Nahbereich ebenfalls auf den Fernbereich übertragen lassen. Generell ist zu überlegen, ob eine Ableitung der schalltechnischen Wirksamkeit spezifischer Lärmschutzwände ohne/ mit Aufsatz im Fernbereich ausschließlich anhand von Ergebnissen der Schallbeugung im Nahbereich möglich ist oder ob - insbesondere bei höheren Wänden - zusätzlich die Schalldämmung des Schallschirms berücksichtigt werden muss. Diese lässt sich nach [DIN13], unter ähnlichen

Randbedingungen wie bei der Ermittlung der Miller-Index-Differenz, ebenfalls im Nahbereich der Lärmschutzwand bestimmen.

Die aufgeführten Beispiele verdeutlichen, dass die Vorhersage der schalltechnischen Wirksamkeit von Schallschirmaufsätzen im Fernbereich aus Messergebnissen im Nahbereich eine sehr komplexe Problematik darstellt und sich die Entwicklung eines allgemeingültigen Verfahrens entsprechend schwierig gestaltet. Solange kein solches zuverlässiges Prognoseverfahren vorliegt, wird es erforderlich sein, den Nachweis der schalltechnischen Wirksamkeit von Prototypen neuartiger Lärmschutzwände und deren Varianten im Originalmaßstab mit Aufsätzen und ohne Aufsätze durch In-situ-Messungen im Fernbereich des Schallschirms zu führen. Ziel der vorliegenden Arbeit ist daher die Entwicklung und Erprobung eines neuartigen, kostengünstigen Messverfahrens zur In-situ-Bestimmung der spektralen Einfügungsdämpfung einer semi-infiniten Lärmschutzwand durch Messung an einem finiten Schallschirm, das die Richtwirkungseigenschaft eines Mikrofonarray-Messsystems nutzt.

Als Mikrofonarray (MA) wird eine Anordnung von mindestens zwei Mikrofonen bezeichnet. Anwendung finden Mikrofonarrays in den verschiedensten Bereichen der Technischen Akustik. Sie dienen vor allem der Lokalisation, Trennung und Analyse von Schallquellen. Je nach geometrischer Anordnung der einzelnen Mikrofone und der daraus resultierenden primären Fähigkeit der x-dimensionalen Lokalisation von Schallquellen im Raum wird zwischen eindimensionalen (linienförmigen), zweidimensionalen (flächenförmigen) und dreidimensionalen (räumlichen) Mikrofonarrays unterschieden.

Die Funktionsweise eines Mikrofonarrays ist mit der eines akustischen Hohlspiegels vergleichbar (vgl. Bild 2.2). Dieser kann mechanisch auf einen definierten Fokus ausgerichtet werden. Besitzt der akustische Hohlspiegel eine elliptische Form, fällt der Fokus mit dem ersten Brennpunkt des Hohlspiegels zusammen. Die emittierten Schallwellen einer Schallquelle, die sich in diesem Brennpunkt befindet, werden an der Oberfläche des Hohlspiegels in dessen zweiten Brennpunkt reflektiert und über ein Mikrofon registriert. Dabei erfolgt eine phasenrichtige, d. h. kohärente Überlagerung aller reflektierten Wellenanteile, da die Länge der einzelnen Ausbreitungspfade zwischen Schallquelle und Brennpunkt konstant ist. Für Schallwellen, die von Quellpunkten außerhalb des Fokus des Hohlspiegels einfallen, überlagern sich einzelne in den Brennpunkt reflektierte Wellenanteile ausschließlich energetisch, d. h. inkohärent, da die Länge der einzelnen Ausbreitungspfade zwischen Quelle und Brennpunkt variiert. Folglich erhöht sich der Signal-Rausch-Abstand des Mikrofonsignals im Brennpunkt des Hohlspiegels, d. h. das Energieverhältnis zwischen den Wellenanteilen einer Schallquelle im Fokus und den Wellenanteilen von Schallquellen außerhalb des Fokus. Dieser Effekt kann zur Lokalisation von Schallquellen ausgenutzt werden.

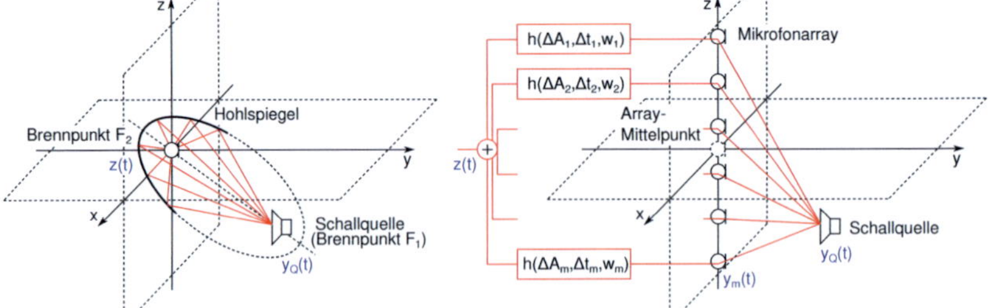

Bild 2.2: links: Funktionsweise eines elliptischen Hohlspiegels;
rechts: Funktionsweise eines MAs mit nachgeschalteter Signalverarbeitung

In der Luftfahrtindustrie fanden akustische elliptische Hohlspiegel bis Mitte der 90er Jahre zur Lokalisation und Optimierung von Strömungsgeräuschen verstärkte Anwendung (vgl. [Sij07]). Seit den deutlichen Fortschritten in den Bereichen der Vielkanal-Datenakquisitionssysteme (insbesondere der praktischen Anwendbarkeit von samplesynchron arbeitenden Analog-Digital-Wandlern bei ausreichend hoher Abtastfrequenz für die Analyse im Hörfrequenzbereich) sowie der Rechentechnik (insbesondere der Entwicklung von Prozessoren mit ausreichend hoher Taktfrequenz für geringe Rechenzeiten sowie Datenspeichern mit hoher Speicherkapazität) wurden diese Hohlspiegel weitestgehend durch Mikrofonarrays abgelöst. Da die Voraussetzungen für den Betrieb der elliptischen Hohlspiegel in der Luftfahrtindustrie zum gegenwärtigen Zeitpunkt oft noch vorliegen, werden seit einigen Jahren Möglichkeiten gesucht, die Funktionsweise der Hohlspiegel durch Modifikationen zu effektivieren. In [Rie12] und [Lip04] fanden z. B. Untersuchungen statt, einen elliptischen Hohlspiegel mit einem Mikrofonarray zu kombinieren, um gleichzeitig auf mehrere Quellpunkte fokussieren zu können. Diese Methode hat den Vorteil, dass bei der Untersuchung von quasi-stationären Quellsignalen auf die samplesynchron arbeitenden Analog-Digital-Wandler des Vielkanal-Datenakquisitionssystems zur Aufzeichnung der Mikrofonsignale verzichtet und auf Multiplexer zurückgegriffen werden kann. Es muss jedoch gewährleistet sein, dass das vor dem Hohlspiegel positionierte Mikrofonarray - insbesondere die Traversierung/ die bewegliche Halterung der Mikrofone - das Schallfeld der einfallenden Schallwellen im Bereich des elliptischen Hohlspiegels nicht durch Abschirmung oder Beugung beeinflusst. Dabei ist zu beachten, dass die im Bereich der Luftfahrt interessierenden Strömungsgeräusche oft hochfrequente Spektralanteile von über 10 kHz besitzen.

Um die Funktionsweise des Hohlspiegels auf ein Mikrofonarray zu übertragen, ist es notwendig, die registrierten Schalldruck-Zeit-Signale der Mikrofone, in Abhängigkeit vom definierten Fokus, zu korrigieren und anschließend zu summieren. Diese Vorgehensweise wird als Beamforming bezeichnet. Im Gegensatz zum Hohlspiegel muss das Mikrofonarray damit nicht mechanisch auf den gewählten Fokus ausgerichtet werden. Die Fokussierung erfolgt ausschließlich elektronisch durch Anpassung der Korrektur der Mikrofonsignale. Dies stellt einen großen Vorteil gegenüber dem elliptischen Hohlspiegel dar, da sich die Messzeit zum punktweisen Abscannen einer Quellfläche auf einen Bruchteil verringert.

Die Entwicklung des neuartigen Messverfahrens zur In-situ-Bestimmung der spektralen Einfügungsdämpfung einer Lärmschutzwand basiert auf vorhandener Array-Messtechnik und Erfahrungen, die vom Autor bei der Anwendung von Flächenarrays zur Ortung von Schallquellen gewonnen wurden [Sch04]. Die Entwicklungsarbeiten umfassen die Suche nach einer optimalen Mikrofonanordnung des Arrays und einer effektiven nachgeschalteten Signalverarbeitung zur Unterdrückung von Störquellen.

3 GRUNDLEGENDE EIGENSCHAFTEN VON MIKROFONARRAY-MESSSYSTEMEN

3.1 RICHTCHARAKTERISTIK VON MIKROFONARRAYS

Das abgestrahlte Schallfeld einer Punktschallquelle im Koordinatenursprung sei charakterisiert durch die homogene Wellengleichung des vom Immissionsort $\vec{x}$ und der Zeit t abhängigen Schalldrucks $p = p(\vec{x}, t)$ mit

$$\mathrm{div}(\mathrm{grad}p) - \frac{1}{c_0{}^2}\frac{\partial^2 p}{\partial t^2} = 0. \tag{3.1}$$

c_0 beschreibt die Ausbreitungsgeschwindigkeit des Schalls in Luft. In Kugelkoordinaten (vgl. Bild 3.1) wird die Ortsabhängigkeit des Schalldrucks $p = p(r, \vartheta, \varphi, t)$ beschrieben durch

- den Radius r (Länge des Ortsvektors $\vec{x}$),
- den Winkel φ zwischen der x-Achse und der Projektion des Ortsvektors $\vec{x}$ in die x-y-Ebene sowie
- den Winkel ϑ zwischen der z-Achse und dem Ortsvektor $\vec{x}$.

Unter Berücksichtigung der Divergenz

$$\mathrm{div}(\vec{v}) = \frac{2}{r}v_r + \frac{\partial v_r}{\partial r} + \frac{1}{r\tan\vartheta}v_\vartheta + \frac{1}{r}\frac{\partial v_\vartheta}{\partial \vartheta} + \frac{1}{r\sin\vartheta}\frac{\partial v_\varphi}{\partial \varphi} \tag{3.2}$$

eines Vektorfelds $\vec{v} = (v_r, v_\vartheta, v_\varphi)$ gemäß [MMWW99] mit

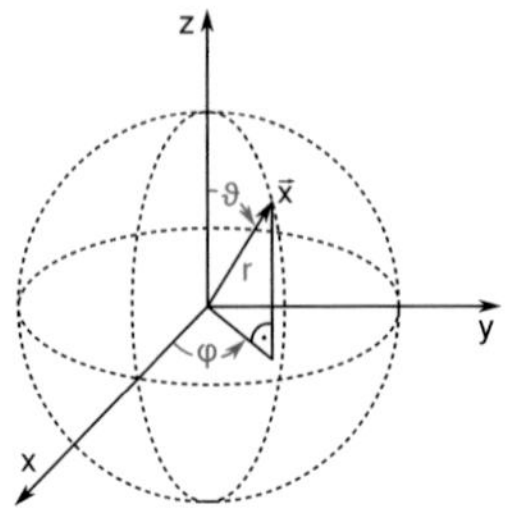

Bild 3.1: Definition der Kugelkoordinaten

$$\begin{aligned}\vec{v} &= \mathrm{grad} p \\ &= \left(\frac{\partial}{\partial r}, \frac{1}{r}\frac{\partial}{\partial \vartheta}, \frac{1}{r \sin\vartheta}\frac{\partial}{\partial \varphi}\right) \cdot p\end{aligned} \tag{3.3}$$

spezifiziert sich Gleichung (3.1) in Kugelkoordinaten zu

$$\frac{2}{r}\frac{\partial p}{\partial r} + \frac{\partial^2 p}{\partial r^2} + \frac{1}{r^2 \tan\vartheta}\frac{\partial p}{\partial \vartheta} + \frac{1}{r^2}\frac{\partial^2 p}{\partial \vartheta^2} + \frac{1}{r^2 \sin^2\vartheta}\frac{\partial^2 p}{\partial \varphi^2} - \frac{1}{c_0{}^2}\frac{\partial^2 p}{\partial t^2} = 0. \tag{3.4}$$

Für eine Punktschallquelle kann eine Symmetrie des erzeugten Schallfelds bezüglich der Winkel φ und ϑ vorausgesetzt werden. Unter Berücksichtigung von $\frac{\partial p}{\partial \vartheta} = 0$ und $\frac{\partial p}{\partial \varphi} = 0$ vereinfacht sich Gleichung (3.4) zu

$$\frac{2}{r}\frac{\partial p}{\partial r} + \frac{\partial^2 p}{\partial r^2} - \frac{1}{c_0{}^2}\frac{\partial^2 p}{\partial t^2} = 0. \tag{3.5}$$

Durch Anwendung der Substitution

$$p(r,t) = \frac{1}{r} p_{\mathrm{S}}(r,t) \tag{3.6}$$

kann Gleichung (3.5) in die Form

$$\frac{\partial^2 p_{\mathrm{S}}}{\partial r^2} - \frac{1}{c_0{}^2}\frac{\partial^2 p_{\mathrm{S}}}{\partial t^2} = 0 \tag{3.7}$$

gebracht werden. Lösung dieser homogenen Wellengleichung ist die ebene Welle (hier: für zeitharmonische Wellen bei ausschließlicher Berücksichtigung des sich von der Quelle weg ins unendliche Medium ausbreitenden Teils der Schallwelle)

$$p_{\mathrm{S}}(r,t) = \hat{p} \cdot \mathrm{e}^{\mathrm{j}\omega\left(t - \frac{r}{c_0}\right)}, \tag{3.8}$$

mit der sich näherungsweise das Fernfeld einer Punktschallquelle beschreiben lässt. $\hat{p}$ und ω kennzeichnen dabei die Amplitude des komplexen Schalldrucks und die Kreisfrequenz der ebenen Welle. Gleichung (3.8) liegt die Zeitabhängigkeitskonvention $e^{j\omega t}$ zugrunde. Diese wird innerhalb der gesamten vorliegenden Arbeit beibehalten. Die Rücksubstitution von $p_S(r,t)$ in Gleichung (3.6) auf Basis von Gleichung (3.8) führt mit

$$p(r,t) = \frac{\hat{p}}{r} \cdot e^{j\omega\left(t - \frac{r}{c_0}\right)} \tag{3.9}$$

zu einer Abhängigkeit der Amplitude des komplexen Schalldrucks vom Ort. Die Lösung in Gleichung (3.9) repräsentiert eine sich von der Quelle weg ins unendliche Medium ausbreitende Kugelwelle.

Das erzeugte kontinuierliche Schalldruck-Zeit-Signal einer außerhalb des Koordinatenursprungs befindlichen Punktschallquelle (Quellsignal) sei nunmehr definiert durch $y_Q(t)$ (vgl. Bild 3.2).

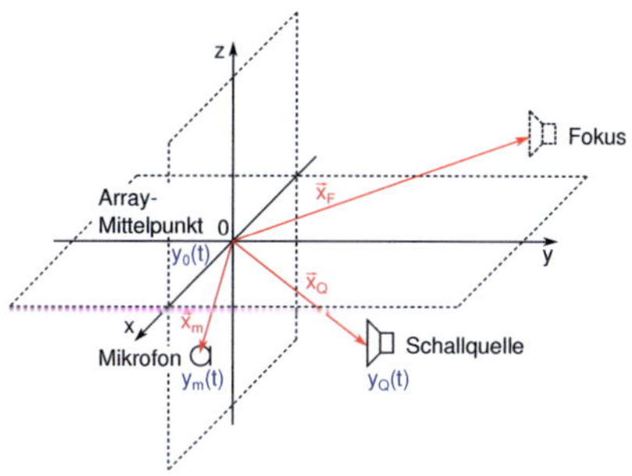

Bild 3.2: Geometrie zur Bestimmung der Richtcharakteristik eines MAs

Die von der Wellenzahl k und dem Radius R einer Schallquelle bzw. eines Empfängers abhängige Helmholtz-Ähnlichkeitskennzahl

$$He = kR \tag{3.10}$$

gibt Aufschluss über die Richtcharakteristik der Schallquelle bzw. des Empfängers. Für üblicherweise in Mikrofonarrays eingesetzte 1/4"-Mikrofone nimmt die Helmholtz-Zahl im Bereich des energetischen Schwerpunkts des standardisierten Verkehrslärmspektrums nach [DIN97] von 315 Hz bis 3,15 kHz Werte von maximal 0,21 an ($He << 1$). Innerhalb der vorliegenden Untersuchungen können die Mikrofone daher näherungsweise als Punktempfänger, d. h. als Empfänger mit kugelförmiger Richtcharakteristik betrachtet werden.

Auf der Basis von Gleichung (3.9) ergibt sich das von der Punktschallquelle am m-ten Mikrofon des Arrays hervorgerufene Schalldruck-Zeit-Signal somit zu

$$y_m(\vec{x}_Q, t) = \frac{1}{|\vec{x}_m - \vec{x}_Q|} y_Q\left(t - \frac{1}{c_0}|\vec{x}_m - \vec{x}_Q|\right). \tag{3.11}$$

$\vec{x}_Q$ und $\vec{x}_m$ entsprechen dabei den Ortsvektoren von Punktschallquelle und m-tem Mikrofon (vgl. Bild 3.2). Das kontinuierliche Schalldruck-Zeit-Signal im Arraymittelpunkt, der mit dem Koordinatenursprung zusammenfällt, berechnet sich anhand von

$$y_0\left(\vec{x}_{\mathrm{Q}}, t\right) = \frac{1}{\left|\vec{x}_{\mathrm{Q}}\right|} y_{\mathrm{Q}}\left(t - \frac{1}{c_0}\left|\vec{x}_{\mathrm{Q}}\right|\right). \tag{3.12}$$

Die Fokussierung des Mikrofonarrays geschieht durch kohärente Addition der an den M Mikrofonen registrierten Schalldruck-Zeit-Signale, bezogen auf den Mittelpunkt des Arrays (analog zum Mikrofon im Brennpunkt des Hohlspiegels kann der Mittelpunkt des Mikrofonarrays als virtuelles Mikrofon betrachtet werden). Dies erfordert die Korrektur der Mikrofonsignale in Amplitude

$$\Delta A_{\mathrm{m}}\left(\vec{x}_{\mathrm{F}}\right) = \frac{\left|\vec{x}_{\mathrm{m}} - \vec{x}_{\mathrm{F}}\right|}{\left|\vec{x}_{\mathrm{F}}\right|} \tag{3.13}$$

und Zeit

$$\Delta t_{\mathrm{m}}\left(\vec{x}_{\mathrm{F}}\right) = \frac{1}{c_0}\left(\left|\vec{x}_{\mathrm{F}}\right| - \left|\vec{x}_{\mathrm{m}} - \vec{x}_{\mathrm{F}}\right|\right) \tag{3.14}$$

in Abhängigkeit vom definierten Fokus $\vec{x}_{\mathrm{F}}$. Gemäß [JD93] wird dieses Verfahren als Delay-and-Sum-Beamforming bezeichnet. Durch Anwendung sogenannter „shading"-Faktoren w_{m} kann die Addition der einzelnen Mikrofonsignale auch gewichtet erfolgen. Der Ausgang des Beamformers im Zeitbereich ergibt sich schließlich zu

$$z(\vec{x}_{\mathrm{F}}, t) = \sum_{m=1}^{M} w_{\mathrm{m}} \Delta A_{\mathrm{m}} y_{\mathrm{m}}(t - \Delta t_{\mathrm{m}}). \tag{3.15}$$

Wie in [Hof98] angegeben, lässt sich jedes beliebige zeitkontinuierliche, nichtperiodische Signal $x(t)$ mit Hilfe der Fourier-Transformation

$$\begin{aligned} \mathcal{F}\{x(t)\} &= X(\omega) \\ &= \int_{-\infty}^{\infty} x(t) \cdot \mathrm{e}^{-\mathrm{j}\omega t} \mathrm{d}t \end{aligned} \tag{3.16}$$

in den Frequenzbereich überführen. Das Ergebnis der Transformation entspricht dem von der Kreisfrequenz abhängigen komplexen Signalspektrum $X(\omega)$. Auf Basis der Linearität der Fourier-Transformation bezüglich der Addition zweier Zeitsignale $x(t)$ und $y(t)$

$$\mathcal{F}\{x(t) + y(t)\} = X(\omega) + Y(\omega) \tag{3.17}$$

und der Anwendung des Verschiebungssatzes (vgl. [Hof98]) auf ein um die definierte Zeit t_0 verschobenes Zeitsignal

$$\mathcal{F}\{x(t - t_0)\} = X(\omega) \cdot \mathrm{e}^{-\mathrm{j}\omega t_0} \tag{3.18}$$

ergibt sich der Ausgang des Beamformers aus Gleichung (3.15) im Frequenzbereich zu

$$Z(\vec{x}_\mathrm{F},\omega) = \sum_{m=1}^{M} w_\mathrm{m} \Delta A_\mathrm{m} Y_\mathrm{m}(\omega) \cdot \mathrm{e}^{-\mathrm{j}\omega\Delta t_\mathrm{m}}. \tag{3.19}$$

Darin beschreibt

$$Y_\mathrm{m}(\vec{x}_\mathrm{Q},\omega) = \frac{Y_\mathrm{Q}(\omega)}{|\vec{x}_\mathrm{m} - \vec{x}_\mathrm{Q}|} \cdot \mathrm{e}^{-\mathrm{j}\frac{\omega}{c_0}|\vec{x}_\mathrm{m}-\vec{x}_\mathrm{Q}|} \tag{3.20}$$

das Spektrum des Schalldruck-Zeit-Signals am m-ten Mikrofon aus Gleichung (3.11). Durch Substitution des Quellspektrums des von der einzelnen Punktschallquelle erzeugten Quellsignals Y_Q mit Hilfe der Formulierung des Spektrums des Schalldruck-Zeit-Signals im Arraymittelpunkt aus Gleichung (3.12)

$$Y_0(\vec{x}_\mathrm{Q},\omega) = \frac{Y_\mathrm{Q}(\omega)}{|\vec{x}_\mathrm{Q}|} \cdot \mathrm{e}^{-\mathrm{j}\frac{\omega}{c_0}|\vec{x}_\mathrm{Q}|} \tag{3.21}$$

kann Gleichung (3.19) schließlich in

$$Z(\vec{x}_\mathrm{F},\vec{x}_\mathrm{Q},\omega) = W(\vec{x}_\mathrm{F},\vec{x}_\mathrm{Q},\omega) \cdot Y_0(\vec{x}_\mathrm{Q},\omega) \tag{3.22}$$

umgeformt werden. Darin verkörpert

$$W(\vec{x}_\mathrm{F},\vec{x}_\mathrm{Q},\omega) = \sum_{m=1}^{M} w_\mathrm{m} \frac{|\vec{x}_\mathrm{m} - \vec{x}_\mathrm{F}| \cdot |\vec{x}_\mathrm{Q}|}{|\vec{x}_\mathrm{m} - \vec{x}_\mathrm{Q}| \cdot |\vec{x}_\mathrm{F}|} \cdot \mathrm{e}^{-\mathrm{j}\frac{\omega}{c_0}\left[\left(|\vec{x}_\mathrm{m}-\vec{x}_\mathrm{Q}|-|\vec{x}_\mathrm{m}-\vec{x}_\mathrm{F}|\right)-\left(|\vec{x}_\mathrm{Q}|-|\vec{x}_\mathrm{F}|\right)\right]} \tag{3.23}$$

das sogenannte Nahfeld-Arraypattern (vgl. [ANCS02]), d. h. die Richtcharakteristik des Mikrofonarrays bei Fokussierung auf eine Punktschallquelle im Nahfeld des Arrays. Systemtheoretisch betrachtet, stellt das Arraypattern die Übertragungsfunktion zwischen dem Ausgang des Beamformers im Frequenzbereich und dem Quellspektrum im Arraymittelpunkt für den Fall dar, dass das Schallfeld durch eine einzelne Punktschallquelle an der Position $\vec{x}_\mathrm{Q}$ bestimmt wird. Es kann damit als Abbildungsvorschrift einer einzelnen lokalisierten Punktschallquelle angesehen werden.

An der Position der Punktschallquelle ($\vec{x}_\mathrm{F} = \vec{x}_\mathrm{Q}$) nimmt das Arraypattern mit

$$W(\vec{x}_\mathrm{Q},\vec{x}_\mathrm{Q},\omega) = \sum_{m=1}^{M} w_\mathrm{m} \tag{3.24}$$

seinen maximalen Wert an. Im Allgemeinen dient dieser Wert als Bezugswert bei der Darstellung des Arraypatterns in logarithmierter Form

$$L_W(\vec{x}_\mathrm{F},\vec{x}_\mathrm{Q},\omega) = 20 \cdot \lg\left(\left|\frac{W(\vec{x}_\mathrm{F},\vec{x}_\mathrm{Q},\omega)}{W(\vec{x}_\mathrm{Q},\vec{x}_\mathrm{Q},\omega)}\right|\right) \mathrm{dB}. \tag{3.25}$$

Aus Gründen der Unterscheidbarkeit wurde der Index „W" des Formelzeichens des Arraypatterns in logarithmierter Form im Gegensatz zum Index des Formelzeichens des Schallleistungspegels L_W kursiv gesetzt. Unter Berücksichtigung der geometrischen Betrachtungen in Gleichung (3.27) bis Gleichung (3.33) lässt sich am Beispiel eines Linienarrays zeigen, dass Gleichung (3.23) bei Verschiebung von Quellpunkt und Fokuspunkt in unendliche Entfernung zum Mikrofonarray in das Fernfeld-Arraypattern

$$\begin{aligned}\lim_{|\vec{x}_\mathrm{F}|,|\vec{x}_\mathrm{Q}|\to\infty} W(\vec{x}_\mathrm{F},\vec{x}_\mathrm{Q},\omega) &= \sum_{m=1}^{M} w_\mathrm{m}\cdot \mathrm{e}^{\mathrm{j}\left(\vec{k}_\mathrm{F}-\vec{k}_\mathrm{Q}\right)\cdot\vec{x}_\mathrm{m}} \\ &= W\left(\vec{k}_\mathrm{F},\vec{k}_\mathrm{Q},\omega\right) \qquad (3.26)\end{aligned}$$

aus [HC02] übergeht. $\vec{k}_\mathrm{F}$ und $\vec{k}_\mathrm{Q}$ entsprechen dabei den Wellenzahlvektoren der aus Richtung des Fokuspunkts (Fokuswinkel φ_F) und des Quellpunkts (Quellwinkel φ_Q) einfallenden ebenen Schallwellen (vgl. Bild 3.3).

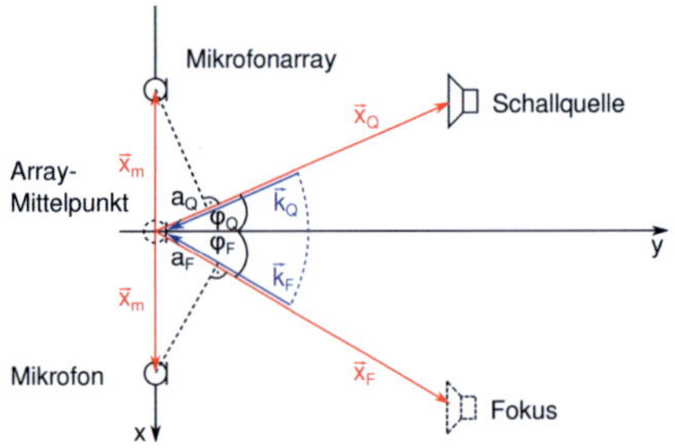

Bild 3.3: Geometrie zur Ableitung des Fernfeld-Arraypatterns eines Linienarrays

$$\lim_{|\vec{x}_\mathrm{F}|\to\infty} |\vec{x}_\mathrm{m}-\vec{x}_\mathrm{F}| = |\vec{x}_\mathrm{F}| - a_\mathrm{F} \qquad (3.27)$$

$$\lim_{|\vec{x}_\mathrm{Q}|\to\infty} |\vec{x}_\mathrm{m}-\vec{x}_\mathrm{Q}| = |\vec{x}_\mathrm{Q}| - a_\mathrm{Q} \qquad (3.28)$$

$$a_\mathrm{F} = |\vec{x}_\mathrm{m}|\sin\varphi_\mathrm{F} \qquad (3.29)$$

$$a_\mathrm{Q} = |\vec{x}_\mathrm{m}|\sin\varphi_\mathrm{Q} \qquad (3.30)$$

$$\vec{k}_\mathrm{F}\vec{x}_\mathrm{m} = -\left|\vec{k}_\mathrm{F}\right| |\vec{x}_\mathrm{m}| \cos(90^\circ - \varphi_\mathrm{F}) \qquad (3.31)$$

$$\vec{k}_\mathrm{Q}\vec{x}_\mathrm{m} = -\left|\vec{k}_\mathrm{Q}\right| |\vec{x}_\mathrm{m}| \cos(90^\circ - \varphi_\mathrm{Q}) \qquad (3.32)$$

$$\left|\vec{k}_\mathrm{F}\right| = \left|\vec{k}_\mathrm{Q}\right| = \frac{\omega}{c_0} \qquad (3.33)$$

Beispielhaft zeigt Bild 3.4 das Arraypattern eines Linienarrays. Darin sind deutlich die einzelnen prinzipiellen Bestandteile eines Arraypatterns erkennbar. Die Hauptkeule, das Hauptmaximum des Arraypatterns, repräsentiert die primäre Empfangsrichtung des fokussierten Mikrofonarrays. Die zu beiden Seiten der Hauptkeule auftretenden Nebenkeulen/ Nebenmaxima verkörpern die sekundären Empfangsrichtungen des Mikrofonarrays. Sie weisen bei entsprechender Optimierung des Mikrofonarrays eine deutlich geringere Amplitude als die Hauptkeule auf. Damit vermindert sich der Einfluss des aus den sekundären Empfangsrichtungen einfallenden Schalls auf den Ausgang des Beamformers. In größerem Abstand zur Hauptkeule können des Weiteren periodische Hauptkeulen/ periodische Hauptmaxima auftreten. Sie sind das Resultat einer örtlichen Unterabtastung der einfallenden Schallwelle (örtliches Aliasing). Dadurch kann es im Ergebnis des angesteuerten Mikrofonarrays verstärkt zur Abbildung von nicht-physikalischen Artefakten („Geisterquellen") kommen, da es dem Array nicht möglich ist, zwischen der primären Empfangsrichtung und der Empfangsrichtung der periodischen Hauptkeulen zu unterscheiden. Die Vermeidung solcher Effekte ist eines der Ziele der Optimierung von Mikrofonarrays.

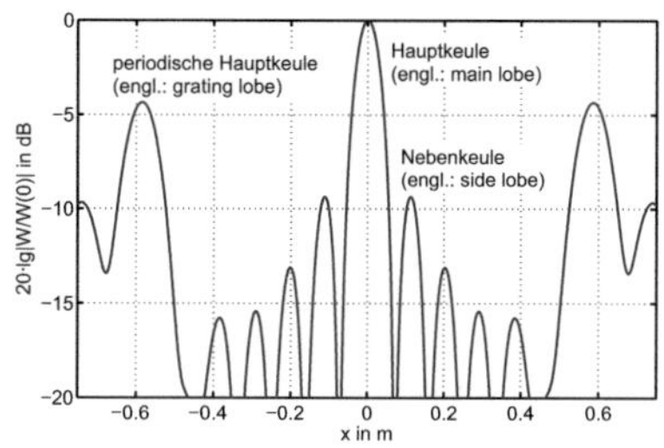

Bild 3.4: Kennzeichnung der wesentlichen Bestandteile eines Arraypatterns

In [Sch04] fanden bereits grundlegende Untersuchungen zur Anwendung und Optimierung von Flächenarrays für die Ortung von Schallquellen statt. Diese haben gezeigt, dass die Leistungsfähigkeit eines Mikrofonarrays neben der angewendeten Signalverarbeitung durch dessen Richtwirkungseigenschaft bestimmt wird. Die Bewertung der Richtcharakteristik kann durch definierte Qualitätskriterien erfolgen. In [Sch04] wurde eine umfangreiche Übersicht möglicher Kriterien zur Beurteilung der Leistungsfähigkeit des Arraypatterns erarbeitet. Diese zeigt, dass in der Literatur im Allgemeinen zwei verschiedene Kriterien zum Einsatz kommen - die Hauptkeulenbreite (HKB) und die Nebenkeulenunterdrückung (SNR, vgl. Bild 3.5).

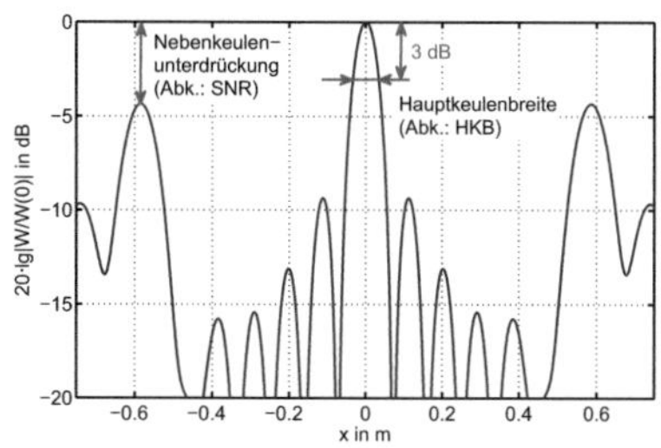

Bild 3.5: Definition der wesentlichen Qualitätskriterien eines Arraypatterns

Erstere Größe ist ein Maß für die erreichbare örtliche Auflösung der lokalisierten Schallquelle. In der Literatur existieren verschiedene Definitionen der Hauptkeulenbreite. Für die vorliegenden Untersuchungen steht die örtliche Trennbarkeit zweier benachbarter inkohärenter Quellen gleicher Quellstärke im Vordergrund (z. B. zu untersuchendes Fahrzeug und folgendes störendes Fahrzeug). Zur Bewertung dieses Sachverhalts hat sich die sogenannte FWHM („full width half maximum") durchgesetzt (vgl. [JD93], [MUS+02]). Sie markiert den Bereich der Hauptkeule, in dem das logarithmierte Arraypattern um 3 dB abgefallen ist. Dies entspricht einer Halbierung der Amplitude der Hauptkeule des quadratischen Arraypatterns (Halbierung der Energie). Ähnlichkeitsuntersuchungen in [Sch04] haben gezeigt, dass sich die Hauptkeulenbreite im Fernfeld des Mikrofonarrays näherungsweise proportional zum Arrayabstand sowie zur Wellenlänge der emittierten Schallwelle verhält. Demnach verringert sich die Hauptkeulenbreite mit Verkleinerung des Arrayabstands und/ oder der untersuchten Wellenlänge. Ebenso wirkt sich eine Vergrößerung der Arraybreite positiv auf die örtliche Auflösung der lokalisierten Schallquelle aus (näherungsweise umgekehrte Proportionalität zwischen Arraybreite und Hauptkeulenbreite). Für senkrechte Fokussierung des Mikrofonarrays weist die Hauptkeulenbreite den kleinsten Wert auf. Mit größer werdendem Betrag des Quellwinkels φ_{Q} nimmt das Qualitätskriterium zu, sodass die lokalisierte Quelle verzerrt abgebildet wird. Für eine näherungsweise Bestimmung der Stärke der Verzerrung ist in [Sch04] auf [CH04] verwiesen. Darin zeigt *CHRISTENSEN* auf der Basis einer alternativen Definition der halben Hauptkeulenbreite, der PZD (englisch: „peak-to-zero distance", Abstand zwischen der Mitte der Hauptkeule und dem ersten Nulldurchgang des Arraypatterns), dass mit

$$\frac{\mathrm{PZD}(\varphi_{\mathrm{Q}})}{\mathrm{PZD}(\varphi_{\mathrm{Q}} = 0°)} = \frac{1}{\cos^3 \varphi_{\mathrm{Q}}} \tag{3.34}$$

bereits bei einem Betrag des Quellwinkels von 30° eine Verringerung der örtlichen Auflösung um 50 % zu erwarten ist (vgl. Bild 3.6). Für einen Betrag des Quellwinkels von 60° steigt diese Form der halben Hauptkeulenbreite gegenüber senkrechtem Schalleinfall näherungsweise auf das Achtfache an.

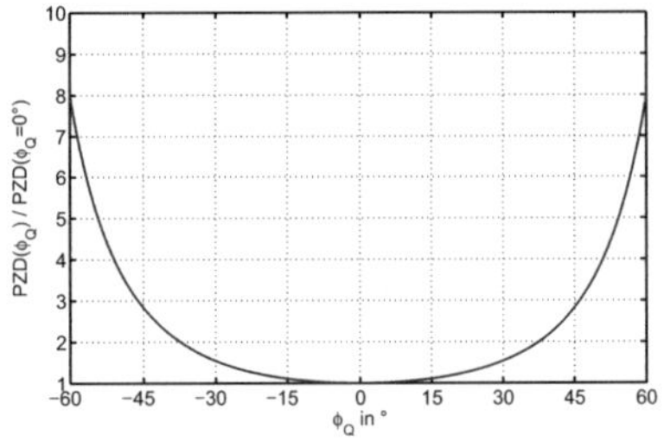

Bild 3.6: Abhängigkeit der normierten halben Hauptkeulenbreite in Form der PZD vom Quellwinkel φ_{Q}; Normierung auf PZD für senkrechten Schalleinfall

Das zweite verwendete Qualitätskriterium ist ein Maß für die Stärke des Einflusses des aus anderen Richtungen als der primären Empfangsrichtung des fokussierten Mikrofonarrays einfallenden Schalls auf den Ausgang des Beamformers. Die Nebenkeulenunterdrückung markiert die Minderung des logarithmierten Arraypatterns an der Position der höchsten auftretenden Nebenkeule im Vergleich zur Amplitude der Hauptkeule (vgl. [HC02]). Je größer die Nebenkeulenunterdrückung ist, desto weniger nicht-physikalische Artefakte treten in der Abbildung der Schallsituation auf.

3.2 ANSTEUERUNG VON MIKROFONARRAYS

Gleichung (3.19) zeigt, dass in die Berechnung des Ausgangs des Beamformers $Z(\vec{x}_{\mathrm{F}}, \omega)$, im Gegensatz zur Berechnung des Arraypatterns $W(\vec{x}_{\mathrm{F}}, \vec{x}_{\mathrm{Q}}, \omega)$ (vgl. Gleichung (3.23)), keine direkte

Information der Position der zu lokalisierenden Schallquelle einfließt. Erst die Ansteuerung des Mikrofonarrays, d. h. die sukzessive Fokussierung des Arrays auf eine Vielzahl von Fokuspunkten $\vec{x}_\mathrm{F}$, ermöglicht die Lokalisation der dominanten Schallquelle, da der Ausgang des Beamformers maximal wird, wenn der Fokuspunkt mit der tatsächlichen Quellposition $\vec{x}_\mathrm{Q}$ zusammenfällt. Anhand von

$$S(\vec{x}_\mathrm{F}, \omega) = \frac{|Z(\vec{x}_\mathrm{F}, \omega)|^2}{\left(\sum_{m=1}^{M} w_\mathrm{m}\right)^2} \tag{3.35}$$

lässt sich die Leistungsgröße des Ausgangs des Beamformers ermitteln (vgl. [BH99]), das Leistungsdichtespektrum $S(\vec{x}_\mathrm{F}, \omega)$. Die logarithmierte Form des Leistungsdichtespektrums, der spektrale Leistungsdichtepegel

$$L_\mathrm{S}(\vec{x}_\mathrm{F}, \omega) = 10 \cdot \lg\left(\frac{S(\vec{x}_\mathrm{F}, \omega)}{\widetilde{p}_0^{\,2}}\right)\ \mathrm{dB}, \tag{3.36}$$

entspricht dem Schalldruckpegel, der durch eine im Fokuspunkt befindliche Schallquelle im Mittelpunkt des Mikrofonarrays hervorgerufen wird. $\widetilde{p}_0$ ist der Bezugswert für den Schalldruck (Effektivwert) mit $2 \cdot 10^{-5}$ Pa. Es lässt sich zeigen, dass der Zähler von Gleichung (3.35), mit Einführung des hermiteschen Matrix-Operators $^\mathrm{H}$, in die für weiterführende Algorithmen der Signalverarbeitung vorteilhafte Form

$$|Z(\vec{x}_\mathrm{F}, \omega)|^2 = \boldsymbol{e}^\mathrm{H}(\vec{x}_\mathrm{F}, \omega)\, \boldsymbol{W} \boldsymbol{S}_\mathbf{xy}(\omega)\, \boldsymbol{W}^\mathrm{H}\, \boldsymbol{e}(\vec{x}_\mathrm{F}, \omega) \tag{3.37}$$

gebracht werden kann. Darin beschreibt

$$\boldsymbol{e}(\vec{x}_\mathrm{F}, \omega) = \begin{pmatrix} \Delta A_1(\vec{x}_\mathrm{F}) \cdot \mathrm{e}^{\mathrm{j}\omega \Delta t_1(\vec{x}_\mathrm{F})} \\ \Delta A_2(\vec{x}_\mathrm{F}) \cdot \mathrm{e}^{\mathrm{j}\omega \Delta t_2(\vec{x}_\mathrm{F})} \\ \vdots \\ \Delta A_\mathrm{M}(\vec{x}_\mathrm{F}) \cdot \mathrm{e}^{\mathrm{j}\omega \Delta t_\mathrm{M}(\vec{x}_\mathrm{F})} \end{pmatrix} \tag{3.38}$$

den sogenannten Steuervektor. Dieser beinhaltet die für die Fokussierung des Mikrofonarrays auf den gewählten Fokuspunkt $\vec{x}_\mathrm{F}$ erforderlichen Amplituden- und Phasenkorrekturen der einzelnen Mikrofonsignale. Die Wichtungsmatrix

$$\boldsymbol{W} = \begin{pmatrix} w_1 & 0 & \dots & 0 \\ 0 & w_2 & \ddots & \vdots \\ \vdots & \ddots & \ddots & 0 \\ 0 & \dots & 0 & w_\mathrm{M} \end{pmatrix} \tag{3.39}$$

ist von diagonaler Form. Sie enthält die Wichtungsfaktoren der einzelnen Mikrofone entlang der Hauptdiagonale. Die Kreuzspektralmatrix

$$\boldsymbol{S}_{\mathbf{xy}}(\omega) = \begin{pmatrix} Y_1(\omega) \\ Y_2(\omega) \\ \vdots \\ Y_{\mathrm{M}}(\omega) \end{pmatrix} \cdot \begin{pmatrix} Y_1(\omega) \\ Y_2(\omega) \\ \vdots \\ Y_{\mathrm{M}}(\omega) \end{pmatrix}^{\mathrm{H}} \tag{3.40}$$

weist die vom Fokuspunkt des Mikrofonarrays unabhängigen Kreuzspektren der einzelnen Mikrofonsignale auf. Die Autokorrelationsspektren der Mikrofonsignale sind dabei entlang der Hauptdiagonale von $\boldsymbol{S}_{\mathbf{xy}}(\omega)$ angeordnet.

Die Untersuchungen in [Sch04] bestätigten, dass das messtechnisch bestimmte Lokalisationsergebnis eines Mikrofonarrays durch Entfernen der Autokorrelationsspektren aus der Kreuzspektralmatrix verbessert werden kann (vgl. [BH99]). Die Methode basiert auf der Annahme, dass die an den Mikrofonen gemessenen Schalldruck-Zeit-Signale von kanalspezifischen Störsignalen überlagert sind. Diese Störsignale können zum Beispiel durch Eigenrauschen der einzelnen Mikrofone oder durch Quantisierungsrauschen entstehen. Da davon auszugehen ist, dass die einzelnen Störsignale voneinander unabhängig sind, tritt deren Einfluss auf die messtechnisch bestimmte Kreuzspektralmatrix ausschließlich in den Termen der Autokorrelationsspektren auf. Damit kann die Nebenkeulenunterdrückung des Lokalisationsergebnisses im praktischen Anwendungsfall durch Variation des Leistungsdichtespektrums gemäß

$$S(\vec{x}_{\mathrm{F}}, \omega) = \frac{\boldsymbol{e}^{\mathrm{H}}(\vec{x}_{\mathrm{F}}, \omega)\,\boldsymbol{W}\boldsymbol{S}^{\mathbf{0}}_{\mathbf{xy}}(\omega)\,\boldsymbol{W}^{\mathrm{H}}\,\boldsymbol{e}(\vec{x}_{\mathrm{F}}, \omega)}{\left(\sum\limits_{m=1}^{M} w_{\mathrm{m}}\right)^2 - \left(\sum\limits_{m=1}^{M} w_{\mathrm{m}}\right)} \tag{3.41}$$

mit der modifizierten komplexen Kreuzspektralmatrix $\boldsymbol{S}^{\mathbf{0}}_{\mathbf{xy}}(\omega)$ vergrößert werden. Die Methode gewährleistet weiterhin die Bestimmung von absoluten Quellpegeln, die für das neuartige Mikrofonarray-Verfahren zur Bestimmung der Einfügungsdämpfung an finiten Lärmschutzwänden in situ erforderlich ist. Innerhalb messtechnischer Untersuchungen an breitbandigen Schallquellen mit Flächenarrays lagen die spektralen Oktavband-Schalldruckpegel der lokalisierten Quellen für Mittenfrequenzen von 1 kHz bis 2 kHz bei Anwendung von Gleichung (3.41) um 0 dB bis 1,5 dB unter den Ergebnissen bei Einsatz von Gleichung (3.35). Dabei war zu beobachten, dass die auftretende Pegelminderung mit zunehmender Oktavmittenfrequenz ansteigt.

Im praktischen Fall liegen die Mikrofonsignale meist in zeitdiskreter Form vor. Die Transformation der Signale in den Frequenzbereich erfolgt daher durch Anwendung der diskreten Fourier-Transformation (DFT) bzw. der schnellen Fourier-Transformation (FFT), anstatt durch Einsatz der klassischen Fourier-Transformation (vgl. [ANCS02]). Der Übergang zu diskreten, periodisch fortgesetzten Signalen kann durch Substitution der Kreisfrequenz ω durch die n-te diskrete Kreisfrequenz

$$\omega_{\mathrm{n}} = \frac{2\pi n f_{\mathrm{S}}}{N_{\mathrm{FFT}}} \quad \text{mit} \quad n = 0, 1, ..., N_{\mathrm{FFT}} - 1 \tag{3.42}$$

erfolgen. Dabei beschreibt N_{FFT} die Anzahl der Stützstellen der schnellen Fourier-Transformation. f_{S} ist die Abtastfrequenz des digitalen Systems.

4 SIMULATIONEN ZUR ABLEITUNG DER ANFORDERUNGEN AN DAS MESSSYSTEM

4.1 MODELLIERUNG DES SCHALLFELDS

Für die Berechnung des Schallfelds an grundlegenden und speziellen Bauwerken existieren derzeit neben dem nationalen Modellierungsverfahren der RLS-90 [RLS92] verschiedene internationale Prognosemodelle. Dazu zählen unter anderem

- ASJ RTN 2008 [Yam10],
- HARMONOISE [Jon06],
- NMPB 2008 [BD+09],
- NORD 2000 [PK01], [JS01],
- SonRoad 2004 [Heu04].

Diese Prognosemodelle dienen als Ausgangspunkt für die Auswahl und die Anpassung eines geeigneten Berechnungsmodells zur Simulation des Schallfelds an einer semi-infiniten Lärmschutzwand. Im Folgenden stehen dabei der Berechnungsalgorithmus, die Quellmodellierung sowie die Modellierung der verschiedenen zu berücksichtigenden Schallausbreitungseffekte im Vordergrund. Die anhand des geeigneten Berechnungsmodells erzeugten Simulationsergebnisse dienen im weiteren Verlauf der Arbeit der Ableitung von Anforderungen an das Mikrofonarray-Messsystem.

4.1.1 Vergleich der Berechnungsalgorithmen

Eine Übersicht der wesentlichen Merkmale der Berechnungsalgorithmen des nationalen Modellierungsverfahrens der RLS-90 und der verschiedenen betrachteten internationalen Prognosemodelle zeigt Tabelle 4.1.

Tabelle 4.1: Vergleich der wesentlichen Merkmale der Berechnungsalgorithmen des nationalen Modellierungsverfahrens der RLS-90 und der verschiedenen betrachteten internationalen Prognosemodelle

RLS 90	ASJ RTN 2008	NMPB 2008	NORD 2000	SonRoad 2004
Anzahl berücksichtigter Reflexionen				
erste	beliebig	beliebig	beliebig	erste
separate Berücksichtigung diffuser Reflexion				
ja	nein	ja*)	nein	nein
Addition der einzelnen Schalldruckanteile am Immissionsort				
energetisch	energetisch	energetisch	partiell kohärent	partiell kohärent
frequenzabhängige Berechnung				
Einzahlwert	spektral oder Einzahlwert	spektral	spektral	spektral
berücksichtigte meteorologische Bedingungen				
günstig	keine	homogen und günstig	mit oder ohne spezifische	mittlere

*) zur Bewertung der schalltechnischen Wirksamkeit von speziellen Bauwerken wie Trögen und Galerien

In Tabelle 4.2 sind die extrahierten Gemeinsamkeiten und Unterschiede der Berechnungsalgorithmen der betrachteten analytischen Prognosemodelle der Realisierbarkeit durch alternativ anwendbare numerische Berechnungen gegenübergestellt. Es lässt sich erkennen, dass die grundlegende Gemeinsamkeit der betrachteten Prognosemodelle in der Anwendung des sogenannten Teilstück-Verfahrens liegt. Die analytische Bestimmung der schalltechnischen Wirkung einer Gesamtstrecke am betrachteten Immissionsort erfolgt dabei durch energetische Addition der Wirkung von einzelnen Streckensegmenten. Ein vergleichbares Ergebnis kann durch eine analoge Auswertung von numerischen Ergebnissen einzelner Streckensegmente erreicht werden.

Tabelle 4.2: Übersicht der Gemeinsamkeiten und Unterschiede der Berechnungsalgorithmen der betrachteten Prognosemodelle im Vergleich zur Realisierbarkeit durch numerische Berechnungen

Merkmale der betrachteten Prognosemodelle	Realisierbarkeit durch numerische Berechnungen
Gemeinsamkeiten	
allgemeine Anwendung des Teilstück-Verfahrens	ja
energetische Addition einzelner Streckensegmente	ja
Berücksichtigung von mindestens der ersten Reflexion	ja
Unterschiede	
separate ↔ kombinierte Simulation einzelner Fahrstreifen	separate Berücksichtigung
beliebige Anzahl Reflexionen ↔ diffuse Reflektion	„unbegrenzte" Anzahl
energetische ↔ partiell kohärente Addition der Schalldrücke	vollständig kohärent*)
spektrale Berechnung ↔ Einzahlwert	spektrale Berechnung

*) Die vollständige Kohärenz bezieht sich auf die Addition der Schalldruckanteile entlang der verschiedenen für eine einzelne Schallquelle berücksichtigten Schallpfade. Um die Interaktion verschiedener inkohärenter Schallquellen zu modellieren, ist es theoretisch möglich, separate numerische Berechnungen für alle Schallquellen durchzuführen und deren Ergebnisse energetisch zu addieren. Aus praktischer Sicht ist der stark erhöhte Berechnungsaufwand jedoch meist nicht gerechtfertigt.

Der Hauptunterschied zwischen den betrachteten analytischen Prognosemodellen betrifft zum einen die Addition der Schalldruckanteile der einzelnen Schallpfade, zum anderen die frequenzabhängige/ -unabhängige Durchführung der Schallfeldsimulation. Während die Summierung der einzelnen Schalldruckanteile am Immissionsort bei Anwendung der RLS-90, der ASJ RTN 2008 und der NMPB 2008 energetisch durchgeführt wird, erfolgt die Addition innerhalb von NORD 2000 und SonRoad 2004 infolge der Einführung eines Kohärenzfaktors partiell kohärent. Dies ermöglicht eine flexible Anpassung der Stärke der Kohärenz zwischen den einzelnen Schalldruckanteilen in Abhängigkeit von den vorliegenden Schallausbreitungsbedingungen sowie der Abstrahlung der betrachteten Schallquelle (Fahrzeug, Lautsprecher). Letzteres erscheint insbesondere im Hinblick auf die messtechnische Erprobung des neu entwickelten Mikrofonarray-Verfahrens von Vorteil. Numerische Berechnungen durch Anwendung der Methode der finiten Elemente (FEM) oder der Randelemente-Methode (BEM) besitzen diese Flexibilität nicht, da sie stets auf einer vollständig kohärenten Addition der Schalldruckanteile beruhen.

Von den betrachteten Prognoseverfahren stellen die RLS-90 das einzige Berechnungsverfahren dar, das die Prognose des Schallfelds ausschließlich in Form von Einzahlwerten (Gesamtpegel) zulässt. Insbesondere für die Bewertung des Schallfelds an Lärmschutzwänden mit variablen frequenzabhängigen schallabsorbierenden Eigenschaften erscheint dies nachteilig, da die schallabsorbierenden Oberflächen, wie einleitend beschrieben, einen relevanten Einfluss auf die Schallbeugung am Schirm und damit auf die schalltechnische Wirksamkeit der zu untersuchenden Lärmschutzwand besitzen.

4.1.2 Schallquelle

Eine Übersicht der wesentlichen Merkmale der Quellmodellierung innerhalb des nationalen Prognoseverfahrens der RLS-90 und der verschiedenen betrachteten internationalen Prognosemodelle ist in Tabelle 4.3 gegeben. In Tabelle 4.4 sind die extrahierten Gemeinsamkeiten und Unterschiede der Quellmodellierung der betrachteten analytischen Prognosemodelle erneut der Realisierbarkeit durch alternativ anwendbare numerische Berechnungen gegenübergestellt.

Es lässt sich erkennen, dass die grundlegende Gemeinsamkeit der betrachteten Prognosemodelle in der schalltechnischen Modellierung des Verkehrs durch einzelne Punktschallquellen liegt. Die betrachteten Prognosemodelle unterscheiden sich jedoch insbesondere in der Anzahl und der Position der Punktschallquellen, der den Punktschallquellen zugewiesenen schallleistungsproportionalen Quellgröße sowie der angewendeten Richtcharakteristik. Innerhalb der RLS-90 sowie SonRoad 2004 wird der Verkehr durch eine einzelne Punktschallquelle je Streckensegment in der Mitte des Fahrstreifens und in 0,50 m bzw. 0,45 m Höhe über dem Boden modelliert. Diese Modellierung fasst die Schallemission im Bereich des Reifen-Fahrbahn-Kontakts und des Motors sowie Strömungsgeräusche zusammen und besitzt damit einen geringen Berechnungsaufwand. Die Entwickler der Prognosemodelle NMPB 2008 und ASJ RTN 2008 verlagerten die Punktschallquelle unmittelbar über bzw. auf die Fahrbahnoberfläche, mit der Begründung, dass das Reifen-Fahrbahn-Geräusch für Fahrzeuggeschwindigkeiten zwischen 50 km/h und 120 km/h die dominante Schallemission des Verkehrs darstellt. Innerhalb der komplexeren Prognosemodelle NORD 2000 und HARMONOISE wird der Verkehr durch mehr als eine einzelne Punktschallquelle je Streckensegment und unter Berücksichtigung einer horizontalen/ vertikalen Richtcharakteristik modelliert. Diese Vorgehensweise erscheint im Hinblick auf den dadurch erhöhten Berechnungsaufwand nur dann sinnvoll, wenn für die einzelnen Teilschallquellen auch gesicherte spezifische spektrale Quellangaben (Schallleistungsspektren) vorliegen.

Das in NORD 2000 [JS01] als Funktion des horizontalen Schallemissionswinkels φ_Q (Quellwinkel, vgl. Bild 3.3) und der Terzmittenfrequenz f ($f \geq 1,6$ kHz) angegebene Terzband-Richtungsmaß

$$D(f) = -5 \text{ dB} + 7 \left|\cos\left(90° - \varphi_Q\right)\right| \text{ dB} \tag{4.1}$$

konnte durch messtechnische Untersuchungen mit einem Mikrofonarray in [SH08b] exemplarisch nachgewiesen werden. Das Terzband-Richtungsmaß in Gleichung (4.1) ähnelt dem Richtungsmaß eines Dipols. Dies kann durch den Horneffekt begründet werden, der sich zwischen dem Reifen und der Fahrbahn ausbildet und eine front- und rückseitige Schallabstrahlung des Reifen-Fahrbahn-Geräuschs begünstigt.

Tabelle 4.3: Vergleich der Quellmodellierung innerhalb des nationalen Prognoseverfahrens der RLS-90 und der verschiedenen betrachteten internationalen Prognosemodelle

RLS 90	ASJ RTN 2008	HARMONOISE	NMPB 2008	NORD 2000	SonRoad 2004
Modellstrahler zur Bewertung einfacher Bauwerke					
einzelner Punkt-/ Linien-strahler	einzelner Punkt-strahler	zwei Punkt-strahler	einzelner Punkt-strahler	drei Punkt-strahler	einzelner Punkt-strahler
zusätzliche Modellstrahler zur Bewertung spezieller Bauwerke					
-	Punkt-strahler	Punkt-strahler	Punkt-/ Linien-strahler	Punkt-strahler	-
allgemeine laterale Quellposition					
Mitte des Fahr-streifens	Mitte des Fahr-streifens	empfänger-seitige Fahrzeug-oberfläche	Mitte des Fahr-streifens	empfänger-seitige Fahrzeug-oberfläche	Mitte des Fahr-streifens
allgemeine Quellhöhe					
0,50 m	0,00 m	0,01 m 0,30 m oder 0,01 m 0,75 m (3,50 m)	0,05 m	0,01 m 0,15 m 0,30 m (3,50 m)	0,45 m
schallleistungsproportionale Quellgröße					
Mittelungs-pegel in 25 m Entfernung	Schall-leistungs-pegel	Schall-leistungs-pegel	Schall-leistungs-pegel	Schall-leistungs-pegel	Schall-leistungs-pegel mit Reflexions-korrektur
prozentuale Verteilung der Quellgröße auf einzelne Modellstrahler					
-	-	ungleich-mäßig	-	gleich-mäßig	-
horizontale/ vertikale Richtcharakteristik					
uni-direktional	kombiniert	spezifisch für ver-schiedene Quellmecha-nismen bzw. Quellhöhen	uni-direktional	Dipol/ uni-direktional	uni-direktional
berücksichtigte Fahrstreifen					
nahester und fernster	alle oder gedachter mittlerer	alle	alle	alle	alle

Die Vorgehensweise der schalltechnischen Modellierung des Verkehrs durch einzelne Punktschallquellen lässt sich ebenso auf numerische Berechnungen übertragen. Jedoch müssen einzelne voneinander unabhängige Punktschallquellen getrennt simuliert werden, deren schalltechnische Wirksamkeit am Ende energetisch zu addieren ist, um feste Phasenbeziehungen (Kohärenz) zwischen den einzelnen Punktschallquellen zu verhindern. Dies bewirkt einen hohen Berechnungsaufwand. Des Weiteren ist es nicht ohne größeren Aufwand möglich, eine spezifische Richtcharakteristik zu berücksichtigen.

Tabelle 4.4: Übersicht der Gemeinsamkeiten und Unterschiede der Quellmodellierung innerhalb der betrachteten Prognosemodelle im Vergleich zur Realisierbarkeit durch numerische Berechnungen

Merkmale der betrachteten Prognosemodelle	Realisierbarkeit durch numerische Berechnungen
Gemeinsamkeiten	
Modellierung als Punktschallquellen	ja
Unterschiede	
einzelne ↔ mehrere Punktschallquellen verschiedener Quellhöhe	beliebig
Einzahlwert ↔ spektrale schallleistungsproportionale Quellgröße	spektral
gleichmäßige ↔ ungleichmäßige Verteilung der schallleistungsproportionalen Quellgröße auf Modellstrahler	beliebig
unidirektionale ↔ direktionale horizontale Richtcharakteristik	unidirektional
unidirektionale ↔ direktionale vertikale Richtcharakteristik	unidirektional

Zur Bestimmung von absoluten Vorbeifahrtpegeln am Immissionsort hat es sich in [KSH11] als zielführend erwiesen, den Verkehr durch eine einzelne Punktschallquelle gemäß den RLS-90 [RLS92] in Verbindung mit dem geschwindigkeitsabhängigen A-bewerteten spektralen Schallleistungspegel und der horizontalen Richtcharakteristik nach NORD 2000 [JS01] zu modellieren.

4.1.3 Schallausbreitungseffekte

Im Folgenden werden die für die Simulation des Schallfelds an einer semi-infiniten Lärmschutzwand relevanten Schallausbreitungseffekte

- Divergenz und atmosphärische Dämpfung,
- Bodenreflexion,
- Bodenreflexion mit Berücksichtigung von Impedanzdiskontinuität,
- Schallbeugung an Hindernissen mit impedanzbelegten Flächen,
- Inkohärenz

detailliert betrachtet.

4.1.3.1 Divergenz und atmosphärische Dämpfung

Infolge von kugelförmiger Divergenz und atmosphärischer Dämpfung nimmt der von einer Schallquelle am Immissionsort erzeugte Schalldruckpegel mit zunehmendem Abstand zwischen Schallquelle und Empfänger ab. Unter Berücksichtigung von Gleichung (3.9) sowie [ISO93] ergibt sich der durch einen Punktstrahler im Abstand r erzeugte komplexe Schalldruck zu

$$p = \frac{\hat{p}}{r} \cdot \mathrm{e}^{-\mathrm{j}kr} \cdot \mathrm{e}^{-0{,}1151\alpha r}. \tag{4.2}$$

$\hat{p}$ ist die Amplitude des von der Wellenzahl k abhängigen komplexen Schalldrucks. α beschreibt den in [ISO93] definierten frequenzabhängigen Schalldämpfungskoeffizienten der Luft in dB m^{-1}. Es ist davon auszugehen, dass die atmosphärische Dämpfung in den in der vorliegenden Arbeit durchzuführenden Simulationen der Einfügungsdämpfung einer semi-infiniten Lärmschutzwand gemäß Bild 4.11, aufgrund des verhältnismäßig geringen Abstands zwischen Schallquelle und Empfänger, eine untergeordnete Rolle spielt.

4.1.3.2 Bodenreflexion

Gegeben sei das in Bild 4.1 dargestellte Szenario. Eine Schallquelle (Punktschallquelle) befindet sich in der Höhe h_Q über einer ebenen, impedanzbelegten Oberfläche. In horizontalem Abstand R_0 zur Schallquelle ist ein Empfänger (Punktempfänger) in der Höhe h_E über der Oberfläche positioniert. Die Schallquelle emittiert Schallenergie in Form einer Kugelwelle mit der Kreisfrequenz ω bzw. der Wellenzahl k. Ein Teil der emittierten Schallenergie breitet sich auf direktem Weg entlang von R_1 zum Empfänger aus. Ein anderer Teil wird am Boden unter dem Winkel ϑ_B mit dem Schallreflexionsfaktor für Kugelwellen r_K reflektiert, bevor er entlang von R_2 den Empfänger erreicht.

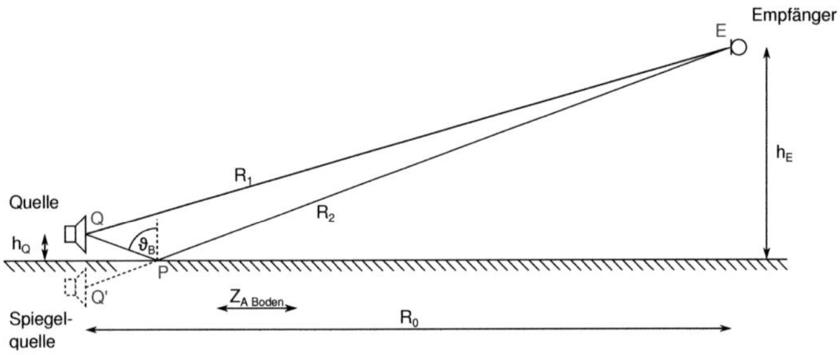

Bild 4.1: Geometrische Größen zur Modellierung der Schallreflexion von Kugelwellen an einer ebenen Oberfläche mit konstanter Impedanz

Zur analytischen Beschreibung dieses Sachverhalts für den Fall einer lokal wirksamen Oberfläche ist in [CS80] mit

$$\Phi_\mathrm{E} = \frac{1}{4\pi R_1} \cdot \mathrm{e}^{-\mathrm{j}kR_1} + r_\mathrm{K} \cdot \frac{1}{4\pi R_2} \cdot \mathrm{e}^{-\mathrm{j}kR_2} \tag{4.3}$$

eine Näherungslösung für das komplexe Schnellepotenzial Φ_E am Empfänger angegeben. Diese Näherungslösung wird in der Literatur oft als Weyl-Van-der-Pol-Lösung bezeichnet (z. B. [Sti95]). Die Definition des Schnellepotenzials Φ anhand des komplexen Schallschnelle-Vektors

$$\vec{v} = -\mathrm{grad}\Phi \tag{4.4}$$

führt in Verbindung mit der Bewegungsgleichung (vgl. [DEG06])

$$-\operatorname{grad}p = \rho_0 \frac{\partial \vec{v}}{\partial t} \tag{4.5}$$

zum Zusammenhang

$$p = \rho_0 \frac{\partial \Phi}{\partial t} \tag{4.6}$$

zwischen dem Schnellepotenzial Φ und dem Schalldruck p. Durch Einsetzen von Gleichung (4.3) in Gleichung (4.6) lässt sich das Schnellepotenzial am Empfänger für harmonische Anregung in den Schalldruck am Empfänger

$$p_\mathrm{E} = \frac{\mathrm{j}\omega\rho_0}{4\pi R_1} \cdot \mathrm{e}^{-\mathrm{j}kR_1} + r_\mathrm{K} \cdot \frac{\mathrm{j}\omega\rho_0}{4\pi R_2} \cdot \mathrm{e}^{-\mathrm{j}kR_2} \tag{4.7}$$

überführen. Unter Berücksichtigung der Dichte der Luft ρ_0 und eines komplexen Schallflusses q mit dem Wert Eins verkörpert Gleichung (4.7) die kohärente Addition der einzelnen Schalldruckanteile, die von einer Punktschallquelle sowie deren symmetrisch zur Bodenebene positionierten Spiegelquelle am Empfänger hervorgerufen werden (vgl. Bild 4.1). Um die Reflexion der von der Punktschallquelle emittierten Kugelwelle am Boden zu modellieren, ist in [CS80] der Schallreflexionsfaktor für Kugelwellen in der Form

$$r_\mathrm{K} = r_\mathrm{E}(\vartheta_\mathrm{B}) + (1 - r_\mathrm{E}(\vartheta_\mathrm{B})) \cdot F(w_\mathrm{B}) \tag{4.8}$$

definiert. Dabei beschreibt

$$r_\mathrm{E} = \frac{\frac{Z_\mathrm{W}}{Z_0}\cos\vartheta_\mathrm{B} - 1}{\frac{Z_\mathrm{W}}{Z_0}\cos\vartheta_\mathrm{B} + 1} \tag{4.9}$$

den Schallreflexionsfaktor für ebene Wellen in Abhängigkeit vom Schalleinfallswinkel ϑ_B, der Wandimpedanz Z_W der Oberfläche sowie der Schallkennimpedanz der Luft Z_0. Die Funktion

$$F(w_\mathrm{B}) = 1 - \mathrm{j}\sqrt{\pi}w_\mathrm{B}\mathrm{e}^{-w_\mathrm{B}{}^2}\operatorname{erfc}(\mathrm{j}w_\mathrm{B}) \tag{4.10}$$

in Gleichung (4.8) mit dem in [Sti95] als numerische Distanz bezeichneten Argument

$$w_\mathrm{B} = \sqrt{-\frac{\mathrm{j}}{2}kR_2} \cdot \left(\cos\vartheta_\mathrm{B} + \frac{Z_0}{Z_\mathrm{W}}\right) \tag{4.11}$$

berücksichtigt den Sachverhalt, dass verschiedene Segmente der einfallenden kugelförmigen Wellenfront an verschiedenen Punkten der impedanzbelegten Oberfläche und unter verschiedenen Winkeln reflektiert werden. Dabei ist erfc die komplementäre Fehlerfunktion, die sich anhand der Fehlerfunktion erf gemäß

$$\begin{aligned}\mathrm{erfc}(\chi) &= 1-\mathrm{erf}(\chi)\\ &= \frac{2}{\sqrt{\pi}}\int\limits_{\chi}^{\infty} \mathrm{e}^{-\tau^2}\mathrm{d}\tau\end{aligned} \tag{4.12}$$

berechnet. In [Sti95] kommt der Autor zu dem Schluss, dass die numerische Distanz w_{B} aus Gleichung (4.11) in die Form

$$w_{\mathrm{B}} = \frac{1-\mathrm{j}}{2}\sqrt{kR_2}\cdot\left(\cos\vartheta_{\mathrm{B}} + \frac{Z_0}{Z_{\mathrm{W}}}\right) \tag{4.13}$$

gebracht werden muss, um im gesamten möglichen Wertebereich als gültiges Argument für die Funktion F in Gleichung (4.10) zu zählen.

Nach [CS80] unterliegt die in Gleichung (4.3) angegebene Näherungslösung einer Reihe von Randbedingungen. Wie bereits erwähnt, ist die Anwendung der Näherungslösung auf lokal wirksame Oberflächen begrenzt. Schallabsorber, die als lokal wirksam bzw. lokal reagierend bezeichnet werden, weisen eine vom Ort und vom Schalleinfallswinkel unabhängige Wandimpedanz auf. Dies ist möglich, wenn innerhalb der Struktur keine Ausgleichsvorgänge in der zur Oberfläche parallelen Richtung stattfinden. Der an der Oberfläche in die Struktur gebrochene Teil der Schallenergie muss sich daher in Richtung der Flächennormalen ausbreiten. Unter dieser Voraussetzung kann die Wandimpedanz einer homogenen halbunendlich ausgedehnten Absorberstruktur Z_{W} der ortsunabhängigen charakteristischen Impedanz Z_{A} der Struktur gleichgesetzt werden (vgl. [HS06]). Der in Gleichung (4.14) angegebene Schallreflexionsfaktor für ebene Wellen bei schrägem Schalleinfall erhält damit die Form

$$r_{\mathrm{E}} = \frac{\frac{Z_{\mathrm{A}}}{Z_0}\cos\vartheta_{\mathrm{B}} - 1}{\frac{Z_{\mathrm{A}}}{Z_0}\cos\vartheta_{\mathrm{B}} + 1}. \tag{4.14}$$

Strukturen, die durch schallharte Trennelemente in Richtung der Oberflächennormalen kaskadiert sind, sowie Strukturen, die eine hohe innere Dämpfung bei gleichzeitig ausreichend großem Strömungswiderstand aufweisen, können nach [Mös12] als lokal wirksam aufgefasst werden. Es ist davon auszugehen, dass diese Voraussetzung für dichte Fahrbahnoberflächen - z. B. Splitt-Mastix-Asphalt (SMA), Asphalt-Beton (AB) - sowie für verdichtete und unverdichtete Böden erfüllt ist. Auf lateral wirksame Fahrbahnoberflächen aus offenporigem Asphalt (OPA) trifft diese Annahme nicht zu. Zur möglichen Erweiterung des Weyl-Van-der-Pol-Modells auf diese Art von absorbierenden Strukturen fanden detaillierte Untersuchungen in [HS06] statt.

Weitere als Formel (4.15) bis Formel (4.18) aufgeführte Randbedingungen der Näherungslösung in Gleichung (4.3) entsprechen geometrischen und oberflächenspezifischen Restriktionen, die bereits in [CS75] getroffenen wurden.

$$k_{\min}R_0 \gg 1 \quad (\rightarrow 144,3) \tag{4.15}$$

$$\frac{h_{\mathrm{Q}} + h_{\mathrm{E}}}{R_0} \ll 1 \quad (\rightarrow 0,18) \tag{4.16}$$

$$\frac{k_{\max}(h_{\mathrm{Q}}+h_{\mathrm{E}})^2}{R_0} \ll 1 \quad (\rightarrow 46,7) \tag{4.17}$$

$$\left|\frac{Z_0}{Z_{\mathrm{W}}}\right|^2 \ll 1 \quad (\rightarrow 0,00029\,/\,0,14) \tag{4.18}$$

Es gilt, im Folgenden zu überprüfen, ob das Weyl-Van-der-Pol-Modell für die innerhalb der vorliegenden Arbeit angestrebten Simulationen der Einfügungsdämpfung semi-infiniter Lärmschutzwände eingesetzt werden kann. Die hinter den einzelnen Randbedingungen (4.15) bis (4.18) in Klammern angegebenen numerischen Werte ergeben sich aus den kritischsten Einflussparametern gemäß Bild 4.11, oben (Quellhöhe 0,5 m).

Der Bestimmung der Wandimpedanz der relevanten Oberflächen in Bedingung (4.18) (hier: dichte Fahrbahnoberfläche/ unverdichteter Boden) liegt die Anwendung des Einparameter-Modells nach *DELANY* und *BAZELEY* [DB70] zugrunde, das im Prognosemodell NORD 2000 [PK01] zum Einsatz kommt. In diesem für lokal wirksame Böden geeigneten, halb-empirischen Absorbermodell berechnet sich die charakteristische Impedanz anhand von

$$Z_{\mathrm{A}} = Z_0 \cdot \left(1 + 9,08\left(\frac{1000f}{\Xi}\right)^{-0,75} - \mathrm{j}11,9\left(\frac{1000f}{\Xi}\right)^{-0,73}\right). \tag{4.19}$$

Der einzige Materialparameter, der in die Berechnung der schalltechnischen Eigenschaften der Absorberschicht eingeht, ist die Strömungsresistanz Ξ in Pa s m^{-2}. Eine Übersicht der repräsentativen Strömungsresistanz verschiedener Klassen von Oberflächen ist in [PK01] gegeben. Darin wird eine Fahrbahnoberfläche aus dichtem Asphalt durch eine Strömungsresistanz von 20.000.000 Pa s m^{-2} charakterisiert. Einem unverdichteten Boden ist eine Strömungsresistanz von 200.000 Pa s m^{-2} zugeordnet.

Zur Beschreibung von Schallabsorbern existiert in der Literatur eine Vielzahl verschiedener Modelle. Im Folgenden soll das sogenannte Phänomenologische Modell aus [HB93] Anwendung finden. Dieses Dreiparameter-Modell wurde zur Charakterisierung von porösen Fahrbahnoberflächen, insbesondere lateral reagierenden offenporigen Asphalten, entwickelt. Dabei gehört neben den Materialparametern Porosität und Strukturfaktor wiederum die Strömungsresistanz zu den Eingangsparametern des Absorbermodells. Basierend auf Erfahrungen wird der dichten Fahrbahnoberfläche bzw. dem unverdichteten Boden eine Porosität von 0,1 bzw. 0,4 sowie jeweils ein Strukturfaktor von Eins zugeordnet. Die Berechnung der Wandimpedanz der relevanten Oberflächen erfolgt jeweils durch Modellierung einer 1 m dicken homogenen Absorberschicht gemäß [HS06].

Die für die Randbedingungen (4.15), (4.16) und (4.18) berechneten Klammerausdrücke zeigen, dass die Restriktionen eingehalten sind. Die Bedingung (4.17) wird jedoch für die eingesetzten Werte nicht erfüllt. Unter Berücksichtigung von

$$\tan\vartheta_{\mathrm{B}} = \frac{R_0}{h_{\mathrm{Q}}+h_{\mathrm{E}}} \tag{4.20}$$

lässt sich Restriktion (4.17) in die Form

$$\frac{k_{\max}(h_{\mathrm{Q}}+h_{\mathrm{E}})}{\tan\vartheta_{\mathrm{B}}} \ll 1 \tag{4.21}$$

bringen. Ist die Randbedingung (4.21) durch einen Vorgabewert von 0,1 erfüllt, resultiert ein minimaler Schalleinfallswinkel $\vartheta_{\mathrm{Bmin}}$ von 89,98°. Daraus folgt ein minimaler horizontaler Quell-Empfänger-Abstand $R_{0\mathrm{min}}$ von ca. 11,7 km. Die Bedingung (4.17) ist damit ausschließlich für streifenden Schalleinfall erfüllt, was eine allgemeingültige Anwendung dieses Schallfeldmodells auf den ersten Blick nicht zulässt. Detaillierte Betrachtungen der Autoren in [CS75] und [CS80] weisen jedoch nach, dass der Schwerpunkt der Einhaltung der Randbedingungen im Hinblick auf die Ermittlung von logarithmierten Größen (Pegelgrößen) auf den Restriktionen (4.15) und (4.18) liegt. Sind diese beiden Bedingungen erfüllt, liefert Gleichung (4.3) für Schalleinfallswinkel, die nicht dem streifenden Schalleinfall entsprechen, trotzdem eine hinreichende Genauigkeit, da das Ergebnis in diesem Fall durch

$$\Phi_{\mathrm{E}} = \frac{1}{4\pi R_1} \cdot \mathrm{e}^{-\mathrm{j}kR_1} + r_{\mathrm{E}} \cdot \frac{1}{4\pi R_2} \cdot \mathrm{e}^{-\mathrm{j}kR_2} \tag{4.22}$$

dominiert wird. Dies führt dazu, dass der nach Gleichung (4.7) berechnete Schalldruckpegel am Immissionsort mit zunehmender Frequenz gegen das mit Hilfe von

$$p_{\mathrm{E}} = \frac{\mathrm{j}\omega\rho_0}{4\pi R_1} \cdot \mathrm{e}^{-\mathrm{j}kR_1} + r_{\mathrm{E}} \cdot \frac{\mathrm{j}\omega\rho_0}{4\pi R_2} \cdot \mathrm{e}^{-\mathrm{j}kR_2} \tag{4.23}$$

ermittelte Berechnungsergebnis konvergiert. Das bedeutet, dass die Beschreibung der Bodenreflexion von Kugelwellen mit steigender Frequenz in die Beschreibung der Bodenreflexion von ebenen Wellen übergeht. In [Ö97] ist dies am Beispiel freier Schallausbreitung über reflektierendem Grasboden (unverdichtetem Boden) für $h_{\mathrm{Q}} = h_{\mathrm{E}} = 1$ m und $R_0 = 50$ m gezeigt. In diesem Beispiel stimmen die Ergebnisse für Kugelwellen und ebene Wellen für Frequenzen $f \geq 1,25$ kHz (Terzband) überein. Dies entspricht einem Wertebereich für Bedingung (4.17) von ca. $\geq 1,8$. Für das in Bild 4.11, oben, dargestellte Schallausbreitungsszenario (Quellhöhe 0,5 m) findet der Übergang zwischen der Bodenreflexion von Kugelwellen und der Bodenreflexion von ebenen Wellen bereits bei ca. 125 Hz statt.

Damit ist sichergestellt, dass das Weyl-Van-der-Pol-Modell in der vorliegenden Arbeit zielführend für Schallausbreitungsberechnungen eingesetzt werden kann. Es ist zu vermuten, dass die nahezu freie Wahl des Immissionsorts auch dazu geführt hat, dass die beschriebene Modellierungsvorschrift in das nordische Prognosemodell NORD 2000 aufgenommen wurde (s. [PK01]).

4.1.3.3 Bodenreflexion mit Berücksichtigung von Impedanzdiskontinuität

Die bisherigen Beschreibungen zur Bodenreflexion beziehen sich auf eine ebene Oberfläche mit konstanter Impedanz. Im praktischen Fall wird die Schallausbreitung von Fahrzeuggeräuschen, insbesondere dem Reifen-Fahrbahn-Geräusch, nicht nur durch die Fahrbahnoberfläche, sondern auch durch den Boden seitlich der Fahrbahnbefestigung beeinflusst. Die dadurch senkrecht zur Fahrtrichtung auftretende sprunghafte Änderung der Impedanz wird als Impedanzdiskontinuität bezeichnet und soll innerhalb des angewendeten Schallfeldmodells berücksichtigt werden.

Eine effektive und praktische Methode zur Modellierung der Schallreflexion von Kugelwellen an einer ebenen, impedanzbelegten Oberfläche mit Impedanzdiskontinuität ist die Anwendung des sogenannten Fresnel-Zonen-Modells. Durch die Eigenschaft von Wellen, sich um Hindernisse zu beugen, wird die emittierte Energie der Quelle nicht ausschließlich entlang des direkten Schallpfades gemäß dem Strahlenmodell zum Empfänger übertragen. Ausgangspunkt für die Fresnel-Zonen-Methode ist die Vorstellung eines räumlichen Bereichs, in dem die primäre Quellenergie übertragen wird. Dieser gedachte Bereich besitzt die Form eines Rotationsellipsoids, in dessen beiden Brennpunkten sich Quelle bzw. Empfänger befinden.

Nach dem Vorschlag von [SB87] kann mit Hilfe dieses Modells nicht nur die Ausbreitung von elektromagnetischen Wellen beschrieben werden. Es eignet sich ebenfalls dazu, das Schallfeld über Flächen mit gemischten Impedanzen zu charakterisieren und den Beitrag der Impedanz des Bodens zum Schalldruckpegel am Empfänger zu bestimmen. Diese Idee beruht auf der Annahme, dass um den geometrischen Reflexionspunkt des am Boden reflektierten Schallstrahls eine wirksame Fläche (Fresnel-Zone) existiert, die den wesentlichen Beitrag zum Schalldruckpegel am Empfänger liefert. Sie weist die Form einer Ellipse auf und entspricht der Schnittfläche zwischen der Ebene des Bodens und dem Rotationsellipsoid um den Empfänger E und die Spiegelquelle Q', die durch Anwendung des Spiegelquellen-Modells definiert ist (s. Bild 4.2).

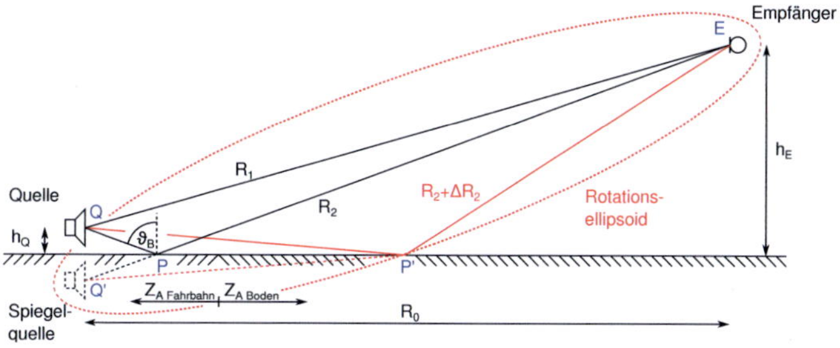

Bild 4.2: Geometrische Größen zur Modellierung der Schallreflexion von Kugelwellen an einer ebenen Oberfläche mit vorhandener Impedanzdiskontinuität

Der Rand der Fresnel-Zone wird durch alle Punkte P' beschrieben, die für den reflektierten Schallstrahl eine definierte Vergrößerung

$$\begin{aligned} \Delta R_2 &= \overline{\mathrm{Q'P'}} + \overline{\mathrm{EP'}} - R_2 \\ &= F_{\mathrm{FZ}}\lambda \end{aligned} \tag{4.24}$$

der Weglänge zwischen Spiegelquelle und Empfänger gegenüber dem direkten Pfad R_2 zulassen. Dabei sind λ die Wellenlänge des Schalls und F_{FZ} eine festzulegende Konstante, die im Allgemeinen mit 1/3 angegeben ist. Ab einer bestimmten Weglängendifferenz ΔR_2 liefert ein Schallstrahl keinen wesentlichen Beitrag mehr zum Schalldruckpegel am Empfänger. In Übereinstimmung mit dieser Vorstellung entsteht ein elliptischer Lichtfleck, wenn der Lichtkegel einer Taschenlampe unter schrägem Einfallswinkel auf eine reflektierende Oberfläche trifft.

In [HH95] wurde die Idee aus [SB87] aufgegriffen und umgesetzt. Zur Bewertung der Prognosegenauigkeit der Fresnel-Zonen-Methode definiert *HOTHERSALL* darin die schalltechnische Wirksamkeit des Bodens über die Einfügungsdämpfung (englisch: „excess attenuation")

$$\begin{aligned} D_{\mathrm{e\ Boden}} &= 20 \cdot \lg\left(\left|\frac{p_{\mathrm{dir}}}{p_{\mathrm{dir}} + p_{\mathrm{Refl}}}\right|\right)\ \mathrm{dB} \\ &= L_{\mathrm{pE\ dir}} - L_{\mathrm{pE\ frei}}. \end{aligned} \tag{4.25}$$

Dabei ist p_{dir} der absolute Schalldruck am Immissionsort, der bei Schallausbreitung von der Quelle zum Empfänger über den direkten Pfad auftritt und p_{Refl} der absolute Schalldruck bei Ausbreitung über den Bodenreflexionspfad. Nimmt $D_{\mathrm{e\ Boden}}$ negative Werte an, bedeutet dies eine Erhöhung des Schalldruckpegels am Immissionsort infolge des Einflusses des Bodens ($L_{\mathrm{pE\ frei}}$) gegenüber direkter Schallausbreitung ($L_{\mathrm{pE\ dir}}$).

Für eine monofrequente Punktschallquelle über ebener Oberfläche mit konstanter Impedanz (Kugelwellenreflexionsfaktor r_{K}) berechnet sich die Einfügungsdämpfung des Bodens gemäß [HH95] anhand von

$$D_{\mathrm{e\ Boden}} = -20 \cdot \lg \left(\left| 1 + r_{\mathrm{K}} \frac{R_1}{R_2} \cdot \mathrm{e}^{-\mathrm{j}k(R_2 - R_1)} \right| \right) \mathrm{dB}. \tag{4.26}$$

Somit ergibt sich für den speziellen Fall einer unendlich ausgedehnten schallharten Oberfläche ($r_{\mathrm{K}} = 1$) an einem Immissionsort in unendlichem Abstand zur Quelle ($R_1/R_2 \to 1$ und $R_2 - R_1 \to 0$) eine Einfügungsdämpfung von -6 dB (Verdopplung des Schalldrucks am Empfänger infolge des Einflusses des Bodens).

Für zwei aneinander grenzende ebene Oberflächen mit unterschiedlicher Impedanz (Impedanzdiskontinuität senkrecht zur Schallausbreitungsrichtung) kombiniert *HOTHERSALL* die Einfügungsdämpfungen $D_{\mathrm{e\ Boden\ 1}}$ und $D_{\mathrm{e\ Boden\ 2}}$ der beiden Oberflächen konstanter Impedanz (Kugelwellenreflexionsfaktor r_{K1} bzw. r_{K2}) durch Definition eines Wichtungsfaktors μ zu

$$\begin{aligned} D_{\mathrm{e\ Boden}} &= -20 \cdot \lg \left(\left| 1 + r_{\mathrm{K1}} \frac{R_1}{R_2} \cdot \mathrm{e}^{-\mathrm{j}k(R_2 - R_1)} \right|^{\mu} + \left| 1 + r_{\mathrm{K2}} \frac{R_1}{R_2} \cdot \mathrm{e}^{-\mathrm{j}k(R_2 - R_1)} \right|^{(1-\mu)} \right) \mathrm{dB} \\ &= -20 \cdot \lg \left(10^{-\frac{D_{\mathrm{e\ Boden1}}}{20\,\mathrm{dB}} \mu} + 10^{-\frac{D_{\mathrm{e\ Boden2}}}{20\,\mathrm{dB}} (1-\mu)} \right) \mathrm{dB}. \end{aligned} \tag{4.27}$$

Der Wichtungsfaktor μ entspricht dabei dem Verhältnis zwischen der maximalen Ausdehnung des Bereichs der Fresnel-Zone mit dem Kugelwellenreflexionsfaktor r_{K1} in Richtung der Schallausbreitung und der Gesamtausdehnung der Fresnel-Zone.

HOTHERSALL vergleicht die Berechnungsergebnisse der Fresnel-Zonen-Methode mit denen eines „exakten", numerischen Berechnungsverfahrens auf Basis der Randelemente-Methode. Auch eine alternative Näherungsmethode nach *DE JONG* bezieht er in seine Untersuchungen ein. Die Simulationsergebnisse zeigen, dass die Fresnel-Zonen-Methode nach Gleichung (4.27), im Vergleich zu den beiden anderen Verfahren, keine Oszillationen infolge von Beugungseffekten abbildet. Jedoch ermöglicht die Methode die direkte Abschätzung der schalltechnischen Wirksamkeit des Bodens mit einer für die Praxis hinreichenden Genauigkeit, bei gleichzeitig geringem rechnerischem Aufwand. Nach Aussage von *HOTHERSALL* gilt dies, im Gegensatz zur Näherungsmethode nach *DE JONG*, insbesondere auch für niedrige Frequenzen und große Schalleinfallswinkel nahe dem streifenden Schalleinfall. Letzteres nimmt bei der Ausbreitung des Reifen-Fahrbahn-Geräuschs einen hohen Stellenwert ein. In Bezug auf die in Gleichung (4.24) definierte Weglängendifferenz führt *HOTHERSALL* aus, dass Faktoren F_{FZ} abweichend von 1/3 (z. B. 1/2 oder 1/4) die Vorhersage der Einfügungsdämpfung nicht relevant verbessern.

In [BWFAL97] verweist *BOULANGER* bezüglich Gleichung (4.27) aus [HH95] jedoch auf eine inkonsistente Angabe, da die Grenzfälle für $\mu = 0$ und $\mu = 1$ nicht mit der Einfügungsdämpfung der beiden Oberflächen für den Fall konstanter Impedanz übereinstimmen. Im Einklang mit den Berechnungsergebnissen in [HH95] modifiziert *BOULANGER* Gleichung (4.27) daher zu

$$\begin{aligned} D_{\mathrm{e\ Boden}} &= -20 \cdot \lg \left(\left| 1 + r_{\mathrm{K1}} \frac{R_1}{R_2} \cdot \mathrm{e}^{-\mathrm{j}k(R_2 - R_1)} \right|^{\mu} \cdot \left| 1 + r_{\mathrm{K2}} \frac{R_1}{R_2} \cdot \mathrm{e}^{-\mathrm{j}k(R_2 - R_1)} \right|^{(1-\mu)} \right) \mathrm{dB} \\ &= -20 \cdot \lg \left(10^{-\frac{D_{\mathrm{e\ Boden1}}}{20\,\mathrm{dB}} \mu} \right) - 20 \cdot \lg \left(10^{-\frac{D_{\mathrm{e\ Boden2}}}{20\,\mathrm{dB}} (1-\mu)} \right) \mathrm{dB} \\ &= \mu D_{\mathrm{e\ Boden1}} + (1-\mu)\, D_{\mathrm{e\ Boden2}}. \end{aligned} \tag{4.28}$$

In Abweichung zu [BWFAL97] behält der Autor der vorliegenden Arbeit dabei das negative Vorzeichen bei der Anwendung des 20-fachen dekadischen Logarithmus auf die Einfügungsdämpfung bei, wie einleitend in [HH95] und [BWFAL97] definiert. Im Gegensatz zu Gleichung (4.27) werden die exponentiell gewichteten Beträge der Feldgrößenverhältnisse (Übertragungsfunktionen) in Gleichung (4.28) nicht addiert, sondern multipliziert. Dies führt zu einer linearen Wichtung der Pegelgrößen der Einfügungsdämpfung der einzelnen Oberflächen.

Auf Gleichung (4.28) aufbauend, führt *BOULANGER* in [BWFAL97] zwei weitere Modifikationen zur Erhöhung der Genauigkeit der mit Hilfe der Fresnel-Zonen-Methode vorhergesagten Einfügungsdämpfung ein. Die erste Modifikation entspricht einer Neudefinition des Wichtungsfaktors μ. Anstelle der ausschließlichen Betrachtung der Ausdehnung der Fresnel-Zone in Richtung der Schallausbreitung formuliert *BOULANGER* den Wichtungsfaktor als Verhältnis zwischen dem Abschnitt der Fresnel-Zone $S_{\mathrm{FZ\ Seg1}}$ mit dem Kugelwellenreflexionsfaktor r_{K1} und der Gesamtfläche der Fresnel-Zone S_{FZ} zu

$$\mu = \frac{S_{\mathrm{FZ\ Seg\,1}}}{S_{\mathrm{FZ}}} \tag{4.29}$$

um. Es lässt sich zeigen, dass Gleichung (4.29) unter Kenntnis des Orts der Impedanzdiskontinuität y_{D} in

$$\mu = 1 - \frac{1}{\pi} \cdot \left(\arccos(y_{\mathrm{S}}) - y_{\mathrm{S}} \sqrt{1 - {y_{\mathrm{S}}}^2} \right) \tag{4.30}$$

mit

$$y_{\mathrm{S}} = \frac{y_{\mathrm{D}} - y_{\mathrm{M}}}{a_{\mathrm{FZ}}} \tag{4.31}$$

umgeformt werden kann (vgl. Bild 4.3). Ausgangspunkt dafür ist die Charakterisierung der elliptischen Fresnel-Zone gemäß [BWFAL97] durch die Form

$$\frac{\mathrm{x}^2}{{b_{\mathrm{RE}}}^2} + \frac{\left(\mathrm{y} \cos \vartheta_{\mathrm{FZ}} - \left(\frac{R_2}{2} - \overline{QP} \right) \right)^2}{{a_{\mathrm{RE}}}^2} + \frac{\mathrm{y}^2 \sin^2 \vartheta_{\mathrm{FZ}}}{{b_{\mathrm{RE}}}^2} = 1 \tag{4.32}$$

in Abhängigkeit von den beiden Halbachsen des Rotationsellipsoids

$$a_{\mathrm{RE}} = \frac{R_2 + F_{\mathrm{FZ}} \lambda}{2} \tag{4.33}$$

und

$$b_{\mathrm{RE}} = \sqrt{\frac{R_2 F_{\mathrm{FZ}} \lambda}{2} + \left(\frac{F_{\mathrm{FZ}} \lambda}{2} \right)^2}. \tag{4.34}$$

ϑ_{FZ} beschreibt den Nebenwinkel des Schalleinfallswinkels ϑ_{B} (vgl. Bild 4.3). Anhand der maximalen Ausdehnung der Fresnel-Zone in Richtung der Koordinatenachsen

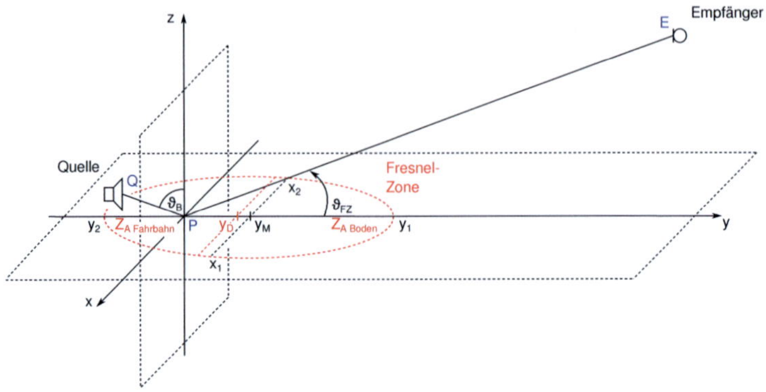

Bild 4.3: Geometrische Größen der elliptischen Fresnel-Zone zur Berechnung des Wichtungsfaktors μ

$$x_1, x_2 = \pm b_{\mathrm{RE}} \sqrt{1 - \frac{\left(y_{\mathrm{M}} \cos\vartheta_{\mathrm{FZ}} - \left(\frac{R_2}{2} - \overline{QP}\right)\right)^2}{a_{\mathrm{RE}}{}^2} + \frac{y_{\mathrm{M}}{}^2 \sin^2\vartheta_{\mathrm{FZ}}}{b_{\mathrm{RE}}{}^2}} \tag{4.35}$$

und

$$y_1, y_2 = \frac{B_{\mathrm{FZ}}}{A_{\mathrm{FZ}}} \pm \sqrt{\frac{1}{A_{\mathrm{FZ}}} - \left(\frac{\left(\frac{R_2}{2} - \overline{QP}\right) \sin\vartheta_{\mathrm{FZ}}}{A_{\mathrm{FZ}} a_{\mathrm{RE}} b_{\mathrm{RE}}}\right)^2} \tag{4.36}$$

unter Berücksichtigung des Mittelpunkts der Fresnel-Zone

$$y_{\mathrm{M}} = \frac{B_{\mathrm{FZ}}}{A_{\mathrm{FZ}}} \tag{4.37}$$

mit

$$A_{\mathrm{FZ}} = \left(\frac{\cos\vartheta_{\mathrm{FZ}}}{a_{\mathrm{RE}}}\right)^2 + \left(\frac{\sin\vartheta_{\mathrm{FZ}}}{b_{\mathrm{RE}}}\right)^2 \tag{4.38}$$

und

$$B_{\mathrm{FZ}} = \frac{\left(\frac{R_2}{2} - \overline{QP}\right) \cos\vartheta_{\mathrm{FZ}}}{a_{\mathrm{RE}}{}^2} \tag{4.39}$$

lassen sich die beiden Halbachsen

$$a_{\mathrm{FZ}} = \frac{y_1 - y_2}{2} \tag{4.40}$$

und

$$b_{\mathrm{FZ}} = \frac{x_1 - x_2}{2} \tag{4.41}$$

der Fresnel-Zone ermitteln. Die Beschreibung des Flächeninhalts des gesamten Bereichs

$$S_{\mathrm{FZ}} = \pi a_{\mathrm{FZ}} b_{\mathrm{FZ}} \tag{4.42}$$

sowie eines definierten Abschnitts

$$S_{\mathrm{FZ\ Seg}} = a_{\mathrm{FZ}} b_{\mathrm{FZ}} \arccos\left(\frac{\mathrm{y} - y_{\mathrm{M}}}{a_{\mathrm{FZ}}}\right) - (\mathrm{y} - y_{\mathrm{M}})\,\mathrm{x} \tag{4.43}$$

der Fresnel-Zone der vereinfachten Form

$$\frac{(\mathrm{y} - y_{\mathrm{M}})^2}{a_{\mathrm{FZ}}{}^2} + \frac{\mathrm{x}^2}{b_{\mathrm{FZ}}{}^2} = 1 \tag{4.44}$$

(s. [MMWW99]) führt abschließend zur Berechnung des Wichtungsfaktors μ anhand von Gleichung (4.30).

Für das in Bild 4.11, oben, dargestellte Schallfeldszenario mit der Impedanzdiskontinuität in horizontalem Abstand von 5,125 m zur Schallquelle ergibt sich der in Bild 4.4 dargestellte Verlauf des Wichtungsfaktors μ als Funktion der Frequenz. Für eine Quellhöhe von 0,5 m ist zu erkennen, dass der Wichtungsfaktor μ im relevanten Frequenzbereich des standardisierten Verkehrslärmspektrums aus [DIN97] von 315 Hz bis 3,15 kHz Werte zwischen ca. 0,3 und 0,9 annimmt. Oberhalb von ca. 5 kHz wird die Bodenreflexion ausschließlich durch die dichte Fahrbahnoberfläche bestimmt. Im Gegensatz dazu beträgt der Wichtungsfaktor μ für eine Quellhöhe von 0,01 m im Frequenzbereich von 315 Hz bis 3,15 kHz ca. 0,35 bis 1,0. Bereits oberhalb von ca. 1,25 kHz ist der Einfluss des unverdichteten Bodens auf die Bodenreflexion nicht mehr vorhanden.

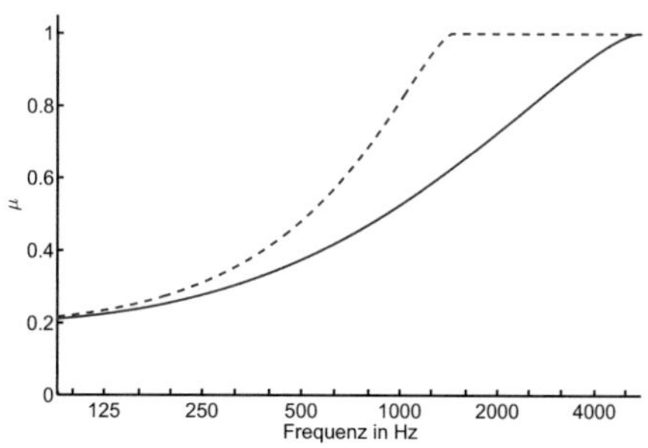

Bild 4.4: Wichtungsfaktor μ nach Gleichung (4.30) für das in Bild 4.11, oben, dargestellte Schallfeldszenario als Funktion der Frequenz; Impedanzdiskontinuität in horizontalem Abstand von 5,125 m zur Schallquelle;
durchgezogene Linie: Quellhöhe 0,5 m; gestrichelte Linie: Quellhöhe 0,01 m

Die zweite Modifikation in [BWFAL97], die laut *BOULANGER* einen größeren Einfluss auf die Prognose-Genauigkeit der Fresnel-Zonen-Methode besitzt, entspricht einer zusätzlichen Neudefinition der Einfügungsdämpfung zu

$$\begin{aligned} D_{\mathrm{e\,Boden}} &= -20 \cdot \lg \left(\mu \left| 1 + r_{\mathrm{K}1} \frac{R_1}{R_2} \cdot \mathrm{e}^{-\mathrm{j}k(R_2 - R_1)} \right| + (1-\mu) \left| 1 + r_{\mathrm{K}2} \frac{R_1}{R_2} \cdot \mathrm{e}^{-\mathrm{j}k(R_2 - R_1)} \right| \right) \mathrm{dB} \\ &= -20 \cdot \lg \left(\mu 10^{-\frac{D_{\mathrm{e\,Boden1}}}{20\,\mathrm{dB}}} + (1-\mu)\, 10^{-\frac{D_{\mathrm{e\,Boden2}}}{20\,\mathrm{dB}}} \right) \mathrm{dB}. \end{aligned} \tag{4.45}$$

In Anlehnung an Gleichung (4.27) erfolgt in Gleichung (4.45) die Rückbesinnung auf die Addition der gewichteten Beträge der Feldgrößenverhältnisse (Übertragungsfunktionen) der einzelnen Oberflächen. Jedoch findet die Wichtung in Gleichung (4.45) linear und nicht exponentiell statt. Am Beispiel eines Impedanzsprungs zwischen einer schallharten Oberfläche und einem Sandboden zeigt *BOULANGER*, dass die Einfügungsdämpfung des Bodens durch Anwendung des Fresnel-Zonen-Modells anhand von Gleichung (4.28) im spektralen Maximum um ca. 20 dB zu hoch bestimmt wird (Schallquelle in 0,1 m Höhe über schallharter Oberfläche; Empfänger in 0,1 m Höhe über Sandboden; Quell-Empfänger-Abstand 1 m; Impedanzdiskontinuität in horizontalem Abstand zur Schallquelle von 0,7 m). Die Berechnungsergebnisse auf Basis von Gleichung (4.45) weisen diese starke Überschätzung nicht auf.

Die bisher beschriebene Fresnel-Zonen-Methode ermöglicht die Bestimmung der schalltechnischen Wirksamkeit eines Bodens mit Impedanzdiskontinuität durch Wichtung der Einfügungsdämpfung der relevanten Impedanz-Bereiche der Fresnel-Zone. Die Berechnung der Einfügungsdämpfung eines Bereichs konstanter Impedanz erfolgt dabei jeweils durch kohärente Addition der Schalldruckanteile entlang eines direkten Pfads und eines Bodenreflexionspfads. Wie einleitend beschrieben, ist es von Vorteil, die Stärke der Kohärenz zwischen den einzelnen Schalldruckanteilen in Abhängigkeit von den vorliegenden Schallausbreitungsbedingungen sowie der Abstrahlung der betrachteten Schallquelle, z. B. durch Anwendung eines Kohärenzfaktors, beeinflussen zu können (vgl. Abschnitt Inkohärenz). Dies setzt voraus, dass der durch jeden einzelnen Schallpfad am Empfänger hervorgerufene komplexe Schalldruck bekannt ist. Die mathematische Operation der Betragsbildung der einzelnen impedanzspezifischen Übertragungsfunktionen in Gleichung (4.45) lässt es jedoch nicht zu, den komplexen Schalldruck am Empfänger zu ermitteln, der sich infolge des Bodenreflexionspfads bei vorhandener Impedanzdiskontinuität ergibt.

Es erscheint daher sinnvoll, einen „mittleren" wirksamen komplexen Kugelwellenreflexionsfaktor r_{K} einzuführen, der die prozentual anteiligen impedanzbelegten Oberflächen berücksichtigt und die Berechnung der Einfügungsdämpfung des Bodens gemäß Gleichung (4.26) ermöglicht. Ziel soll es jedoch sein, eine vergleichbare Genauigkeit, wie die des modifizierten Fresnel-Zonen-Modells nach [BWFAL97] gemäß Gleichung (4.45), zu erreichen. Aufgrund der dieser Gleichung zugrunde liegenden Beträge der Feldgrößenverhältnisse der einzelnen Oberflächen, lässt sich der komplexe Wert des mittleren Kugelwellenreflexionsfaktors jedoch nicht direkt, sondern nur anhand eines iterativen Verfahrens berechnen.

Um den Einsatz eines berechnungsaufwendigen iterativen Verfahrens zu vermeiden, sollen im Folgenden drei verschiedene Methoden (A, B und C) zur näherungsweisen Bestimmung des wirksamen komplexen Kugelwellenreflexionsfaktors untersucht werden. Die Methode A basiert in Anlehnung an Gleichung (4.45) mit

$$\begin{aligned} r_{\mathrm{K}} &= |r_{\mathrm{K}}| \cdot \mathrm{e}^{\mathrm{j}\mathrm{Arg}\{r_{\mathrm{K}}\}} \\ &= (\mu|r_{\mathrm{K}1}| + (1-\mu)\,|r_{\mathrm{K}2}|) \cdot \mathrm{e}^{\mathrm{j}(\mu \mathrm{Arg}\{r_{\mathrm{K}1}\} + (1-\mu)\mathrm{Arg}\{r_{\mathrm{K}2}\})} \end{aligned} \tag{4.46}$$

auf der linearen Mittelung der Beträge der Kugelwellenreflexionsfaktoren der einzelnen impedanzbelegten Oberflächen in Abhängigkeit von deren prozentualem Anteil am Flächeninhalt der Fresnel-Zone. Die Mittelung des Arguments des komplexen Kugelwellenreflexionsfaktors erfolgt ebenso linear. Im Gegensatz dazu wird das Argument des komplexen Kugelwellenreflexionsfaktors in Methode B mit

$$r_\mathrm{K} = \left(\mu |r_\mathrm{K1}| + (1-\mu)\,|r_\mathrm{K2}|\right) \cdot \begin{cases} \mathrm{e}^{\mathrm{j}\,\mathrm{Arg}\{r_\mathrm{K1}\}} & \text{für} \quad \mu \geq 0,5 \\ \mathrm{e}^{\mathrm{j}\,\mathrm{Arg}\{r_\mathrm{K2}\}} & \text{für} \quad \mu < 0,5 \end{cases} \tag{4.47}$$

dem Argument des Kugelwellenreflexionsfaktors der impedanzbelegten Oberfläche zugeordnet, die den höheren prozentualen Anteil am Flächeninhalt der Fresnel-Zone besitzt. Der Methode C liegt mit

$$r_\mathrm{K} = \mu r_\mathrm{K1} + (1-\mu)\, r_\mathrm{K2} \tag{4.48}$$

die lineare Mittelung des Kugelwellenreflexionsfaktors zugrunde, d. h. die lineare Mittelung von Realteil $\Re\{r_\mathrm{K}\}$ und Imaginärteil $\Im\{r_\mathrm{K}\}$ der komplexen Größe.

Bild 4.5 zeigt den Verlauf des komplexen Zeigers des nach Methode A, B bzw. C berechneten mittleren Kugelwellenreflexionsfaktors r_K in Abhängigkeit vom Wichtungsfaktor μ für das Schallausbreitungsszenario aus Bild 4.11, oben (Quellhöhe 0,5 m), für gewählte Einzelfrequenzen. Bei jeder der drei Methoden geht der mittlere Kugelwellenreflexionsfaktor für die beiden Grenzfälle $\mu = 1$ und $\mu = 0$ in die gegebenen Randbedingungen der Fresnel-Zonen-Methode über, d. h. die Kugelwellenreflexionsfaktoren r_K1 und r_K2 der beiden impedanzbelegten Oberflächen. Es zeigt sich, dass der Kugelwellenreflexionsfaktor r_K1 der dichten Fahrbahnoberfläche für alle betrachteten Einzelfrequenzen erwartungsgemäß nahezu reell ist und einen Wert von ca. Eins annimmt (schallhart). Für die Oberfläche des unverdichteten Bodens nimmt der Kugelwellenreflexionsfaktor jedoch eine deutlich komplexe Form an. Es ist erkennbar, dass sich dessen Zeiger mit Erhöhung der betrachteten Frequenz im Uhrzeigersinn immer stärker vom schallharten Fall entfernt.

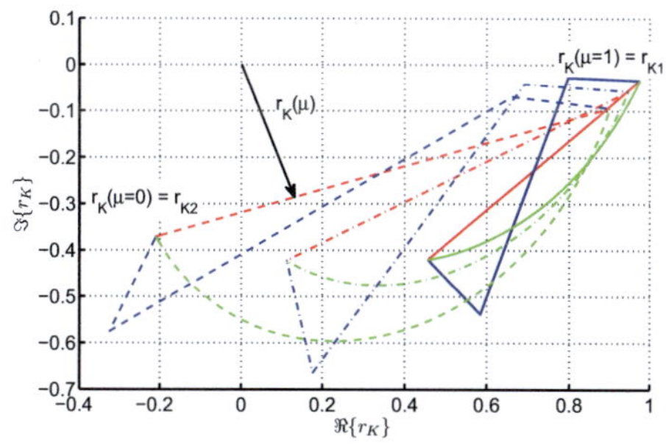

Bild 4.5: Verlauf des komplexen Zeigers des nach Methode A, B bzw. C berechneten mittleren Schallreflexionsfaktors für Kugelwellen r_K in Abhängigkeit vom Wichtungsfaktor μ; Schallausbreitungsszenario aus Bild 4.11, oben (Quellhöhe 0,5 m);
grün: Methode A; blau: Methode B; rot: Methode C; durchgezogene Linien: Einzelfrequenz 315 Hz; Punkt-Strich-Linien: Einzelfrequenz 1 kHz; gestrichelte Linien: Einzelfrequenz 3,15 kHz

Die Methode A verursacht einen Verlauf des komplexen Zeigers, der einer Kreisbahn ähnelt. Anhand der Unstetigkeitsstelle des Verlaufs des komplexen Zeigers lässt sich der sprunghafte Übergang des Arguments des mittleren Kugelwellenreflexionsfaktors bei Methode B im Bereich von $\mu = 0,5$ deutlich erkennen. Methode C bewirkt frequenzunabhängig die direkte und damit kürzeste Verbindungslinie zwischen den Kugelwellenreflexionsfaktoren r_{K1} und r_{K2} der beiden impedanzbelegten Oberflächen.

Die Pegeldifferenz zwischen der resultierenden Einfügungsdämpfung des Bodens $D_{\mathrm{e\ Boden}}$ nach Methode A, B bzw. C und nach dem Verfahren von [BWFAL97] gemäß Gleichung (4.45) ist in Bild 4.6 in Abhängigkeit vom Wichtungsfaktor μ für das Schallfeldszenario aus Bild 4.11, oben (Quellhöhe 0,5 m), für gewählte Einzelfrequenzen dargestellt. Es zeigt sich, dass für alle drei Methoden für die niedrigste betrachtete Frequenz von 315 Hz erwartungsgemäß die geringste Pegeldifferenz auftritt. Für die betrachteten Frequenzen von 1 kHz und 3,15 kHz fallen die Funktionswerte teilweise deutlich höher aus.

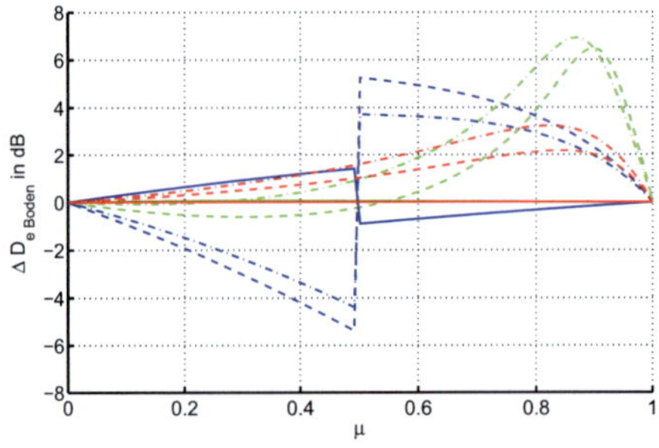

Bild 4.6: Pegeldifferenz zwischen der berechneten Einfügungsdämpfung des Bodens $D_{\mathrm{e\ Boden}}$ nach Methode A, B bzw. C und nach dem Verfahren von [BWFAL97] gemäß Gleichung (4.45) in Abhängigkeit vom Wichtungsfaktor μ; Schallausbreitungsszenario aus Bild 4.11, oben (Quellhöhe 0,5 m); Grundlage: Kugelwellenreflexionsfaktor aus Bild 4.5; grün: Methode A; blau: Methode B; rot: Methode C; durchgezogene Linien: Einzelfrequenz 315 Hz; Punkt-Strich-Linien: Einzelfrequenz 1 kHz; gestrichelte Linien: Einzelfrequenz 3,15 kHz

Die Methode A verursacht im Bereich von μ zwischen 0,75 und 0,95 die größte Pegeldifferenz. Für eine Fresnel-Zone, die nahezu vollständig im Bereich der dichten Fahrbahnoberfläche liegt, wird die betrachtete spektrale Einfügungsdämpfung um bis zu ca. 7 dB höher bestimmt als nach dem Verfahren von [BWFAL97]. Für einen prozentualen Anteil der dichten Fahrbahnoberfläche an der Fresnel-Zone von weniger als 50 % und von mehr als 98 % beträgt der Betrag der Pegeldifferenz maximal ca. 1 dB. Für Methode B nimmt der Betrag der Pegeldifferenz in Richtung des sprunghaften Übergangs des Arguments des mittleren Kugelwellenreflexionsfaktors an der Stelle $\mu = 0,5$ bis maximal ca. 5,5 dB stetig zu. Die Methode C bewirkt ähnlich der Methode A im Bereich von μ zwischen 0,70 und 0,90 die größte Pegeldifferenz. Jedoch fällt diese mit bis zu maximal ca. 3 dB deutlich geringer aus bei Methode A. Für einen prozentualen Anteil der dichten Fahrbahnoberfläche an der Fresnel-Zone von mehr als 80 % liefern Methode B und Methode C vergleichbare Ergebnisse der spektralen Einfügungsdämpfung des Bodens mit vorhandener Impedanzdiskontinuität. Bild 4.4 zeigt, dass der Wichtungsfaktor μ für das in Bild 4.11, oben, dargestellte Schallausbreitungsszenario im relevanten Frequenzbereich Werte von ca. 0,2 bis 1,0 annimmt. In diesem Wertebereich des Wichtungsfaktors verursacht Methode C im Vergleich zum Verfahren von [BWFAL97] gemäß Gleichung (4.45) durchschnittlich die geringste Pegeldifferenz der berechneten Einfügungsdämpfung des Bodens.

Das grundlegende Prinzip der Fresnel-Zonen-Methode wurde ebenfalls in das nordische Prognosemodell NORD 2000 [PK01] aufgenommen. Um Berechnungsaufwand zu sparen, approximiert *PLOVSING* darin die Fläche der Ellipse durch eine diese umgebende Rechteckfläche und akzeptiert damit eine etwa 1,27-fache Vergrößerung ($\hat{=}4/\pi$) der aktiven Fläche. Gleichzeitig strebt *PLOVSING* die Verwendung eines möglichst geringen Faktors F_{FZ} (s. Gleichung (4.24)) an. Damit sollen unnötige Vorhersagen von Impedanzsprüngen innerhalb eines großflächig eingesetzten Schallfeldmodells vermieden werden, die einen zusätzlichen Berechnungsaufwand bedeuten. Je nach Terrain kommen daher in [PK01] spezifische, experimentell ermittelte Werte für F_{FZ} zwischen 1/16 (unebenes Terrain), 1/8 (Bestimmung der Effizienz von Streuzonen endlicher Größe oder von vertikal reflektierenden Hindernissen) und 1/4 (flaches Terrain mit verschiedenen Oberflächeneigenschaften) zum Einsatz.

Gemäß [PK01] erfolgt die Berechnung der Einfügungsdämpfung des Bodens anhand von

$$D_{\mathrm{e\ Boden}} = -20 \cdot \lg \left(\left| \left(1 + r_{\mathrm{K}1} \frac{R_1}{R_2} \cdot \mathrm{e}^{-\mathrm{j}k(R_2 - R_1)} \right)^{\mu} \cdot \left(1 + r_{\mathrm{K}2} \frac{R_1}{R_2} \cdot \mathrm{e}^{-\mathrm{j}k(R_2 - R_1)} \right)^{(1-\mu)} \right| \right) \mathrm{dB}. \tag{4.49}$$

Diese Formulierung entspricht weitestgehend der von *BOULANGER* mit Gleichung (4.28) angegebenen korrigierten Fresnel-Zonen-Methode aus [HH95]. Lediglich die Beträge der einzelnen Feldgrößenverhältnisse wurden entfernt. Genau diese Modifikation ermöglicht jedoch die angestrebte direkte Bestimmung des mittleren wirksamen komplexen Kugelwellenreflexionsfaktors des Bodens mit vorhandener Impedanzdiskontinuität.

Unterhalb einer definierten Grenzfrequenz f_{N} wird der Wichtungsfaktor μ in [PK01] im Einklang mit [BWFAL97] über die prozentualen Flächenanteile der verschiedenen Impedanzen innerhalb der Fresnel-Zone berechnet. Für das Schallausbreitungsszenario aus Bild 4.11, oben (Quellhöhe 0,5 m), beträgt f_{N}, die die Phasendifferenz zwischen direktem Pfad und Bodenreflexionspfad für die Oberfläche mit der geringsten Strömungsresistanz berücksichtigt, ca. 300 Hz. Oberhalb der definierten Grenzfrequenz erfolgt in [PK01] eine komplexe empirische Modifikation des Wichtungsfaktors μ. Da die Modifikation auf die approximierte rechteckige Form der Fresnel-Zone zugeschnitten ist, wird deren Beschreibung und Evaluierung an dieser Stelle nicht weiter verfolgt.

4.1.3.4 Schallbeugung an Hindernissen mit impedanzbelegten Flächen

Eine praktische Methode zur Bestimmung des Einflusses eines schallharten semi-infiniten Schallschirms auf die Schallbeugung ist die Methode von *MAEKAWA* [Mae68]. Durch eine Vielzahl messtechnischer Untersuchungen an Schallschirmen, bei verschiedenen Quell- und Empfängerpositionen, bestimmte *MAEKAWA* das Abschirmmaß D_{z} und stellte es in einem Diagramm über der logarithmierten Fresnel-Zahl N_{Fr} dar.

Das Abschirmmaß eines Schallschirms beschreibt die frequenzabhängige Minderung des Schalldruckpegels am Immissionsort infolge der Schallbeugung an der Schirmoberkante. Im Gegensatz zur spektralen Einfügungsdämpfung der Lärmschutzwand ist das Abschirmmaß unabhängig vom Installationsort des Schallschirms, da es keine Bodenreflexion vor und/ oder hinter der Lärmschutzwand berücksichtigt. Die messtechnische Bestimmung dieses Parameters setzt neben einer reflexionsarmen Umgebung voraus, dass der Einfluss des Schalldurchgangs durch den Schirm gegenüber der Schallbeugung über die Schirmoberkante vernachlässigbar ist.

Auf der Grundlage einer linearen Regressionsanalyse der Messwerte formuliert *MAEKAWA* das Abschirmmaß eines dünnen schallharten semi-infiniten Schallschirms gemäß

$$D_z = 10 \cdot \lg(6N_{Fr} + 1)\ \text{dB} + 5\ \text{dB} \quad \text{für} \quad N_{Fr} \geq -0{,}1 \tag{4.50}$$

als Funktion der Fresnel-Zahl

$$N_{Fr} = \frac{2z_H}{\lambda}. \tag{4.51}$$

Dabei ist λ die betrachtete Wellenlänge des Schalls. z_H beschreibt mit

$$z_H = R_Q + R_E - R_1 \tag{4.52}$$

die Verlängerung des Ausbreitungspfads zwischen Schallquelle und Empfänger, die infolge der Errichtung des dünnen Schallschirms auftritt, den sogenannten Schirmwert der Lärmschutzwand. Durch Berücksichtigung von

$$R_1 = R_{11} + R_{12} \tag{4.53}$$

und weiterer aus Bild 4.7 ableitbarer geometrischer Beziehungen kann die Formulierung des Schirmwertes aus Gleichung (4.52) mit

$$z_H = R_{11} \cdot \left(\sqrt{1 + \frac{h_{eff}^2}{R_{11}^2}} - 1 \right) + R_{12} \cdot \left(\sqrt{1 + \frac{h_{eff}^2}{R_{12}^2}} - 1 \right) \tag{4.54}$$

ebenso in Abhängigkeit von der sogenannten effektiven Höhe h_{eff} des Schallschirms erfolgen. Diese beschreibt die Länge des Lots von der Schirmoberkante auf die Strecke zwischen Quelle und Empfänger bei nicht vorhandener Lärmschutzwand und ist neben dem Schallbeugungswinkel δ ein wichtiger Parameter bei der Bewertung des Einflusses von Schallschirmen auf die Schallbeugung. In der Praxis dient die effektive Schirmhöhe gemäß [VDI97] der Unterscheidung zwischen einer semi-infiniten und einer finiten Lärmschutzwand. Dabei kann der Einfluss der Schallbeugung um eine Seitenkante des Schallschirms auf den Immissionsschalldruckpegel hinter der Lärmschutzwand vernachlässigt werden, wenn die effektive Höhe $h_{eff\ s}$ der Seitenkante mindestens viermal größer ist als die effektive Höhe $h_{eff\ o}$ der Oberkante des Schallschirms.

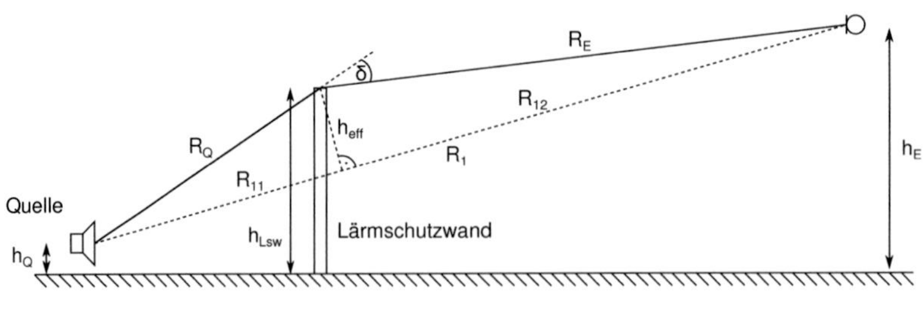

Bild 4.7: Geometrische Größen zur Bestimmung des Schirmwertes einer dünnen Lsw anhand von Gleichung (4.54)

Für einen ausreichend großen Abstand von Schallquelle und Empfänger zur Lärmschutzwand lässt sich der Schirmwert eines dünnen semi-infiniten schallharten Schallschirms unter Berücksichtigung von

$$\sqrt{1+\chi} \approx 1 + \frac{\chi}{2} \quad \text{für} \quad \chi \ll 1 \tag{4.55}$$

näherungsweise anhand von

$$z_{\mathrm{H}} \approx \frac{h_{\mathrm{eff}}{}^2}{2} \cdot \left(\frac{1}{R_{11}} + \frac{1}{R_{12}}\right) \quad \text{für} \quad h_{\mathrm{eff}}{}^2 \ll R_{11}{}^2 \bigcap R_{12}{}^2 \tag{4.56}$$

berechnen.

Sowohl innerhalb der Modellierung von *MAEKAWA* [Mae68] als auch den bisherigen RLS-90 [RLS92] wird bei der Berechnung des Abschirmmaßes nicht zwischen reflektierenden und absorbierenden Lärmschutzwänden unterschieden. Basierend auf den Überlegungen von *HADDEN* und *PIERCE* am Modell eines schallharten keilförmigen Hindernisses in [HP81] wurde in [LND89] eine Schallfeldbeschreibung entwickelt, die die quellseitige und empfängerseitige Impedanzbelegung eines Schallschirms berücksichtigt. In Ergänzung mit Modellmessungen gelingt den Autoren der Nachweis, dass der Einsatz von Schallabsorbern auf der Quellseite und/ oder auf der Empfängerseite des Schallschirms zur deutlichen Erhöhung der Einfügungsdämpfung des Schirmes führt.

Auch innerhalb des nordischen Prognosemodells NORD 2000 [PK01] dienen die Berechnungen aus [HP81] als Grundlage für die Bestimmung des Einflusses eines Schallschirms mit impedanzbelegten Flächen auf die Schallbeugung. Ausgangspunkt dafür ist die in Bild 4.8 gegebene Geometrie. Darin entsprechen r_{KQ} und r_{KE} den komplexen Kugelwellenreflexionsfaktoren für die quellseitige und die empfängerseitige Impedanzbelegung. Die geometrischen Parameter ϑ_{Q} und ϑ_{E} werden im Folgenden als Quellwinkel und Empfängerwinkel bezeichnet. Der Winkel β charakterisiert die Oberkante des keilförmigen Hindernisses. Er wird als Keilwinkel bezeichnet. Für einen unendlich dünnen Schirm gilt $\beta = 2\pi$.

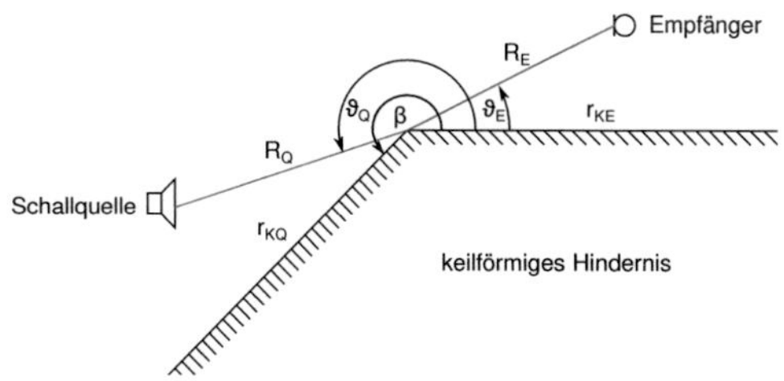

Bild 4.8: Geometrische Größen zur Modellierung der Schallbeugung an einem keilförmigen Hindernis mit impedanzbelegten Flächen nach NORD 2000 [PK01]

Der am Empfänger durch Beugung am keilförmigen Hindernis erzeugte komplexe Schalldruck

$$p_{\mathrm{Beug}} = \hat{p} \cdot D_{\mathrm{Beug}} \cdot \frac{\mathrm{e}^{-\mathrm{j}kL_{\mathrm{H}}}}{L_{\mathrm{H}}} \tag{4.57}$$

setzt sich aus der Amplitude $\hat{p}$, einem Schallbeugungskoeffizienten D_{Beug} sowie einem Ausbreitungsterm zusammen. Letzterer wird aus der Wellenzahl k der sich ausbreitenden Schallwelle und der Länge

$$L_{\mathrm{H}} = R_{\mathrm{Q}} + R_{\mathrm{E}} \tag{4.58}$$

des Schallpfades von der betrachteten Quelle über die Oberkante des keilförmigen Hindernisses zum Empfänger gebildet. Der Schallbeugungskoeffizient

$$D_{\mathrm{Beug}} = -\frac{1}{\pi}\sum_{i=1}^{4} r_{\mathrm{K}i} A_{\mathrm{H}}(\vartheta_{\mathrm{H}i}) E_{\nu}(A_{\mathrm{H}}(\vartheta_{\mathrm{H}i})) \tag{4.59}$$

resultiert aus der Summation von vier Anteilen, die als Beiträge der verschiedenen Ausbreitungspfade von der Schallquelle bzw. Spiegelquelle zum Empfänger bzw. Spiegelempfänger aufgefasst werden können. Die Charakterisierung der verschiedenen Ausbreitungspfade erfolgt in Form der Winkel $\vartheta_{\mathrm{H}i}$ ($i = 1, 2, 3, 4$) gemäß Bild 4.9 zu

$$\begin{aligned}
\vartheta_{\mathrm{H}1} &= \vartheta_{\mathrm{Q}} - \vartheta_{\mathrm{E}} \\
\vartheta_{\mathrm{H}2} &= \vartheta_{\mathrm{Q}} + \vartheta_{\mathrm{E}} \\
\vartheta_{\mathrm{H}3} &= 2\beta - (\vartheta_{\mathrm{Q}} + \vartheta_{\mathrm{E}}) \\
\vartheta_{\mathrm{H}4} &= 2\beta - (\vartheta_{\mathrm{Q}} - \vartheta_{\mathrm{E}})
\end{aligned} \tag{4.60}$$

mit

$$0 \leq \vartheta_{\mathrm{E}} \leq \vartheta_{\mathrm{Q}} \leq \beta \leq 2\pi. \tag{4.61}$$

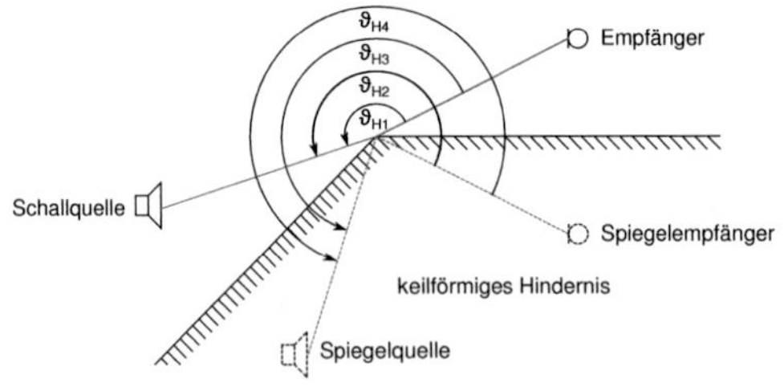

Bild 4.9: Winkel $\vartheta_{\mathrm{H}i}$ für die Berücksichtigung der vier relevanten Schallanteile am Empfänger zur Modellierung der Schallbeugung an einem keilförmigen Hindernis mit impedanzbelegten Flächen nach NORD 2000 [PK01]

Zur Berücksichtigung einer quellseitigen und empfängerseitigen Impedanzbelegung des Schallschirms werden in [PK01] gegenüber der Modellierung in [HP81] die Kugelwellenreflexionsfaktoren der quellseitigen und der empfängerseitigen Impedanzbelegung in die Berechnung einbezogen. Die für die verschiedenen Ausbreitungspfade „wirksamen" Reflexionsfaktoren $r_{\mathrm{K}i}$ ($i = 1, 2, 3, 4$) ergeben sich wie folgt:

$$
\begin{aligned}
r_{K1} &= 1 \\
r_{K2} &= r_{KE} \\
r_{K3} &= r_{KQ} \\
r_{K4} &= r_{KQ} r_{KE}.
\end{aligned}
\tag{4.62}
$$

Unter der Voraussetzung gemäß [HP81], Fall c), dass sich Schallquelle und Empfänger mit

$$
\alpha_H = \frac{k_{min} R_Q R_E}{L_H} \gg 1 \quad (\rightarrow 31,6)
\tag{4.63}
$$

in genügend großem Abstand zum Schallschirm befinden, berechnet sich die Funktion $E_\nu(A_H(\vartheta_{Hi}))$ aus Gleichung (4.59) zu

$$
E_\nu(A_H(\vartheta_{Hi})) = \frac{\pi}{\sqrt{2}} \frac{\sin|A_H(\vartheta_{Hi})|}{|A_H(\vartheta_{Hi})|} \cdot \frac{e^{-j\pi/4}}{\sqrt{1 + \left(\frac{2R_Q R_E}{L_H{}^2} + \frac{1}{2}\right) \frac{\cos^2|A_H(\vartheta_{Hi})|}{\nu_H{}^2}}} \cdot A_D(B_H)
\tag{4.64}
$$

mit

$$
A_H(\vartheta_{Hi}) = \frac{\nu_H}{2}(-\beta - \pi + \vartheta_{Hi}) + \pi H(\pi - \vartheta_{Hi}),
\tag{4.65}
$$

$$
B_H = \sqrt{\frac{4kR_Q R_E}{\pi L_H}} \cdot \frac{\cos|A_H(\vartheta_{Hi})|}{\sqrt{\nu_H{}^2 + \left(\frac{2R_Q R_E}{L_H{}^2} + \frac{1}{2}\right) \cos^2|A_H(\vartheta_{Hi})|}}
\tag{4.66}
$$

und

$$
A_D(B_H) = \mathrm{sgn}(B_H) \cdot (f_{Fr}(|B_H|) + j g_{Fr}(|B_H|)).
\tag{4.67}
$$

Der hinter der Randbedingung (4.63) in Klammern angegebene numerische Werte ergibt sich aus den kritischsten Einflussparametern gemäß Bild 4.11, unten (Quellhöhe 0,5 m; Höhe der Lärmschutzwand 3 m). Der berechnete Klammerausdruck zeigt, dass die Randbedingung (4.63) eingehalten ist.

Die Größe

$$
\nu_H = \frac{\pi}{\beta}
\tag{4.68}
$$

beschreibt den sogenannten Keilindex. $H(\chi)$ und $\mathrm{sgn}(\chi)$ kennzeichnen die allgemein gebräuchliche Heaviside-Funktion (Sprungfunktion)

$$
H(\chi) = \begin{cases} 0 & \text{für} \quad \chi < 0 \\ 1 & \text{für} \quad \chi \geq 0 \end{cases}
\tag{4.69}
$$

und die Signum-Funktion (Vorzeichenfunktion)

$$\operatorname{sgn}(\chi) = \begin{cases} -1 & \text{für} \quad \chi < 0 \\ 0 & \text{für} \quad \chi = 0 \\ 1 & \text{für} \quad \chi > 0. \end{cases} \tag{4.70}$$

$f_{\mathrm{Fr}}(\chi)$ und $g_{\mathrm{Fr}}(\chi)$ stellen die sogenannten Fresnel-Hilfsfunktionen

$$f_{\mathrm{Fr}}(\chi) = \left(\frac{1}{2} - S_{\mathrm{Fr}}(\chi)\right) \cos\left(\frac{\pi}{2}\chi^2\right) - \left(\frac{1}{2} - C_{\mathrm{Fr}}(\chi)\right) \sin\left(\frac{\pi}{2}\chi^2\right) \tag{4.71}$$

und

$$g_{\mathrm{Fr}}(\chi) = \left(\frac{1}{2} - C_{\mathrm{Fr}}(\chi)\right) \cos\left(\frac{\pi}{2}\chi^2\right) + \left(\frac{1}{2} - S_{\mathrm{Fr}}(\chi)\right) \sin\left(\frac{\pi}{2}\chi^2\right) \tag{4.72}$$

dar (vgl. [Ö97]), die mit Hilfe der in der Akustik bekannteren Fresnel-Integrale

$$C_{\mathrm{Fr}}(\chi) = \int_0^{\chi} \cos\left(\frac{\pi}{2}\tau^2\right) \mathrm{d}\tau \tag{4.73}$$

und

$$S_{\mathrm{Fr}}(\chi) = \int_0^{\chi} \sin\left(\frac{\pi}{2}\tau^2\right) \mathrm{d}\tau \tag{4.74}$$

berechnet werden können. Zur Verringerung des intensiven Berechnungsaufwands der Fresnel-Integrale werden die Fresnel-Hilfsfunktionen in [PK01], ähnlich der Vorgehensweise in [Pie74], gemäß

$$f_{\mathrm{Fr}}(\chi) = \begin{cases} \sum\limits_{n=0}^{12} a_{\mathrm{n}}\chi^n & \text{für} \quad 0 < \chi < 5 \\ \frac{1}{\pi\chi} & \text{für} \quad \chi \geq 5 \end{cases} \tag{4.75}$$

und

$$g_{\mathrm{Fr}}(\chi) = \begin{cases} \sum\limits_{n=0}^{12} a_{\mathrm{n}}\chi^n & \text{für} \quad 0 < \chi < 5 \\ \frac{1}{\pi^2\chi^3} & \text{für} \quad \chi \geq 5 \end{cases} \tag{4.76}$$

für Funktionsargumente im Bereich $0 < \chi < 5$ als Potenzreihe approximiert. Die Anzahl der angewendeten Koeffizienten der Potenzreihe a_{n} beträgt dabei Zwölf. Für χ-Werte größer als Fünf konvergieren die beiden Fresnel-Hilfsfunktionen.

In Abhängigkeit von der Geometrie des keilförmigen Hindernisses und der Position von Schallquelle und Empfänger ergibt sich der komplexe Schalldruck am Empfänger

$$p_{\mathrm{E}} = p_{\mathrm{dir}} H(\pi - \vartheta_{\mathrm{H1}}) + p_{\mathrm{ReflE}} H(\pi - \vartheta_{\mathrm{H2}}) + p_{\mathrm{ReflQ}} H(\pi - \vartheta_{\mathrm{H3}}) + p_{\mathrm{Beug}} \tag{4.77}$$

aus der Superposition des gebeugten Schalldrucks p_{Beug} mit weiteren Schallfeldanteilen bei direkter Schallausbreitung zwischen Quelle und Empfänger p_{dir} sowie der quellseitigen bzw. empfängerseitigen Reflexion am keilförmigen Hindernis p_{ReflQ} bzw. p_{ReflE}. Alleinige Bedingung für das Auftreten der weiteren Schallfeldanteile ist das Vorhandensein des jeweiligen gültigen Ausbreitungspfads infolge von $\vartheta_{\mathrm{Hi}} \leq \pi$ für $i = 1, 2, 3$ (s. Gleichung (4.77)). Bild 4.10 zeigt diesen Sachverhalt für exemplarische Anordnungen der Schallquelle im Bereich eines keilförmigen Hindernisses.

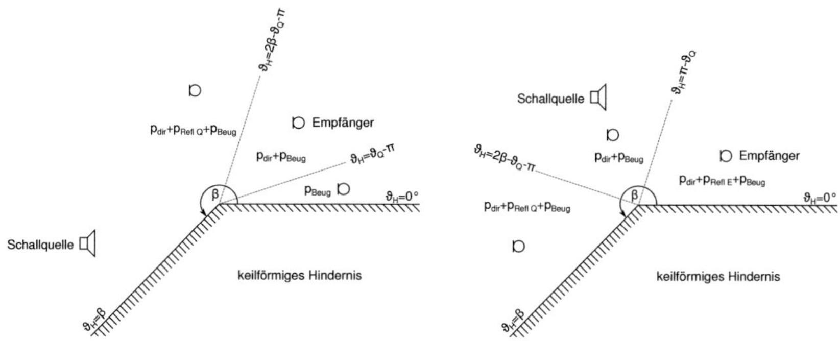

Bild 4.10: Bereiche des Auftretens relevanter Schallanteile am Empfänger für exemplarische Anordnungen der Schallquelle im Bereich eines keilförmigen Hindernisses

Für die innerhalb der vorliegenden Arbeit durchzuführenden Simulationen der Einfügungsdämpfung einer dünnen semi-infiniten Lärmschutzwand ($\beta = 2\pi$) gemäß der in Bild 4.11, unten, definierten Quell-Empfänger-Konstellation (Höhe der Wand ≥ 3 m) ist ausschließlich der durch Beugung am keilförmigen Hindernis am Empfänger erzeugte komplexe Schalldruck p_{Beug} zu berücksichtigen (vgl. Bild 4.10, links, $0^{\circ} \leq \vartheta_{\mathrm{H}} < \vartheta_{\mathrm{Q}} - \pi$). Unabhängig davon ist zu beachten, dass die Berechnung des Beugungseinflusses für jeden einzelnen relevanten Schallpfad separat erfolgen muss, d. h. nicht nur für den kürzesten Schallpfad von der Schallquelle über die Oberkante des keilförmigen Hindernisses zum Empfänger, sondern auch für die drei Ausbreitungspfade, die eine Bodenreflexion vor oder/ und hinter dem Schallschirm beinhalten.

Gegenüber dem Abschirmmaß in Gleichung (4.50) ist der Schallbeugungskoeffizient in Gleichung (4.59) eine komplexe Größe. Dies ermöglicht es im Folgenden, die Stärke der Interferenz zwischen den Schalldruckanteilen entlang der einzelnen Ausbreitungspfade beeinflussen zu können.

4.1.3.5 Inkohärenz

Infolge der verschiedenen Schallausbreitungseffekte kann es in Abhängigkeit von den vorliegenden Schallausbreitungsbedingungen sowie der Abstrahlung der betrachteten Schallquelle zur Verringerung der Stärke der Kohärenz zwischen den Schalldruckanteilen entlang der einzelnen Schallpfade kommen. Um diesen, insbesondere von der Frequenz abhängigen Sachverhalt (vgl. [Bar10]) abzubilden, wurde in [PK98] der grundlegende Ansatz

$$\left|\frac{p_{\mathrm{E}}}{p_{\mathrm{dir}}}\right|^2 = \left|\frac{p_{\mathrm{Koh}}}{p_{\mathrm{dir}}}\right|^2 K_{\mathrm{N}} + \left|\frac{p_{\mathrm{Inkoh}}}{p_{\mathrm{dir}}}\right|^2 (1 - K_{\mathrm{N}}) \tag{4.78}$$

betrachtet. Dabei ergibt sich die schalltechnische Gesamtwirkung am Empfänger gegenüber direkter Schallausbreitung (freier Schallausbreitung ohne reflektierenden Boden) durch gewichtete Addition zweier Terme. Der Wichtungsfaktor K_{N} wird als Kohärenzfaktor bezeichnet. Er ermöglicht es, die Stärke der Kohärenz zwischen den Schalldruckanteilen entlang verschiedener Schallpfade festzulegen. Die Terme implizieren die schalltechnische Wirkung am Empfänger bei vollständiger Kohärenz ($K_\mathrm{N} = 1$) bzw. vollständiger Inkohärenz ($K_\mathrm{N} = 0$) zwischen den Schalldruckanteilen entlang der relevanten Ausbreitungspfade.

Für den speziellen Fall von ausschließlich zwei zu berücksichtigenden relevanten Schallpfaden geht Gleichung (4.78) mit

$$\left|\frac{p_\mathrm{Koh}}{p_\mathrm{dir}}\right|^2 = \left|\frac{p_\mathrm{E1}}{p_\mathrm{dir}} + \frac{p_\mathrm{E2}}{p_\mathrm{dir}}\right|^2 \tag{4.79}$$

und

$$\left|\frac{p_\mathrm{Inkoh}}{p_\mathrm{dir}}\right|^2 = \left|\frac{p_\mathrm{E1}}{p_\mathrm{dir}}\right|^2 + \left|\frac{p_\mathrm{E2}}{p_\mathrm{dir}}\right|^2 \tag{4.80}$$

in

$$\left|\frac{p_\mathrm{E}}{p_\mathrm{dir}}\right|^2 = \left|\frac{p_\mathrm{E1}}{p_\mathrm{dir}}\right|^2 \cdot \left(\left|1 + \frac{p_\mathrm{E2}}{p_\mathrm{E1}}\right|^2 K_\mathrm{N} + \left(1 + \left|\frac{p_\mathrm{E2}}{p_\mathrm{E1}}\right|^2\right)(1 - K_\mathrm{N})\right) \tag{4.81}$$

über. p_Ei beschreibt dabei den Schalldruck am Empfänger bei Schallausbreitung von der Quelle zum Empfänger entlang des i-ten Ausbreitungspfads (i=1,2). Es lässt sich zeigen, dass Gleichung (4.81) in

$$\left|\frac{p_\mathrm{E}}{p_\mathrm{dir}}\right|^2 = \left|\frac{p_\mathrm{E1}}{p_\mathrm{dir}}\right|^2 \cdot \left(\left|1 + K_\mathrm{N}\frac{p_\mathrm{E2}}{p_\mathrm{E1}}\right|^2 + (1 - K_\mathrm{N}{}^2)\left|\frac{p_\mathrm{E2}}{p_\mathrm{E1}}\right|^2\right) \tag{4.82}$$

umgeformt werden kann. Diesen Ansatz modifiziert *PLOVSING* in [PK98] schließlich zu

$$\left|\frac{p_\mathrm{E}}{p_\mathrm{dir}}\right|^2 = \left|\frac{p_\mathrm{E1}}{p_\mathrm{dir}}\right|^2 \cdot \left(\left|1 + \sum_{i=2}^{N} K_\mathrm{Ni}\frac{p_\mathrm{Ei}}{p_\mathrm{E1}}\right|^2 + \sum_{i=2}^{N}(1 - K_\mathrm{Ni}{}^2)\left|\frac{p_\mathrm{Ei}}{p_\mathrm{E1}}\right|^2\right), \tag{4.83}$$

um innerhalb der Berechnung des Schalldrucks p_E am Empfänger die Schalldruckanteile entlang einer beliebigen Anzahl N von Schallpfaden zu berücksichtigen, deren Kohärenz, bezogen auf den ersten Schallpfad (primärer Pfad), über die Wichtungsfaktoren K_Ni festgelegt wird. Die Bestimmung der pfadspezifischen Kohärenzfaktoren erfolgt im nordischen Prognosemodell NORD 2000 [PK01] anhand eines komplexen Berechnungsverfahrens. Dabei wird der Einfluss von verschiedenen unabhängigen Effekten berücksichtigt, die zu einer Minderung der Kohärenz zwischen den Schalldruckanteilen entlang der relevanten Ausbreitungspfade beitragen. Diese beschreiben insbesondere die atmosphärischen Turbulenzen der Luft, die Rauigkeit von Oberflächen und die Streuung. Nicht zuletzt aufgrund der Vielzahl der benötigten Eingangsparameter des Berechnungsmodells (z. B. Turbulenzmaß, Standardabweichung von Temperatur- und Windfluktuationen, Oberflächenrauigkeit), sondern auch durch die pfadspezifischen Kohärenzfaktoren erscheint das Modell für die Schallfeldsimulationen zur Bestimmung der Einfügungsdämpfung einer semiinfiniten Lärmschutzwand als zu komplex und nicht praktikabel.

In das schweizerische Prognosemodell SonRoad [Heu04] wurde dagegen mit

$$\left|\frac{p_{\mathrm{E}}}{p_{\mathrm{dir}}}\right|^2 = \left|\frac{p_{\mathrm{E1}}}{p_{\mathrm{dir}}}\right|^2 \cdot \left(\left|1+\sum_{i=1}^{N_{\mathrm{B}}}\frac{p_{\mathrm{Bi}}}{p_{\mathrm{E1}}}\right|^2 K_{\mathrm{S}}^2 + \left(1+\sum_{i=1}^{N_{\mathrm{B}}}\left|\frac{p_{\mathrm{Bi}}}{p_{\mathrm{E1}}}\right|^2\right)(1-K_{\mathrm{S}}^2) + \sum_{i=1}^{N_{\mathrm{NB}}}\left|\frac{p_{\mathrm{NBi}}}{p_{\mathrm{E1}}}\right|^2\right) \tag{4.84}$$

ein vereinfachtes Berechnungsmodell zur Beschreibung von Inkohärenzeffekten aufgenommen. Basierend auf Gleichung (4.81) vollzieht *HEUTSCHI* darin den Übergang vom Schallfeldszenario mit zwei relevanten Schallpfaden zu einem Modell mit variabler Anzahl von Schallpfaden. Mit

$$K_{\mathrm{S}}^2 = K_{\mathrm{N}} \tag{4.85}$$

behält er jedoch im Gegensatz zu [PK98] einen einzigen, nicht pfadspezifischen Kohärenzfaktor bei. Des Weiteren unterscheidet *HEUTSCHI* bei den sekundären Schallpfaden zwischen N_{B} Bodenreflexionspfaden und N_{NB} Nicht-Bodenreflexionspfaden. Der i-te Bodenreflexionspfad bewirkt am Empfänger den Schalldruck p_{Bi}, der i-te Nicht-Bodenreflexionspfad den Schalldruck p_{NBi}. Dabei geht die schalltechnische Wirkung der Nicht-Bodenreflexionspfade ausschließlich energetisch (inkohärent) und nicht phasenrichtig (kohärent) in die Berechnung des Schalldrucks am Empfänger ein. Für die Berechnung des Kohärenzfaktors schlägt *HEUTSCHI* mit

$$K_{\mathrm{S}} = \mathrm{e}^{-\left(\gamma_0+\gamma f^2 L_{\mathrm{H}}\right)} \tag{4.86}$$

einen von der Frequenz f abhängigen empirischen Ansatz vor. L_{H} beschreibt darin die Länge des direkten Pfads von der Quelle zum Empfänger über das gegebenenfalls vorhandene Hindernis in m. Bei der Angabe der empirischen Konstanten $\gamma_0 = 9 \cdot 10^{-3}$ und $\gamma = 4{,}5 \cdot 10^{-11}\ \mathrm{s^2m^{-1}}$ verweist *HEUTSCHI* auf Optimierungen zur bestmöglichen Übereinstimmung von Berechnungsergebnissen mit Ergebnissen von Schallausbreitungsmessungen an einem Düsentriebwerk über Grasboden von [PS65] und Auswertungen von [Dai79].

4.1.4 Gesamtmodell

Die von einer Schallquelle mit dem spektralen Schallleistungspegel $L_{\mathrm{W}}(f)$ und dem frequenzabhängigen Richtungsmaß $D(f)$ emittierte Schallenergie tritt durch eine um die Schallquelle gedachte, kugelförmige Hüllfläche

$$S_{\mathrm{H}} = 4\pi r_{\mathrm{Ref}}^2 \tag{4.87}$$

hindurch und erzeugt im Referenzabstand von $r_{\mathrm{Ref}} = 1$ m ($S_0 = 1\ \mathrm{m^2}$) einen Schalldruckpegel $L_{\mathrm{pRef}}(f)$. Bei der weiteren Schallausbreitung zum Empfänger tritt eine frequenzabhängige Pegelminderung $\Delta L_{\mathrm{p}}(f)$ infolge der verschiedenen in Abschnitt 4.1.3 beschriebenen Schallausbreitungseffekte auf. Somit ergibt sich der spektrale Schalldruckpegel am Empfänger zu

$$L_{\mathrm{pE}}(f) = L_{\mathrm{W}}(f) + D(f) - 10 \cdot \lg\left(\frac{S_{\mathrm{H}}}{S_0}\right)\ \mathrm{dB} - \Delta L_{\mathrm{p}}(f). \tag{4.88}$$

Innerhalb der Schallfeldsimulationen zur Bestimmung der Einfügungsdämpfung einer semi-infiniten Lärmschutzwand erfolgt die Berechnung der frequenzabhängigen Pegelminderung $\Delta L_{\mathrm{p}}(f)$

durch partiell kohärente Addition (Operator $\bigcap$) der einzelnen relevanten Schalldruckanteile am Empfänger zu

$$\Delta L_{\mathrm{p}}(f) = -10 \cdot \lg \left(\left| \bigcap_i \frac{p_{\mathrm{Ei}}(f)}{p_{\mathrm{Ref}}(f)} \right|^2 \right) \mathrm{dB}. \tag{4.89}$$

p_{Ei} beschreibt dabei den komplexen Schalldruck, der durch Schallausbreitung von der Quelle zum Empfänger entlang des i-ten Ausbreitungspfads am Empfänger verursacht wird. p_{Ref} entspricht dem komplexen Schalldruck am Referenzort. Für die partiell kohärente Addition der einzelnen relevanten Schalldruckanteile am Empfänger anhand von

$$\left| \bigcap_i \frac{p_{\mathrm{Ei}}}{p_{\mathrm{Ref}}} \right|^2 = \left| \frac{p_{\mathrm{dir\ H}}}{p_{\mathrm{Ref}}} + \sum_{i=1}^{N_{\mathrm{B}}} \frac{p_{\mathrm{Bi}}}{p_{\mathrm{Ref}}} \right|^2 K_{\mathrm{S}}^2 + \left(\left| \frac{p_{\mathrm{dir\ H}}}{p_{\mathrm{Ref}}} \right|^2 + \sum_{i=1}^{N_{\mathrm{B}}} \left| \frac{p_{\mathrm{Bi}}}{p_{\mathrm{Ref}}} \right|^2 \right) \left(1 - K_{\mathrm{S}}^2\right) + \sum_{i=1}^{N_{\mathrm{NB}}} \left| \frac{p_{\mathrm{NBi}}}{p_{\mathrm{Ref}}} \right|^2 \tag{4.90}$$

wird auf Gleichung (4.84) zurückgegriffen, die aus den Formulierungen in [Heu04] abgeleitet werden kann. $p_{\mathrm{dir\ H}}$ entspricht darin dem absoluten Schalldruck am Empfänger bei Schallausbreitung von der Quelle zum Empfänger über den direkten Pfad bei gegebenenfalls vorhandenem Hindernis (primärer Ausbreitungspfad). Der Kohärenzfaktor K_{S} ermöglicht es, die Stärke der Kohärenz zwischen den Schalldruckanteilen entlang der einzelnen Ausbreitungspfade in Abhängigkeit von den vorliegenden Schallausbreitungsbedingungen sowie der Abstrahlung der betrachteten Schallquelle beeinflussen zu können. Bei den sekundären Ausbreitungspfaden ist dazu zwischen N_{B} Bodenreflexionspfaden und N_{NB} Nicht-Bodenreflexionspfaden zu unterscheiden. Innerhalb der vorliegenden Untersuchungen wird der Ausbreitungspfad, der mehr als eine Bodenreflexion einschließt, als Nicht-Bodenreflexionspfad gekennzeichnet. Die schalltechnische Wirkung dieses Ausbreitungspfads fließt damit ausschließlich energetisch (inkohärent) und nicht phasenrichtig (kohärent) in die Berechnung der Pegelminderung ΔL_{p} ein. Für die Bestimmung der Einfügungsdämpfung einer semi-infiniten Lärmschutzwand erfolgt die Berechnung von K_{S} nach Gleichung (4.86). Die schalltechnische Wirkung des i-ten Ausbreitungspfads am Empfänger

$$\frac{p_{\mathrm{Ei}}}{p_{\mathrm{Ref}}} = \prod_n F_{\mathrm{Effekt\ n}} \tag{4.91}$$

resultiert aus der Multiplikation der komplexen Schallminderungsfaktoren $F_{\mathrm{Effekt\ n}}$ der n verschiedenen Schallausbreitungseffekte. Im Detail werden die verschiedenen Schallausbreitungseffekte wie folgt modelliert:

Der Schallminderungsfaktor für Divergenz und atmosphärische Dämpfung berechnet sich auf Basis von Gleichung (4.2) gemäß

$$F_{\mathrm{Div}} = \frac{r_{\mathrm{Ref}}}{r} \cdot \mathrm{e}^{-\mathrm{j}k(r-r_{\mathrm{Ref}})} \cdot \mathrm{e}^{-0{,}1151\alpha(r-r_{\mathrm{Ref}})}. \tag{4.92}$$

Der Schalldämpfungskoeffizient α der Luft ist in [ISO93] definiert. Die atmosphärische Dämpfung entlang des Pfads der Länge $r_{\mathrm{Ref}} = 1$ m von der Quelle zum Referenzort bleibt in Gleichung (4.88) unberücksichtigt, da sie nicht relevant ist.

Der Schallminderungsfaktor für eine Bodenreflexion bei vorhandener Impedanzdiskontinuität

$$F_{\mathrm{Boden}} = \mu r_{\mathrm{K1}} + (1 - \mu)\, r_{\mathrm{K2}} \tag{4.93}$$

entspricht dem mittleren wirksamen Kugelwellenreflexionsfaktor aus Gleichung (4.48) (Methode C). Die darin enthaltenen Kugelwellenreflexionsfaktoren r_{Ki} ($i = 1, 2$), die den beiden relevanten Oberflächen zugeordnet sind, ergeben sich durch Anwendung der Weyl-Van-der-Pol-Lösung in Gleichung (4.8) gemäß [CS80] zu

$$r_{\mathrm{Ki}} = r_{\mathrm{Ei}}(\vartheta_{\mathrm{Bi}}) + (1 - r_{\mathrm{Ei}}(\vartheta_{\mathrm{Bi}})) \cdot F_{\mathrm{i}}(w_{\mathrm{Bi}}). \tag{4.94}$$

Für die Berechnung der numerischen Distanz wird auf Gleichung (4.13) aus [Sti95] zurückgegriffen. Die Bestimmung des Wichtungsfaktors μ erfolgt gemäß Gleichung (4.30).

Der Schallminderungsfaktor für die Schallbeugung an einem keilförmigen Hindernis mit impedanzbelegten Flächen berechnet sich mit

$$F_{\mathrm{Beug}} = -\frac{1}{\pi} \sum_{i=1}^{4} r_{\mathrm{Ki}} A_{\mathrm{H}}(\vartheta_{\mathrm{Hi}}) E_{\nu}(A_{\mathrm{H}}(\vartheta_{\mathrm{Hi}})) \tag{4.95}$$

analog zum Schallbeugungskoeffizienten in Gleichung (4.59) aus [PK01]. Zur Modellierung eines dünnen Schallschirms wird der Winkel β bei der Ermittlung der Parameter ϑ_{Hi} nach Gleichung (4.60) auf 2π gesetzt.

Die Bestimmung des Gesamtpegels der Einfügungsdämpfung einer semi-infiniten Lärmschutzwand erfolgt schließlich gemäß

$$\begin{aligned} D_{\mathrm{e\ Lsw}} &= L_{\mathrm{pE\ frei}} - L_{\mathrm{pE\ Lsw}} \\ &= L_{\mathrm{pE\ frei}} - 10 \cdot \lg \left(\sum_{f} 10^{\frac{L_{\mathrm{pE\ frei}}(f) - D_{\mathrm{e\ Lsw}}(f)}{10\ \mathrm{dB}}} \right) \mathrm{dB}. \end{aligned} \tag{4.96}$$

Darin entspricht $L_{\mathrm{pE\ frei}}$ dem Schalldruckpegel am Empfänger, der sich bei freier Schallausbreitung über reflektierendem Boden und $L_{\mathrm{pE\ Lsw}}$ dem Schalldruckpegel am Empfänger, der sich bei installierter Lärmschutzwand über reflektierendem Boden infolge der Schallemission einer Quelle ergibt. Die frequenzabhängige Einfügungsdämpfung des Schallschirms $D_{\mathrm{e\ Lsw}}(f)$ berechnet sich unter Berücksichtigung von Gleichung (4.88) zu

$$\begin{aligned} D_{\mathrm{e\ Lsw}}(f) &= L_{\mathrm{pE\ frei}}(f) - L_{\mathrm{pE\ Lsw}}(f) \\ &= \Delta L_{\mathrm{p\ Lsw}}(f) - \Delta L_{\mathrm{p\ frei}}(f). \end{aligned} \tag{4.97}$$

Bild 4.11 zeigt die gewählten geometrischen Szenarien zur Ermittlung der spektralen Minderung des Schalldruckpegels am Referenzort infolge der verschiedenen Schallausbreitungseffekte bei freier Schallausbreitung über reflektierendem Boden $\Delta L_{\mathrm{p\ frei}}(f)$ sowie bei Schallausbreitung über die Lärmschutzwand über reflektierendem Boden $\Delta L_{\mathrm{p\ Lsw}}(f)$ für einen horizontalen Schalleinfallswinkel zwischen Quelle und Empfänger von $\varphi_{\mathrm{Q}} = 0°$ (senkrechter Schalleinfall).

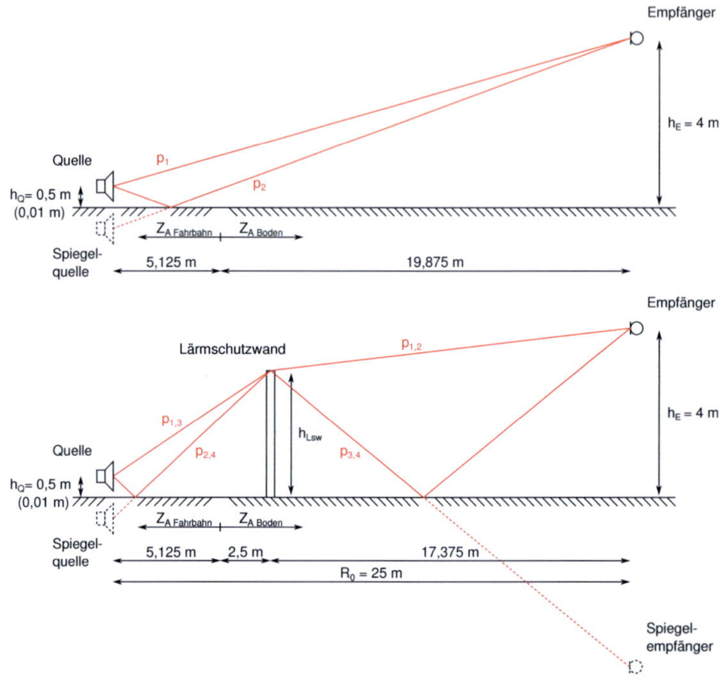

Bild 4.11: Geometrische Szenarien zur Simulation der spektralen Minderung des Schalldruckpegels am Referenzort infolge der verschiedenen Schallausbreitungseffekte bei freier Schallausbreitung über reflektierendem Boden (oben) sowie bei Schallausbreitung über die Lsw über reflektierendem Boden (unten) für einen horizontalen Schalleinfallswinkel zwischen Quelle und Empfänger von $\varphi_Q = 0°$ (senkrechter Schalleinfall; Abstände in vertikaler Richtung gegenüber Abständen in horizontaler Richtung im Verhältnis von 2:1 dargestellt)

In Übereinstimmung mit den Prognosemodellen RLS-90, ASJ RTN 2008, NMPB 2008 und Son-Road 2004 wird der Verkehr eines definierten Streckensegments vereinfacht als Punktschallquelle über der Mitte des betrachteten Fahrstreifens modelliert (vgl. Tabelle 4.3). Im Hinblick auf das Messszenario bei der Validierung des Mikrofonarray-Verfahrens unter Einsatz eines unidirektionalen Dodekaeder-Lautsprechers erfolgt die Positionierung der Punktschallquelle im ersten Fall in 0,5 m Höhe über dem betrachteten ersten Fahrstreifen einer dichten Fahrbahnoberfläche. Gemäß RLS-90 ist dies der Mittelpunkt des Entstehungsorts von Reifen-Fahrbahn-Geräusch, Motorgeräusch und aerodynamischen Geräuschen. Im zweiten Fall, welcher alternativ dem Messszenario bei Beobachtung eines vorbeifahrenden Fahrzeugs entspricht, wird die Quellhöhe auf 0,01 m verringert. Das ist, u. a. gemäß den internationalen Prognosemodellen NORD 2000 und HARMONOISE, der Entstehungsort des bei der untersuchten Fahrzeuggeschwindigkeit dominanten Reifen-Fahrbahn-Geräuschs. Mit den zwei Modellierungsvarianten soll überprüft werden, auf welche Weise die zukünftige Anwendung des neuartigen Messverfahrens stattfinden kann.

Die Charakterisierung des spektralen Schallleistungspegels der Punktschallquelle erfolgt in beiden Fällen auf Basis des standardisierten Verkehrslärmspektrums nach [DIN97] (A-bewerteter relativer Schalldruckpegel, spektrale Färbung des Quellgeräusches), da für die Simulation der Einfügungsdämpfung einer semi-infiniten Lärmschutzwand keine absoluten Immissionsschalldruckpegel erforderlich sind (vgl. Bild 4.12). Im Weiteren sind damit alle Schalldruckpegel, die aus

Gleichung (4.88) resultieren, A-bewertete Größen. Auf die Anwendung eines spezifischen horizontalen Richtungsmaßes $D(f)$ in Gleichung (4.88) wird verzichtet. Es ist anzumerken, dass dieses keine Auswirkung auf die spektrale Einfügungsdämpfung der Lärmschutzwand besitzt. Die Gesamt-Einfügungsdämpfung der Wand wird nur dann beeinflusst, wenn das horizontale Richtungsmaß der Schallquelle stark frequenzabhängig ist.

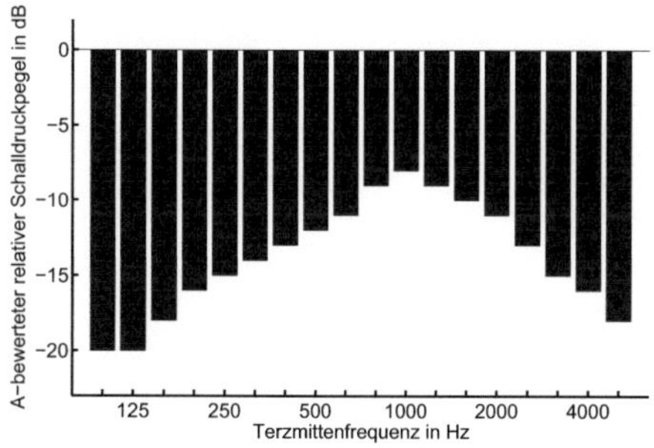

Bild 4.12: Standardisiertes Verkehrslärmspektrum nach [DIN97]

Für einen horizontalen Schalleinfallswinkel zwischen Quelle und Empfänger (Quellwinkel) von $\varphi_{\mathrm{Q}} = 0°$ befindet sich der Empfänger in einem horizontalen Abstand von 25 m zur Schallquelle und in 4 m Höhe über unverdichtetem Boden. Die definierte Empfängerhöhe steht in direktem Zusammenhang mit dem in DIN EN ISO 11819-1 [DIN02] beschriebenen standardisierten Vorbeifahrtverfahren. Dabei wird zur messtechnischen Erfassung des Reifen-Fahrbahn-Geräuschs ein einzelnes Mikrofon in horizontalem Abstand von 7,5 m zur Mitte des ersten Fahrstreifens und in einer Höhe von 1,2 m über dem Boden positioniert. Auf der Basis eines konstanten Verhältnisses der beiden Abstandsmaße führt die Vergrößerung des horizontalen Quell-Empfänger-Abstands auf 25 m zu einer Empfängerhöhe von 4 m. Auf der Grundlage des Regelquerschnitts RQ 29,5, gemäß der bis zum Jahr 2008 für Außerortsstraßen gültig gewesenen Richtlinie für die Anlage von Straßen, Teil Querschnitt [RAS96], wird der Ort der Impedanzdiskontinuität zwischen der dichten Fahrbahnoberfläche und dem angrenzenden unverdichteten Boden in horizontalem Abstand von 5,125 m zur Mitte des ersten Fahrstreifens festgelegt. Die Positionierung der Lärmschutzwand erfolgt in horizontalem Abstand von 2,5 m zum Rand des Seitenstreifens/ der Impedanzdiskontinuität. Bei der Simulation der richtungsabhängigen Einfügungsdämpfung der Lärmschutzwand für von $\varphi_{\mathrm{Q}} = 0°$ verschiedene horizontale Quellwinkel werden die festgelegten Abstände $y_{\varphi\mathrm{Q}0}$ zwischen der Schallquelle und dem Empfänger, der Lärmschutzwand bzw. der Impedanzdiskontinuität anhand von

$$y_{\varphi\mathrm{Q}} = \frac{y_{\varphi\mathrm{Q}0}}{\cos\varphi_{\mathrm{Q}}} \tag{4.98}$$

angepasst. Aus Gründen der Symmetrie erfolgt die Simulation der winkelabhängigen Einfügungsdämpfung der Lärmschutzwand im folgenden Abschnitt ausschließlich für positive horizontale Schalleinfallswinkel.

4.2 ABLEITUNG DER ANFORDERUNGEN AN DAS MIKROFONARRAY

In diesem Abschnitt werden die Anforderungen an das Mikrofonarray-Messsystem für das neuartige Messverfahren abgeleitet. Dazu erfolgen Schallfeldsimulationen für einen semi-infiniten Schallschirm und eine finite Wand in ungestörter bzw. gestörter akustischer Umgebung.

4.2.1 Berechnungen für semi-infiniten Schallschirm

Bild 4.13 zeigt die Teilergebnisse der Berechnung der spektralen schalltechnischen Wirksamkeit einer schallharten semi-infiniten Lärmschutzwand der Höhe 3 m für eine Quellhöhe von 0,5 m und einen horizontalen Quellwinkel φ_{Q} von 0° (senkrechter Schalleinfall). Die blauen Kurven kennzeichnen die Minderung des Schalldruckpegels am Referenzort $\Delta L_{\mathrm{p\ frei}}(f)$ durch Schallausbreitungseffekte bei freier Schallausbreitung über reflektierendem Boden. Die roten Kurven zeigen die Minderung des Schalldruckpegels am Referenzort $\Delta L_{\mathrm{p\ Lsw}}(f)$ durch Schallausbreitungseffekte bei Schallausbreitung über die vorhandene Lärmschutzwand über reflektierendem Boden. Die schwarzen Kurven charakterisieren die spektrale Einfügungsdämpfung $D_{\mathrm{e\ Lsw}}(f)$ des Schallschirms, die sich durch Anwendung von Gleichung (4.97) ergibt. Im ersten Schritt erfolgten die Berechnungen ausschließlich für die Mittenfrequenzen der Terzbänder von 100 Hz bis 5 kHz (gestrichelte Linien).

Im zweiten Schritt wurde die Anzahl der Frequenzlinien je Terzband von 1 auf 27 erhöht (durchgezogene Linien). Die einzelnen Frequenzlinien entsprechen dabei den Mittenfrequenzen von 1/27-Terzen. Es ist zu erkennen, dass die Anzahl der Minima und Maxima der spektralen Pegelminderung je Terzband infolge von Interferenz mit steigender Terzmittenfrequenz zunimmt. Für freie Schallausbreitung kann der interessierende Verlauf der spektralen Pegelminderung $\Delta L_{\mathrm{p\ frei}}(f)$ durch ausschließliche Betrachtung der Mittenfrequenz je Terzband sehr gut abgebildet werden. Für die Schallausbreitung über die vorhandene Lärmschutzwand ist diese Frequenzauflösung jedoch nicht ausreichend, um alle Interferenzen der spektralen Pegelminderung $\Delta L_{\mathrm{p\ Lsw}}(f)$ zu erfassen. Einzelne schmalbandige Minima und Maxima werden um bis zu ca. 10 dB über- bzw. unterschätzt. Gleiches gilt folglich für die spektrale Einfügungsdämpfung $D_{\mathrm{e\ Lsw}}(f)$ des Schallschirms. Es ist auffällig, dass die schalltechnische Wirksamkeit der schallharten semi-infiniten Lärmschutzwand der Höhe 3 m ihr Minimum ungünstigerweise im energetischen Schwerpunkt des standardisierten Verkehrslärmspektrums nach [DIN97] aufweist (vgl. Bild 4.12).

Bild 4.14 illustriert die Differenzen der Gesamtpegel der in Bild 4.13 gezeigten Größen in Abhängigkeit vom horizontalen Quellwinkel φ_{Q}, die sich durch Erhöhung der Anzahl der Frequenzlinien je Terzband von 1 auf 27 ergeben. Mit einer maximalen Differenz des Gesamtpegels von ca. 0,2 dB fällt die Erhöhung der Berechnungsgenauigkeit der winkelabhängigen Pegelminderung $\Delta L_{\mathrm{p\ Lsw}}$ und der resultierenden Einfügungsdämpfung $D_{\mathrm{e\ Lsw}}$ der Lärmschutzwand bei Erhöhung des Berechnungsaufwands auf das 27-fache sehr gering aus. Für den Gesamtpegel der winkelabhängigen Pegelminderung $\Delta L_{\mathrm{p\ frei}}$ bedeutet eine Erhöhung der Anzahl der Frequenzlinien je Terzband von 1 auf 27 eine Änderung um weniger als 0,05 dB.

Analog zu Bild 4.13 und Bild 4.14 zeigen Bild 4.15 und Bild 4.16 die Berechnungsergebnisse für eine Quellhöhe von 0,01 m. Es ist zu erkennen, dass die durch Interferenz verursachten Minima und Maxima der spektralen Pegelminderung sowohl für freie Schallausbreitung als auch für Schallausbreitung bei vorhandener Lärmschutzwand weniger stark ausgebildet sind. Auch das bei einer Quellhöhe von 0,5 m im Terzband von 1 kHz aufgetretene Minimum der spektralen Einfügungsdämpfung des Schallschirms ist für eine Quellhöhe von 0,01 m weniger stark ausgeprägt. Trotzdem verursacht die Erhöhung der Anzahl der Frequenzlinien je Terzband von 1 auf 27 eine vergleichbare maximale Differenz des Gesamtpegels der winkelabhängigen Pegelminderung $\Delta L_{\mathrm{p\ Lsw}}$ und der resultierenden Einfügungsdämpfung $D_{\mathrm{e\ Lsw}}$ der Lärmschutzwand wie für eine Quellhöhe von 0,5 m. Den Gesamtpegel der winkelabhängigen Pegelminderung $\Delta L_{\mathrm{p\ frei}}$ beeinflusst die Erhöhung der Anzahl der Frequenzlinien noch weniger stark als bei der Quellhöhe von 0,5 m.

Zusammenfassend lässt sich sagen, dass für die qualitative Vorhersage des Gesamtpegels der winkelabhängigen Einfügungsdämpfung der Lärmschutzwand die ausschließliche Berücksichtigung der Mittenfrequenz je relevantem Terzband ausreichend ist.

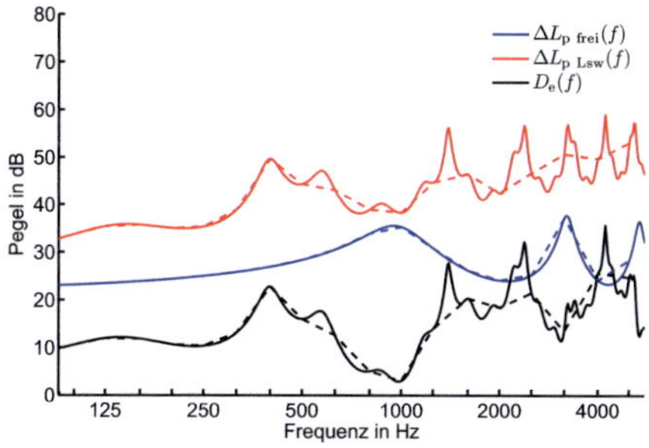

Bild 4.13: Teilergebnisse der Berechnung der schalltechnischen Wirksamkeit einer schallharten semi-infiniten Lsw in Abhängigkeit von der Frequenz; Höhe der Lsw 3 m; Quellhöhe 0,5 m; horizontaler Quellwinkel $\varphi_{\mathrm{Q}} = 0°$;
blau: Minderung des Schalldruckpegels am Referenzort $\Delta L_{\mathrm{p\ frei}}(f)$ durch Schallausbreitungseffekte bei freier Schallausbreitung über reflektierendem Boden; rot: Minderung des Schalldruckpegels am Referenzort $\Delta L_{\mathrm{p\ Lsw}}(f)$ durch Schallausbreitungseffekte bei Schallausbreitung über vorhandene Lsw über reflektierendem Boden; schwarz: Einfügungsdämpfung $D_{\mathrm{e\ Lsw}}(f)$ der Lsw; durchgezogene Linien: 27 Frequenzlinien je Terzband; gestrichelte Linien: eine Frequenzlinie je Terzband

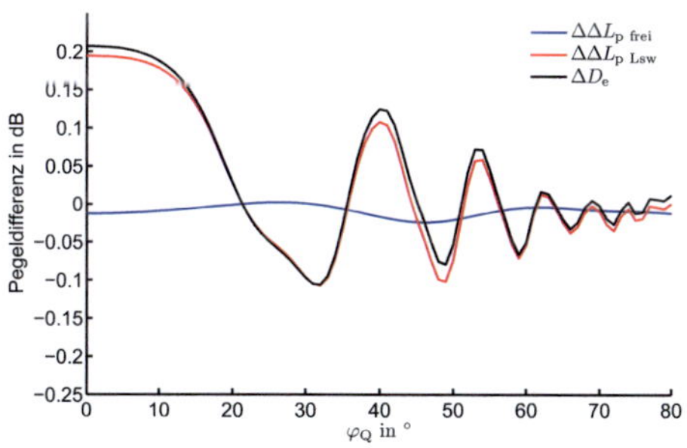

Bild 4.14: Teilergebnisse der Berechnung der schalltechnischen Wirksamkeit einer schallharten semi-infiniten Lsw in Abhängigkeit vom horizontalen Quellwinkel φ_{Q}; Differenzen der Gesamtpegel im Frequenzbereich von 100 Hz bis 5 kHz bei Erhöhung der Anzahl der Frequenzlinien je Terzband von 1 auf 27; Höhe der Lsw 3 m; Quellhöhe 0,5 m;
blau: Minderung des Schalldruckpegels am Referenzort $\Delta L_{\mathrm{p\ frei}}$ durch Schallausbreitungseffekte bei freier Schallausbreitung über reflektierendem Boden; rot: Minderung des Schalldruckpegels am Referenzort $\Delta L_{\mathrm{p\ Lsw}}$ durch Schallausbreitungseffekte bei Schallausbreitung über vorhandene Lsw über reflektierendem Boden; schwarz: Einfügungsdämpfung $D_{\mathrm{e\ Lsw}}$ der Lsw

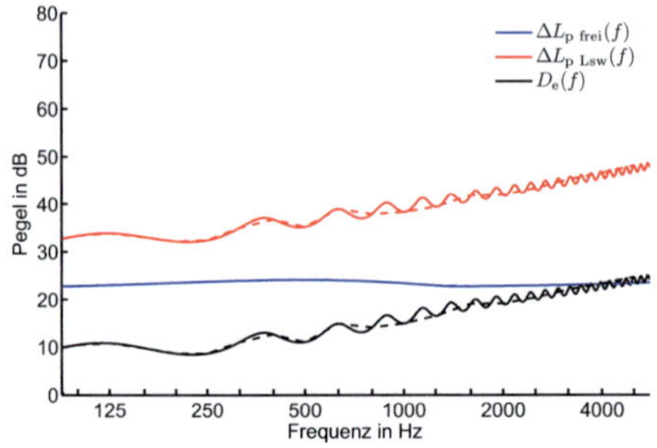

Bild 4.15: Teilergebnisse der Berechnung der schalltechnischen Wirksamkeit einer schallharten semi-infiniten Lsw in Abhängigkeit von der Frequenz; Höhe der Lsw 3 m; Quellhöhe 0,01 m; horizontaler Quellwinkel $\varphi_{\mathrm{Q}} = 0°$;
blau: Minderung des Schalldruckpegels am Referenzort $\Delta L_{\mathrm{p\ frei}}(f)$ durch Schallausbreitungseffekte bei freier Schallausbreitung über reflektierendem Boden; rot: Minderung des Schalldruckpegels am Referenzort $\Delta L_{\mathrm{p\ Lsw}}(f)$ durch Schallausbreitungseffekte bei Schallausbreitung über vorhandene Lsw über reflektierendem Boden; schwarz: Einfügungsdämpfung $D_{\mathrm{e\ Lsw}}(f)$ der Lsw; durchgezogene Linien: 27 Frequenzlinien je Terzband; gestrichelte Linien: eine Frequenzlinie je Terzband

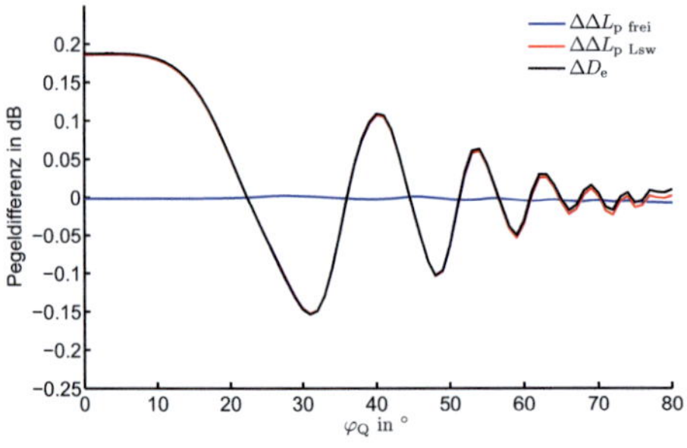

Bild 4.16: Teilergebnisse der Berechnung der schalltechnischen Wirksamkeit einer schallharten semi-infiniten Lsw in Abhängigkeit vom horizontalen Quellwinkel φ_{Q}; Differenzen der Gesamtpegel im Frequenzbereich von 100 Hz bis 5 kHz bei Erhöhung der Anzahl der Frequenzlinien je Terzband von 1 auf 27; Höhe der Lsw 3 m; Quellhöhe 0,01 m;
blau: Minderung des Schalldruckpegels am Referenzort $\Delta L_{\mathrm{p\ frei}}$ durch Schallausbreitungseffekte bei freier Schallausbreitung über reflektierendem Boden; rot: Minderung des Schalldruckpegels am Referenzort $\Delta L_{\mathrm{p\ Lsw}}$ durch Schallausbreitungseffekte bei Schallausbreitung über vorhandene Lsw über reflektierendem Boden; schwarz: Einfügungsdämpfung $D_{\mathrm{e\ Lsw}}$ der Lsw

Bild 4.17 zeigt die Teilergebnisse der Berechnung des Gesamtpegels der schalltechnischen Wirksamkeit schallharter semi-infiniter Lärmschutzwände der Höhe von 3 m bis 9 m (in Schritten von 2 m) im Frequenzbereich von 100 Hz bis 5 kHz in Abhängigkeit vom horizontalen Quellwinkel φ_{Q}. Die blauen Kurven kennzeichnen die Minderung des Schalldruckpegels am Referenzort $\Delta L_{\mathrm{p\ frei}}$ durch Schallausbreitungseffekte bei freier Schallausbreitung über reflektierendem Boden. Die roten Kurven zeigen die Minderung des Schalldruckpegels am Referenzort $\Delta L_{\mathrm{p\ Lsw}}$ durch Schallausbreitungseffekte bei Schallausbreitung über die vorhandene Lärmschutzwand über reflektierendem Boden. Die schwarzen Kurven charakterisieren die Einfügungsdämpfung $D_{\mathrm{e\ Lsw}}$ des Schallschirms. Die durchgezogenen Linien und die gestrichelten Linien verkörpern jeweils die Ergebnisse für eine Quellhöhe von 0,5 m bzw. 0,01 m.

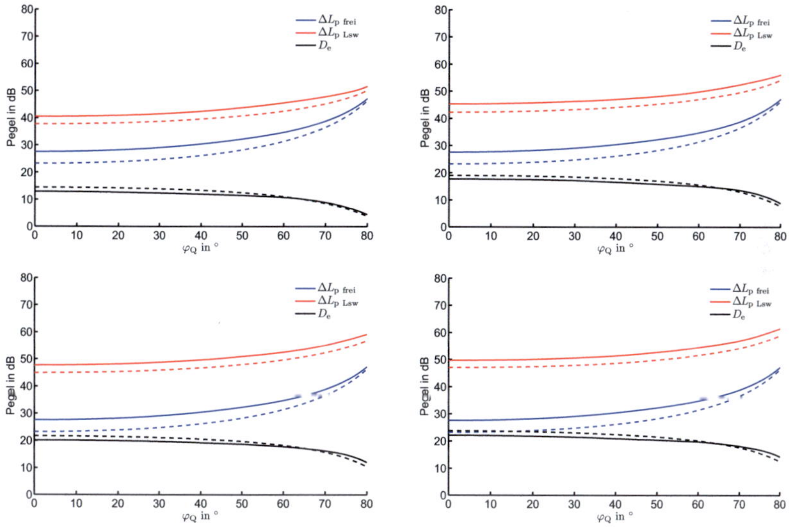

Bild 4.17: Teilergebnisse der Berechnung der schalltechnischen Wirksamkeit schallharter semi-infiniter Lsws in Abhängigkeit vom horizontalen Quellwinkel φ_{Q}; Gesamtpegel im Frequenzbereich von 100 Hz bis 5 kHz; 27 Frequenzlinien je Terzband;
von links oben nach rechts unten: Höhe der Lsw 3 m, 5 m, 7 m, 9 m; blau: Minderung des Schalldruckpegels am Referenzort $\Delta L_{\mathrm{p\ frei}}$ durch Schallausbreitungseffekte bei freier Schallausbreitung über reflektierendem Boden; rot: Minderung des Schalldruckpegels am Referenzort $\Delta L_{\mathrm{p\ Lsw}}$ durch Schallausbreitungseffekte bei Schallausbreitung über vorhandene Lsw über reflektierendem Boden; schwarz: Einfügungsdämpfung $D_{\mathrm{e\ Lsw}}$ der Lsw; durchgezogene Linien: Quellhöhe 0,5 m; gestrichelte Linien: Quellhöhe 0,01 m

Unabhängig von der Quellhöhe steigt die Pegelminderung bei freier Schallausbreitung über reflektierendem Boden $\Delta L_{\mathrm{p\ frei}}$ und bei Schallausbreitung über die vorhandene Lärmschutzwand über reflektierendem Boden $\Delta L_{\mathrm{p\ Lsw}}$ mit zunehmendem Quellwinkel an. Da $\Delta L_{\mathrm{p\ frei}}$ stärker ansteigt als $\Delta L_{\mathrm{p\ Lsw}}$, verringert sich die Einfügungsdämpfung der Wand unabhängig von deren Höhe mit zunehmendem Quellwinkel. Für einen Quellwinkel von $\varphi_{\mathrm{Q}} = 0°$ besitzt der schallharte semi-infinite Schallschirm stets die größte schalltechnische Wirksamkeit. Erwartungsgemäß steigt die maximale Einfügungsdämpfung der Lärmschutzwand mit zunehmender Höhe des Schallschirms an. Des Weiteren ist zu erkennen, dass die Pegelminderung $\Delta L_{\mathrm{p\ frei}}$ bzw. $\Delta L_{\mathrm{p\ Lsw}}$ bei einer Quellhöhe von 0,5 m für horizontale Quellwinkel von $0° \leq \varphi_{\mathrm{Q}} \leq 60°$ um ca. 5 dB bzw. 3 dB höher berechnet wird als bei einer Quellhöhe von 0,01 m. Die Einfügungsdämpfung des Schallschirms fällt bei einer Quellhöhe von 0,01 m jedoch um ca. 1,5 dB höher aus als bei einer Quellhöhe von 0,5 m. Dieses Ergebnis erscheint plausibel, da der Schirmwert gemäß Gleichung (4.52) und damit das Abschirmmaß der Lärmschutzwand gemäß Gleichung (4.50) mit sinkender Quellhöhe zunimmt.

Für die zukünftige Anwendung des neuartigen Messverfahrens ist die Frage zu beantworten, ob die Bestimmung der mittleren winkelabhängigen Einfügungsdämpfung eines semi-infiniten Schallschirms durch messtechnische Untersuchung einer finiten Wand mit einem Mikrofonarray bei ausschließlicher Betrachtung des horizontalen Quellwinkels von $\varphi_\mathrm{Q} = 0°$ erfolgen kann. Dazu wird die richtungsabhängige schalltechnische Wirksamkeit $D_{\mathrm{e\ Lsw}}(\varphi_\mathrm{Q})$ der Lärmschutzwand analog wie bei der Anwendung des Einzelmikrofon-Verfahrens über die Vorbeifahrt eines Fahrzeugs betrachtet. Dies erfordert die Berechnung des zeitlichen Mittelwerts des zeitabhängigen Schalldruckpegels am Empfänger bei freier Schallausbreitung über reflektierendem Grund $L_{\mathrm{pE\ frei}}(t)$ sowie bei Schallausbreitung über die vorhandene Wand über reflektierendem Grund $L_{\mathrm{pE\ Lsw}}(t)$. Unter Berücksichtigung von Gleichung (4.96), Zeile 1, ergibt sich die mittlere Einfügungsdämpfung $D_{\mathrm{e\ Lsw\ m}}$ des Schallschirms für diskrete Zeitintervalle Δt_{vi} zu

$$D_{\mathrm{e\ Lsw\ m}} = 10 \cdot \lg\left(\frac{1}{\Delta t_\mathrm{v}} \sum_i \Delta t_{\mathrm{vi}} 10^{\frac{L_{\mathrm{pE\ frei}}(\Delta t_{\mathrm{vi}})}{10\ \mathrm{dB(A)}}}\right) \mathrm{dB} - 10 \cdot \lg\left(\frac{1}{\Delta t_\mathrm{v}} \sum_i \Delta t_{\mathrm{vi}} 10^{\frac{L_{\mathrm{pE\ Lsw}}(\Delta t_{\mathrm{vi}})}{10\ \mathrm{dB(A)}}}\right) \mathrm{dB}. \tag{4.99}$$

Passiert das Fahrzeug die Lärmschutzwand mit konstanter Geschwindigkeit v, lässt sich die berücksichtigte Dauer der Vorbeifahrt anhand von

$$\begin{aligned} \Delta t_\mathrm{v} &= \sum_i \Delta t_{\mathrm{vi}} \\ &= \frac{1}{v} \sum_i \Delta x_\mathrm{i} \end{aligned} \tag{4.100}$$

berechnen. Mit der Teilstrecke Δx_i, die das Fahrzeug während des Zeitintervalls Δt_{vi} zurücklegt, geht die Berechnung des zeitlichen Mittelwerts des zeitabhängigen Schalldruckpegels am Empfänger in eine örtliche Mittelwertbildung über. Auf der Basis der Schrittweite des Quellwinkels $\Delta\varphi_\mathrm{Q}$ und dem horizontalen Abstand zwischen Quelle und Empfänger R_0 kann die Teilstrecke $\Delta x_\mathrm{i}(\varphi_\mathrm{Q})$ anhand von

$$\Delta x_\mathrm{i}(\varphi_\mathrm{Q}) = \begin{cases} R_0 \tan\left(\frac{\Delta\varphi_\mathrm{Q}}{2}\right) & \text{für} \quad \varphi_\mathrm{Q} = 0° \\ \left| R_0 \left(\tan\left(\varphi_\mathrm{Q} + \frac{\Delta\varphi_\mathrm{Q}}{2}\right) - \tan\left(\varphi_\mathrm{Q} - \frac{\Delta\varphi_\mathrm{Q}}{2}\right)\right)\right| & \text{für} \quad \varphi_\mathrm{Q} \neq 0° \end{cases} \tag{4.101}$$

berechnet werden (vgl. Bild 4.18). Schließlich lässt sich die mittlere Einfügungsdämpfung $D_{\mathrm{e\ Lsw\ m}}$ des Schallschirms aus Gleichung (4.99) für den Bereich des horizontalen Quellwinkels φ_Q von 0° bis $\varphi_{\mathrm{Q\ max}}$ (Index *i*) in Abhängigkeit vom betrachteten maximalen horizontalen Quellwinkel $\varphi_{\mathrm{Q\ max}}$ in

$$D_{\mathrm{e\ Lsw\ m}}(\varphi_{\mathrm{Q\ max}}) = 10 \cdot \lg\left(\frac{\sum\limits_{\varphi_\mathrm{Q}=0°}^{\varphi_{\mathrm{Q\ max}}} \Delta x_\mathrm{i}(\varphi_\mathrm{Q}) 10^{-\frac{\Delta L_{\mathrm{p\ frei}}(\varphi_\mathrm{Q})}{10\ \mathrm{dB}}}}{\sum\limits_{\varphi_\mathrm{Q}=0°}^{\varphi_{\mathrm{Q\ max}}} \Delta x_\mathrm{i}(\varphi_\mathrm{Q}) 10^{-\frac{(\Delta L_{\mathrm{p\ frei}}(\varphi_\mathrm{Q}) + D_{\mathrm{e\ Lsw}}(\varphi_\mathrm{Q}))}{10\ \mathrm{dB}}}}\right) \mathrm{dB} \tag{4.102}$$

umformen. Die betrachtete mittlere Einfügungsdämpfung einer Lärmschutzwand wird damit nicht nur durch den winkelabhängigen Verlauf der Einfügungsdämpfung, sondern auch durch den winkelabhängigen Schalldruckpegel am Empfänger bei freier Schallausbreitung über reflektierendem Boden bestimmt.

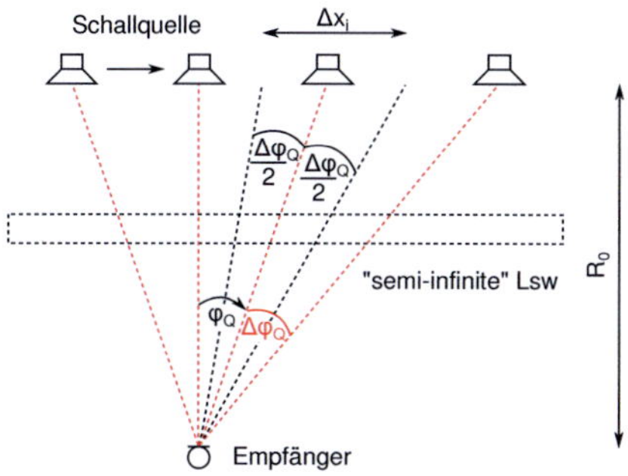

Bild 4.18: Geometrische Größen zur Bestimmung der mittleren Einfügungsdämpfung $D_{\mathrm{e\ Lsw\ m}}$ des Schallschirms

Bild 4.19 illustriert die Teilergebnisse der Berechnung der mittleren schalltechnischen Wirksamkeit schallharter semi-infiniter Schallschirme für den Bereich des horizontalen Quellwinkels φ_{Q} von 0° bis $\varphi_{\mathrm{Q\ max}}$ in Abhängigkeit vom betrachteten maximalen horizontalen Quellwinkel $\varphi_{\mathrm{Q\ max}}$. Grundlage für die Berechnung sind die Ergebnisse der Gesamtpegel im Frequenzbereich von 100 Hz bis 5 kHz aus Bild 4.17 für Lärmschutzwände von 3 m bis 9 m Höhe. Darin stellen die blauen Kurven den über die Fahrzeugvorbeifahrt integrierten relativen Schalldruckpegel dar, der sich bei freier Schallausbreitung über reflektierendem Boden am Empfänger ergibt. Die roten Kurven zeigen den über die Fahrzeugvorbeifahrt integrierten relativen Schalldruckpegel, der sich bei Schallausbreitung über die Wand über reflektierendem Boden am Empfänger einstellt. Dabei ist $L_{\mathrm{pE\ frei\ int}}(\varphi_{\mathrm{Q\ max}})$ der zehnfache dekadische Logarithmus des Zählers von Gleichung (4.102) und $L_{\mathrm{pE\ Lsw\ int}}(\varphi_{\mathrm{Q\ max}})$ der zehnfache dekadische Logarithmus des Nenners. Die schwarzen Kurven entsprechen der mittleren Einfügungsdämpfung $D_{\mathrm{e\ Lsw\ m}}(\varphi_{\mathrm{Q\ max}})$ des Schallschirms. Analog zu Bild 4.17 verkörpern die durchgezogenen und die gestrichelten Linien die Ergebnisse für eine Quellhöhe von 0,5 m bzw. 0,01 m.

Die Berechnungsergebnisse zeigen, dass $L_{\mathrm{pE\ frei\ int}}(\varphi_{\mathrm{Q\ max}})$ und $L_{\mathrm{pE\ Lsw\ int}}(\varphi_{\mathrm{Q\ max}})$ unabhängig von der Höhe des Schallschirms und unabhängig von der gewählten Quellhöhe mit zunehmendem betrachteten maximalen horizontalen Quellwinkel konvergieren. Erwartungsgemäß sinkt damit der energetische Anteil der Schallemission der Quelle an der Gesamt-Schallimmission am Empfänger mit wachsendem Quell-Empfänger-Abstand. Es ist jedoch erkennbar, dass sich die mittlere Einfügungsdämpfung der Lärmschutzwand dabei nur geringfügig verändert.

In Bild 4.20 und Tabelle 4.5 ist die mittlere Einfügungsdämpfung $D_{\mathrm{e\ Lsw\ m}}(\varphi_{\mathrm{Q\ max}})$ schallharter semi-infiniter Schallschirme für den Bereich des horizontalen Quellwinkels φ_{Q} von 0° bis $\varphi_{\mathrm{Q\ max}}$ für einen betrachteten maximalen Quellwinkel $\varphi_{\mathrm{Q\ max}}$ von 0° (senkrechter Schalleinfall) und von 80° entsprechend der Ergebnisse aus Bild 4.19 gegenübergestellt. Darin ist zu erkennen, dass die mittlere Einfügungsdämpfung der Lärmschutzwände für den betrachteten maximalen Quellwinkel $\varphi_{\mathrm{Q\ max}}$ von 80° um durchschnittlich 1,8 dB (Quellhöhe 0,5 m) bzw. 2,1 dB (Quellhöhe 0,01 m) niedriger ist als die Einfügungsdämpfung der Schallschirme bei senkrechtem Schalleinfall. Diese Pegeldifferenz fällt für die beiden betrachteten Quellhöhen nahezu gleich aus (mittlere Differenz 0,3 dB), obwohl zwischen der mittleren Einfügungsdämpfung der Lärmschutzwände der beiden Quellhöhen für einen betrachteten maximalen Quellwinkel $\varphi_{\mathrm{Q\ max}}$ von 0° bzw. 80° Unterschiede von durchschnittlich 1,5 dB bzw. 1,2 dB vorhanden sind. Dieser Sachverhalt deutet darauf hin, dass die Quellhöhe für die Umrechnung der Einfügungsdämpfung eines semi-infiniten Schallschirms bei senkrechtem Schalleinfall in eine über die Fahrzeugvorbeifahrt mittlere Einfügungsdämpfung eine untergeordnete Rolle spielt.

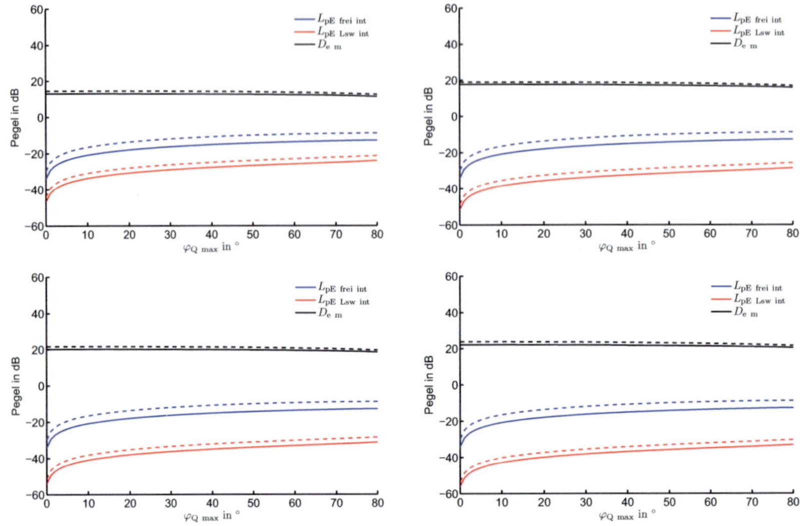

Bild 4.19: Teilergebnisse der Berechnung der mittleren schalltechnischen Wirksamkeit schallharter semi-infiniter Lsws für den Bereich des horizontalen Quellwinkels φ_Q von 0° bis $\varphi_{Q\ max}$ in Abhängigkeit vom betrachteten maximalen horizontalen Quellwinkel $\varphi_{Q\ max}$; Gesamtpegel im Frequenzbereich von 100 Hz bis 5 kHz; 27 Frequenzlinien je Terzband; von links oben nach rechts unten: Höhe der Lsw 3 m, 5 m, 7 m, 9 m; blau: relativer Schalldruckpegel am Empfänger $L_{pE\ frei\ int}(\varphi_{Q\ max})$ bei freier Schallausbreitung über reflektierendem Boden integriert über Fahrzeugvorbeifahrt; rot: relativer Schalldruckpegel am Empfänger $L_{pE\ Lsw\ int}(\varphi_{Q\ max})$ bei Schallausbreitung über vorhandene Lsw über reflektierendem Boden integriert über Fahrzeugvorbeifahrt; schwarz: mittlere Einfügungsdämpfung $D_{e\ Lsw\ m}(\varphi_{Q\ max})$ der Lsw; durchgezogene Linien: Quellhöhe 0,5 m; gestrichelte Linien: Quellhöhe 0,01 m

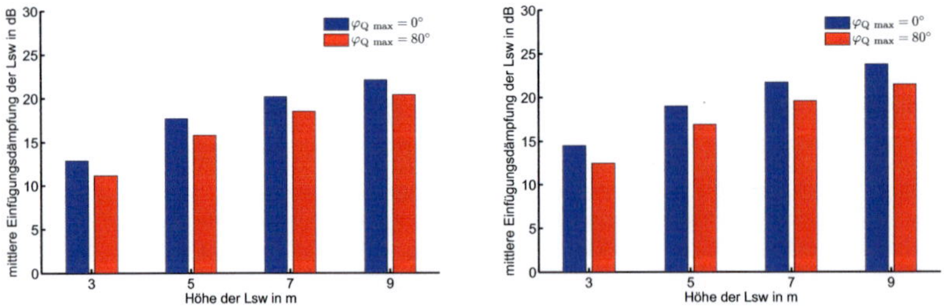

Bild 4.20: Gegenüberstellung der mittleren Einfügungsdämpfung $D_{e\ Lsw\ m}(\varphi_{Q\ max})$ schallharter semi-infiniter Lsws für den Bereich des horizontalen Quellwinkels φ_Q von 0° bis $\varphi_{Q\ max}$ für einen betrachteten maximalen Quellwinkel $\varphi_{Q\ max}$ von 0° (blau) und von 80° (rot) für verschiedene Schallschirmhöhen und Quellhöhen; links: Quellhöhe 0,5 m; rechts: Quellhöhe 0,01 m

Tabelle 4.5: Gegenüberstellung der mittleren Einfügungsdämpfung $D_{\mathrm{e\ Lsw\ m}}(\varphi_{\mathrm{Q\ max}})$ schallharter semi-infiniter Lsws für den Bereich des horizontalen Quellwinkels φ_{Q} von 0° bis $\varphi_{\mathrm{Q\ max}}$ für einen betrachteten maximalen Quellwinkel $\varphi_{\mathrm{Q\ max}}$ von 0° und von 80° für verschiedene Schallschirmhöhen und Quellhöhen

Höhe der Lsw in m	Quellhöhe in m	$D_{\mathrm{e\ Lsw\ m}}(0°)$ in dB	$D_{\mathrm{e\ Lsw\ m}}(80°)$ in dB	$D_{\mathrm{e\ Lsw\ m}}(0°)$ -$D_{\mathrm{e\ Lsw\ m}}(80°)$ in dB
3	0,5	12,9	11,2	1,7
3	0,01	14,5	12,5	2,0
5	0,5	17,7	15,8	1,9
5	0,01	19,0	16,9	2,1
7	0,5	20,2	18,5	1,7
7	0,01	21,7	19,6	2,1
9	0,5	22,1	20,4	1,7
9	0,01	23,8	21,5	2,3

4.2.2 Berechnungen für finiten Schallschirm in ungestörter Umgebung

Angestrebtes Ziel des Messverfahrens ist die In-situ-Bestimmung der spektralen, für die Fahrzeugvorbeifahrt mittleren Einfügungsdämpfung eines semi-infiniten Schallschirms durch Ermittlung der Einfügungsdämpfung für senkrechten Schalleinfall an einer finiten Wand. Durch Ausnutzung der Richtcharakteristik, d. h. durch Fokussierung des Mikrofonarrays und eine getrennte pegelrichtige Lokalisation der relevanten Fahrzeugquelle an der Oberkante des Schallschirms, soll der Einfluss der Schallausbreitung um die Seitenkanten des Schallschirms auf den Schalldruckpegel am Empfänger vermieden werden. Eine ausreichende Nebenkeulenunterdrückung der optimierten Richtcharakteristik des Mikrofonarrays (vgl. Abschnitt 5.1) kann es zusätzlich ermöglichen, Störquellen seitlich der finiten Lärmschutzwand auszublenden. Um diese Ziele erreichen zu können, sollen im Folgenden zwei Fälle betrachtet werden – die Anwendung des neuartigen Mikrofonarray-Verfahrens am finiten Schallschirm in ungestörter akustischer Umgebung und die Anwendung in gestörter akustischer Umgebung. Die Ausführungen basieren dabei auf der Annahme einer zu untersuchenden örtlich stationären Punktschallquelle unter einem horizontalen Quellwinkel von $\varphi_{\mathrm{Q}} = 0°$.

Wie bereits in Abschnitt 4.1.3.4 beschrieben, kann der Einfluss der Schallbeugung um eine einzelne Seitenkante des Schallschirms auf den Immissionsschalldruckpegel hinter der Lärmschutzwand in der Praxis gemäß [VDI97] vernachlässigt werden, wenn die effektive Höhe $h_{\mathrm{eff\ s}}$ der Seitenkante mindestens viermal größer ist als die effektive Höhe $h_{\mathrm{eff\ o}}$ der Oberkante des Schallschirms. Anhand von Gleichung (4.56) in Verbindung mit Gleichung (4.50) und Gleichung (4.51) lässt sich zeigen, dass das Abschirmmaß der Oberkante des Schallschirms unter dieser Bedingung um ca. $\Delta L_{\mathrm{p\ min}} = 12$ dB größer ist als das Abschirmmaß der Seitenkante der Lärmschutzwand. Diese Pegeldifferenz kann direkt auf den Immissionsschalldruckpegel übertragen werden. Soll der Einfluss der Schallbeugung um die Seitenkante eines finiten Schallschirms auf den Immissionsschalldruckpegel hinter der Lärmschutzwand vernachlässigt werden, muss nach

$$\Delta L_{\mathrm{p\ Lsw\ s}} - \Delta L_{\mathrm{p\ Lsw\ o}} \geq \Delta L_{\mathrm{p\ min}} \tag{4.103}$$

die Minderung des Schalldruckpegels am Referenzort $\Delta L_{\mathrm{p\ Lsw\ s}}$ bei Schallausbreitung um die Seitenkante des Schallschirms mindestens $\Delta L_{\mathrm{p\ min}}$ größer sein als die Minderung des Schalldruckpegels am Referenzort $\Delta L_{\mathrm{p\ Lsw\ o}}$ bei Schallausbreitung über die Oberkante der Wand. Soll der Einfluss der Schallbeugung um die zweite Seitenkante eines finiten Schallschirms auf den Immissionsschalldruckpegel hinter der Lärmschutzwand ebenfalls vernachlässigt werden können, ist es erforderlich, die beschriebene Pegeldifferenz auf jeweils $\Delta L_{\mathrm{p\ min}} = 15$ dB zu erhöhen. Dies hat zur Folge, dass die effektive Höhe $h_{\mathrm{eff\ s}}$ jeder der beiden Seitenkanten des Schallschirms näherungsweise mindestens 5,6-mal größer sein muss als die effektive Höhe $h_{\mathrm{eff\ o}}$ der Oberkante der finiten Wand.

Für die korrekte Bestimmung der Einfügungsdämpfung einer finiten Lärmschutzwand für senkrechten Schalleinfall mit dem bisherigen Einzelmikrofon-Verfahren resultiert daraus eine Mindestlänge L_{min} der Wand. Es lässt sich zeigen, dass die halbe Länge s_{B} der Lärmschutzwand näherungsweise der effektiven Höhe $h_{\mathrm{eff\ s}}$ der Seitenkante des Schallschirms gleichgesetzt werden kann. Für das in Bild 4.11 dargestellte Schallfeldszenario tritt dabei eine relative Abweichung von weniger als einem Prozent auf. Durch Anwendung dieser Vereinfachung ergibt sich beispielhaft für einen Schallschirm von 3 m Höhe eine Mindestlänge L_{min} von ca. 16 m (Quellhöhe 0,5 m). Die Schallausbreitung um die Seitenkanten des Schallschirms erfolgt somit unter einem horizontalen Quellwinkel φ_{QB} von ca. $\pm 24°$.

In Tabelle 4.6 sind die effektive Schirmhöhe der Oberkante des Schallschirms $h_{\mathrm{eff\ o}}$, die resultierende erforderliche Mindestlänge L_{min} des Schallschirms zur pegelrichtigen Anwendung des Einzelmikrofon-Verfahrens sowie der horizontale Quellwinkel φ_{QB}, unter dem die Schallausbreitung um die Seitenkante des Schallschirms auftritt, für verschiedene Höhen des Schallschirms und Quellhöhen dargestellt. Darin ist zu erkennen, dass die erforderliche Mindestlänge des Schallschirms annähernd linear mit der Höhe der zu untersuchenden Wand ansteigt. Erwartungsgemäß nimmt die erforderliche Mindestlänge des Schallschirms für eine Quellhöhe von 0,01 m größere Werte an als für eine Quellhöhe von 0,5 m bei gleicher Höhe der Wand.

Tabelle 4.6: Gegenüberstellung der effektiven Schirmhöhe der Oberkante des Schallschirms $h_{\mathrm{eff\ o}}$, der resultierenden erforderlichen Mindestlänge L_{min} des Schallschirms zur pegelrichtigen Anwendung des EM-Verfahrens sowie des horizontalen Quellwinkels φ_{QB}, unter dem die Schallausbreitung um die Seitenkante des Schallschirms auftritt für verschiedene Höhen des Schallschirms und Quellhöhen

Höhe der Lsw in m	Quellhöhe in m	$h_{\mathrm{eff\ o}}$ in m	L_{min} in m	φ_{QB} in °
3	0,5	1,4	15,7	±24,3
3	0,01	1,8	20,2	±30,1
5	0,5	3,4	38,1	±47,6
5	0,01	3,7	41,4	±50,0
7	0,5	5,4	60,5	±60,1
7	0,01	5,7	63,8	±61,4
9	0,5	7,4	82,9	±67,3
9	0,01	7,7	86,2	±68,1

Bild 4.21 zeigt die Prinzipdarstellung des Lokalisationsergebnisses des Mikrofonarray-Messsystems an der finiten Lärmschutzwand in ungestörter akustischer Umgebung. Dabei setzt sich der Gesamt-Leistungsdichtepegel L_{S} aus drei wesentlichen Anteilen – L_{SA}, L_{SB1} und L_{SB2} – zusammen, die im Allgemeinen nicht direkt voneinander getrennt werden können. Der Teil-Leistungsdichtepegel

$$L_{\mathrm{SA}}\left(\vec{x}_{\mathrm{F}}, \vec{x}_{\mathrm{Q}}\right) = L_{\mathrm{SA}}\left(\mathrm{x}, 0\right) = L_{\mathrm{SA}}\left(\mathrm{x}\right) \tag{4.104}$$

beschreibt die Abbildung der für das neuartige Messverfahren interessierenden Schallquelle an der Oberkante des Schallschirms durch das Mikrofonarray. L_{SA} entspricht dem absoluten A-bewerteten Schalldruckpegel, der von der Schallquelle hinter der Lärmschutzwand durch Schallausbreitung über die Schirmoberkante an der Position $\mathrm{x} = 0$ m bei Fokussierung des Mikrofonarrays im Arraymittelpunkt hervorgerufen wird. Die verbleibenden Anteile L_{SB1} und L_{SB2} stellen

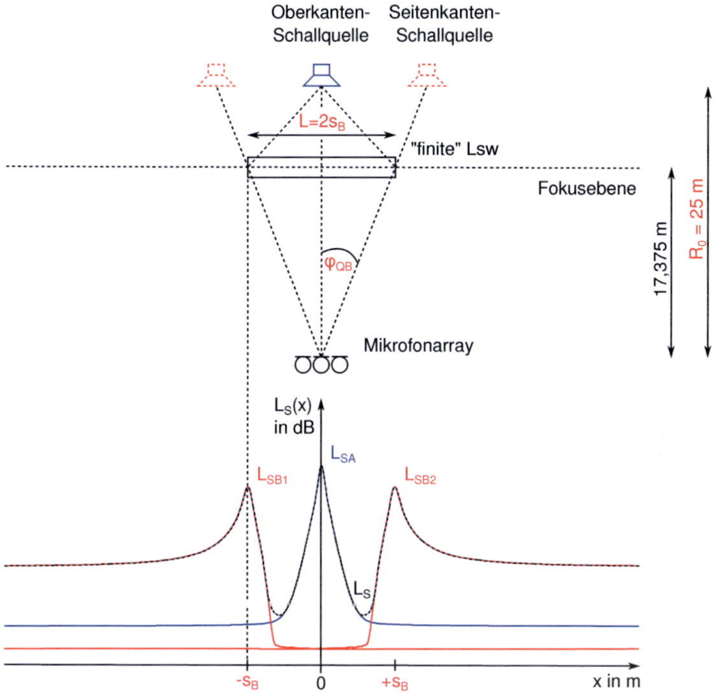

Bild 4.21: Prinzipdarstellung des Lokalisationsergebnisses des MA-Messsystems an einer finiten Lsw in ungestörter akustischer Umgebung

die Abbildungen der beiden Schallquellen an der linken und der rechten Seitenkante des finiten Schallschirms durch das Mikrofonarray dar. Es kann davon ausgegangen werden, dass beide Schallquellen mit gleicher Quellstärke lokalisiert werden. Der Teil-Leistungsdichtepegel

$$L_{\mathrm{SB}}\left(\vec{x}_{\mathrm{F}}, \vec{x}_{\mathrm{Q}}\right) = L_{\mathrm{SB}}\left(\mathrm{x}, -s_{\mathrm{B}}\right) = L_{\mathrm{SB}}\left(\mathrm{x}\right) \tag{4.105}$$

entspricht daher stellvertretend dem A-bewerteten Schalldruckpegel, der von der Schallquelle hinter der Lärmschutzwand durch Schallausbreitung über die Schirmseitenkante an der Position $\mathrm{x} = -s_{\mathrm{B}}$ bei Fokussierung des Mikrofonarrays im Arraymittelpunkt hervorgerufen wird. s_{B} ist gleich der halben Länge der finiten Wand.

Um die pegelrichtige Lokalisation der interessierenden Schallquelle an der Oberkante des Schallschirms durch das Mikrofonarray in ungestörter akustischer Umgebung zu gewährleisten, muss der Leistungsdichtepegel $L_{\mathrm{SA}}(\mathrm{x})$ an der Stelle $\mathrm{x} = 0$ m um mindestens $\Delta L_{\mathrm{p\ min}} = 15$ dB größer sein als der Leistungsdichtepegel $L_{\mathrm{SB}}(\mathrm{x})$ der Schallquelle im Bereich der Seitenkante des Schallschirms:

$$L_{\mathrm{SA}}(0) - L_{\mathrm{SB}}(0) \geq \Delta L_{\mathrm{p\ min}}. \tag{4.106}$$

Analog zu Gleichung (4.103) gemäß [VDI97] basiert dieser Ansatz auf der energetischen Überlagerung der schalltechnischen Wirkung der Einzelquellen am Immissionsort. In [Sch04] wurde gezeigt, dass der Gesamt-Leistungsdichtepegel zweier lokalisierter inkohärenter Schallquellen durch energetische Addition der Leistungsdichtepegel der Einzelquellen berechnet werden kann. Unter der Berücksichtigung, dass der relative Pegel des logarithmierten Arraypatterns

$$L_{W\mathrm{B}}\left(\vec{x}_{\mathrm{F}}, \vec{x}_{\mathrm{Q}}\right) = L_{W\mathrm{B}}\left(\mathrm{x}, -s_{\mathrm{B}}\right) = L_{W\mathrm{B}}\left(\mathrm{x}\right) \tag{4.107}$$

und der relative Leistungsdichtepegel $L_{\mathrm{SB}}(\mathrm{x})$ der Schallquelle im Bereich der Seitenkante des Schallschirms gleich groß sind, ergibt sich $L_{\mathrm{SB}}(\mathrm{x})$ an der Position $\mathrm{x} = 0$ m zu

$$L_{\mathrm{SB}}(0) = L_{\mathrm{SB}}\left(-s_{\mathrm{B}}\right) + L_{W\mathrm{B}}(0). \tag{4.108}$$

Auf der Basis von

$$L_{\mathrm{SA}}(0) - L_{\mathrm{SB}}\left(-s_{\mathrm{B}}\right) = \Delta L_{\mathrm{p\ Lsw\ s}}\left(-s_{\mathrm{B}}\right) - \Delta L_{\mathrm{p\ Lsw\ o}} \tag{4.109}$$

geht Bedingung (4.106) schließlich in

$$\Delta L_{\mathrm{p\ Lsw\ s}}\left(-s_{\mathrm{B}}\right) - \Delta L_{\mathrm{p\ Lsw\ o}} - L_{W\mathrm{B}}(0) \geq \Delta L_{\mathrm{p\ min}} \tag{4.110}$$

über. Der direkte Vergleich von Bedingung (4.110) und Bedingung (4.103) verdeutlicht, dass bei ausreichender Richtwirkung des Mikrofonarrays die Anforderungen an die Minderung des Schalldruckpegels am Referenzort bei Schallausbreitung um die Seitenkante des Schallschirms $\Delta L_{\mathrm{p\ Lsw\ s}}\left(-s_{\mathrm{B}}\right)$, im Gegensatz zum Einsatz des Einzelmikrofon-Verfahrens, verringert werden können. Dadurch reduziert sich die erforderliche Mindestlänge der Lärmschutzwand. Für den speziellen Fall, dass $\Delta L_{\mathrm{p\ Lsw\ s}}\left(-s_{\mathrm{B}}\right) = \Delta L_{\mathrm{p\ Lsw\ o}}$ ist, muss das logarithmierte Arraypattern $L_{W\mathrm{B}}(\mathrm{x})$ der Schallquelle im Bereich der Seitenkante des Schallschirms an der Position $\mathrm{x} = 0$ m auf mindestens $-\Delta L_{\mathrm{p\ min}} = -15$ dB abgefallen sein. Für die pegelrichtige Anwendung des Mikrofonarray-Verfahrens in ungestörter akustischer Umgebung kann daher mit

$$\mathrm{SNR}_{\mathrm{min}} = \Delta L_{\mathrm{p\ min}} \tag{4.111}$$

eine erforderliche Mindest-Nebenkeulenunterdrückung des zu optimierenden Arraypatterns des eingesetzten Mikrofonarrays definiert werden.

4.2.3 Berechnungen für finiten Schallschirm in gestörter Umgebung

Untersuchungen in [Rei73] ergaben, dass es zu einem deutlich hörbaren, nahezu sprunghaften Anstieg des Schalldruckpegels am Immissionsort kommt, wenn ein Fahrzeug die Stelle einer abrupt endenden Lärmschutzwand passiert (vgl. Bild 4.22, oben). Der Pegelanstieg resultiert aus dem nahezu sprunghaften Übergang der Minderung des Schalldruckpegels am Referenzort $\Delta L_{\mathrm{p\ Lsw}}$ bei Schallausbreitung über die vorhandene Lärmschutzwand über reflektierendem Boden zur Minderung des Schalldruckpegels $\Delta L_{\mathrm{p\ frei}}$ bei freier Schallausbreitung über reflektierendem Boden.

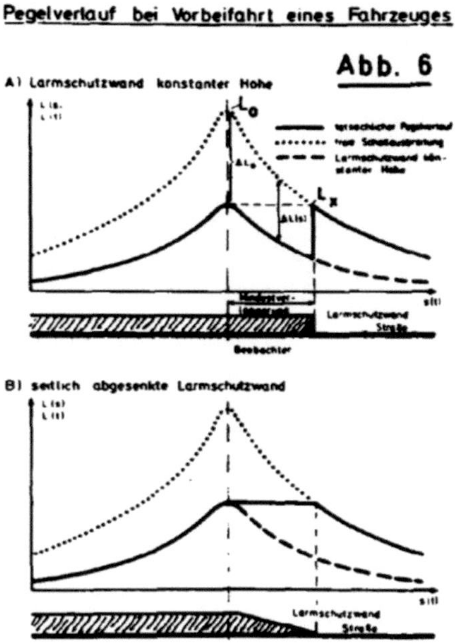

Bild 4.22: Vorhersage des prinzipiellen Verlaufs des Schalldruckpegels am Immissionsort bei Vorbeifahrt eines Fahrzeugs an einer abrupt endenden Lsw (oben) und einer seitlich abgesenkten Lsw (unten) aus [Rei73]

Bild 4.23 zeigt die Prinzipdarstellung des beschriebenen Sachverhalts am Beispiel der Teilergebnisse der Berechnung der schalltechnischen Wirksamkeit einer schallharten semi-infiniten Lärmschutzwand in Abhängigkeit vom horizontalen Quellwinkel φ_Q aus Bild 4.17 für eine Höhe der Wand von 3 m (Quellhöhe 0,5 m). Das abrupte Wandende ist durch den horizontalen Quellwinkel $\varphi_\mathrm{Q} = \varphi_\mathrm{QB}$ gekennzeichnet. Gemäß *MAEKAWA* beträgt das Abschirmmaß eines dünnen schallharten semi-infiniten Schallschirms bei vorhandener Sichtlinie zwischen Quelle und Empfänger 5 dB (s. Gleichung (4.50); $N_\mathrm{Fr} = 0$). Um diesen Wert fällt die Minderung des Schalldruckpegels am Referenzort bei Schallausbreitung um die Seitenkante der abrupt endenden Lärmschutzwand für $\varphi_\mathrm{Q} = \varphi_\mathrm{QB}$ höher aus als die Minderung des Schalldruckpegels $\Delta L_\mathrm{p\ frei}$ bei freier Schallausbreitung über reflektierendem Boden. Durch seitliche Absenkung bzw. das Abtreppen des finiten Schallschirms kann der nahezu sprunghafte Anstieg des Schalldruckpegels am Immissionsort beim Passieren des Wandendes der Lärmschutzwand durch ein Fahrzeug verhindert werden (vgl. Bild 4.22, unten).

Bild 4.24 zeigt die Prinzipdarstellung des Lokalisationsergebnisses des Mikrofonarray-Messsystems an einer finiten Lärmschutzwand in gestörter akustischer Umgebung. Gegenüber der Anwendung des Mikrofonarray-Verfahrens in ungestörter akustischer Umgebung (vgl. Bild 4.21) wird der Gesamt-Leistungsdichtepegel L_S bei den vorliegenden Untersuchungen durch zwei weitere wesentliche Anteile – L_SC1 und L_SC2 – bestimmt, die im Allgemeinen nicht direkt voneinander getrennt werden können. L_SC1 und L_SC2 stellen die Abbildungen von zwei zu beiden Seiten des finiten Schallschirms auftretenden Stör-Schallquellen – z. B. zwei Fahrzeuge – durch das Mikrofonarray dar. Besitzen beide Fahrzeuge die gleiche Geschwindigkeit und den gleichen Abstand s_C zur Mitte der zu untersuchenden Lärmschutzwand, kann davon ausgegangen werden, dass

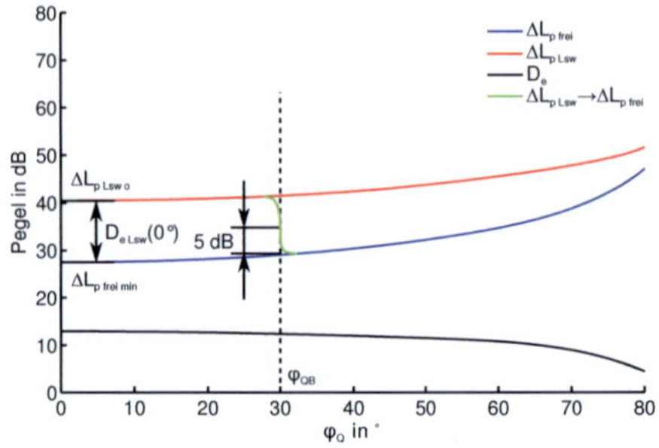

Bild 4.23: Prinzipdarstellung des nahezu sprunghaften Übergangs (grüne Kurve) von der Minderung des Schalldruckpegels am Referenzort $\Delta L_{\mathrm{p\ Lsw}}$ (rote Kurve) bei Schallausbreitung über eine semi-infinite Lsw über reflektierendem Boden zur Minderung des Schalldruckpegels am Referenzort $\Delta L_{\mathrm{p\ frei}}$ (blaue Kurve) bei freier Schallausbreitung über reflektierendem Boden im Bereich einer abrupt endenden Lsw (hor. Quellwinkel $\varphi_{\mathrm{Q}} = \varphi_{\mathrm{QB}}$); Teilergebnisse der Berechnung der schalltechnischen Wirksamkeit einer schallharten semi-infiniten Lsw in Abhängigkeit vom hor. Quellwinkel φ_{Q} aus Bild 4.17; Höhe der Lsw 3 m; Quellhöhe 0,5 m

die beiden Stör-Schallquellen den Gesamt-Leistungsdichtepegel gleich stark beeinflussen. Der Teil-Leistungsdichtepegel

$$L_{\mathrm{SC}}\left(\vec{x}_{\mathrm{F}}, \vec{x}_{\mathrm{Q}}\right) = L_{\mathrm{SC}}\left(\mathrm{x}, -s_{\mathrm{C}}\right) = L_{\mathrm{SC}}\left(\mathrm{x}\right) \tag{4.112}$$

entspricht daher stellvertretend dem A-bewerteten Schalldruckpegel, der von der Stör-Schallquelle an der Position $\mathrm{x} = -s_{\mathrm{C}}$ seitlich der Lärmschutzwand durch freie Schallausbreitung über reflektierendem Boden bei Fokussierung des Mikrofonarrays im Arraymittelpunkt hervorgerufen wird.

Um die pegelrichtige Lokalisation der interessierenden Schallquelle an der Oberkante des Schallschirms durch das Mikrofonarray in gestörter akustischer Umgebung zu gewährleisten, sind zwei Bedingungen zu erfüllen. Zum einen muss der Leistungsdichtepegel $L_{\mathrm{SA}}(\mathrm{x})$ an der Stelle $\mathrm{x} = 0$ m um mindestens $\Delta L_{\mathrm{p\ min}} = 18$ dB größer sein als der Leistungsdichtepegel $L_{\mathrm{SB}}(\mathrm{x})$ der Schallquelle im Bereich der Seitenkante des Schallschirms:

$$L_{\mathrm{SA}}(0) - L_{\mathrm{SB}}(0) \geq \Delta L_{\mathrm{p\ min}}. \tag{4.113}$$

Im Gegensatz zur Anwendung des Mikrofonarray-Verfahrens in ungestörter akustischer Umgebung fällt $\Delta L_{\mathrm{p\ min}}$ für den Einsatz des Array-Verfahrens in gestörter akustischer Umgebung damit um 3 dB höher aus. Analog zu Formel (4.106) bis Formel (4.110) geht Bedingung (4.113) in

$$\Delta L_{\mathrm{p\ Lsw\ s}}\left(-s_{\mathrm{B}}\right) - \Delta L_{\mathrm{p\ Lsw\ o}} - L_{W\mathrm{B}}(0) \geq \Delta L_{\mathrm{p\ min}} \tag{4.114}$$

über. Zum anderen muss der Leistungsdichtepegel $L_{\mathrm{SA}}(\mathrm{x})$ an der Stelle $\mathrm{x} = 0$ m um mindestens $\Delta L_{\mathrm{p\ min}} = 18$ dB größer sein als der Leistungsdichtepegel $L_{\mathrm{SC}}(\mathrm{x})$ der seitlich des finiten Schallschirms auftretenden Stör-Schallquelle:

$$L_{\mathrm{SA}}(0) - L_{\mathrm{SC}}(0) \geq \Delta L_{\mathrm{p\ min}}. \tag{4.115}$$

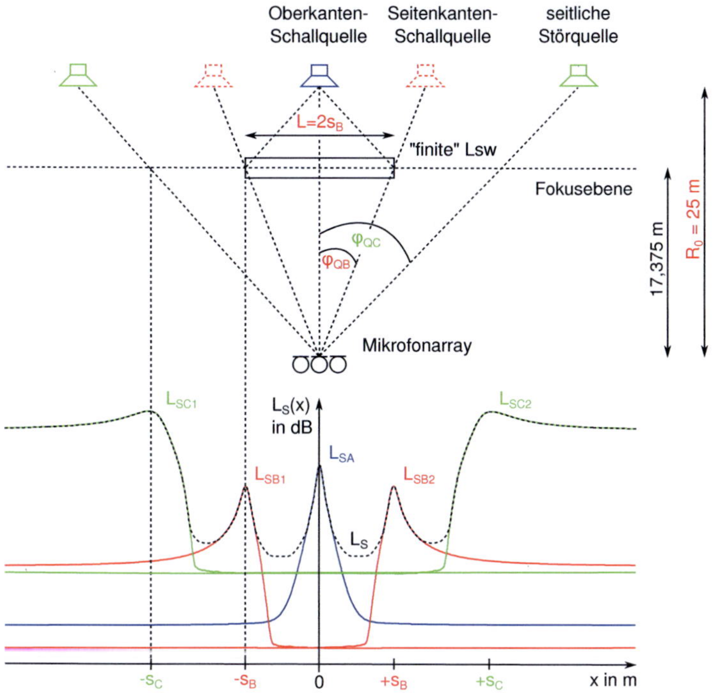

Bild 4.24: Prinzipdarstellung des Lokalisationsergebnisses des MA-Messsystems an einer finiten Lsw in gestörter akustischer Umgebung

Analog zu Gleichung (4.108) ergibt sich der Leistungsdichtepegel $L_{\mathrm{SC}}(\mathrm{x})$ an der Stelle $\mathrm{x} = 0$ m anhand des logarithmierten Arraypatterns der seitlich des finiten Schallschirms auftretenden Stör-Schallquelle

$$L_{W\mathrm{C}}\left(\vec{x}_{\mathrm{F}}, \vec{x}_{\mathrm{Q}}\right) = L_{W\mathrm{C}}\left(\mathrm{x}, -s_{\mathrm{C}}\right) = L_{W\mathrm{C}}\left(\mathrm{x}\right) \tag{4.116}$$

zu

$$L_{\mathrm{SC}}(0) = L_{\mathrm{SC}}\left(-s_{\mathrm{C}}\right) + L_{W\mathrm{C}}(0). \tag{4.117}$$

Auf der Basis von Gleichung (4.117) und

$$L_{\mathrm{SA}}(0) - L_{\mathrm{SC}}\left(-s_{\mathrm{C}}\right) = \Delta L_{\mathrm{p\ frei}}(-s_{\mathrm{C}}) - \Delta L_{\mathrm{p\ Lsw\ o}} \tag{4.118}$$

geht Bedingung (4.115) schließlich in

$$\Delta L_{\mathrm{p\ frei}}(-s_{\mathrm{C}}) - \Delta L_{\mathrm{p\ Lsw\ o}} - L_{W\mathrm{C}}(0) \geq \Delta L_{\mathrm{p\ min}} \tag{4.119}$$

über. Im kritischsten Fall für die Anwendung des Mikrofonarray-Verfahrens in gestörter akustischer Umgebung nimmt die von der Position der Stör-Schallquelle $x = -s_C$ abhängige Minderung des Schalldruckpegels am Referenzort $\Delta L_{p\ frei}(-s_C)$ bei freier Schallausbreitung über reflektierendem Boden ihren minimalen Wert an. Bild 4.23 zeigt, dass dies auf einen horizontalen Quellwinkel der Stör-Schallquelle von $\varphi_{QC} = 0°$ ($s_C = 0$ m) zutrifft. Anhand von

$$D_{e\ Lsw}(0°) = \Delta L_{p\ Lsw\ o} - \Delta L_{p\ frei}(0) \tag{4.120}$$

verändert sich Bedingung (4.119) damit zu

$$-D_{e\ Lsw}(0°) - L_{WC}(0) \geq \Delta L_{p\ min}. \tag{4.121}$$

Darin ist zu erkennen, dass das logarithmierte Arraypattern $L_{WC}(x)$ der seitlich des Schallschirms befindlichen Stör-Schallquelle an der Position $x = 0$ m auf mindestens $-(\Delta L_{p\ min} + D_{e\ Lsw}(0°))$ abgefallen sein muss. Für die pegelrichtige Anwendung des Mikrofonarray-Verfahrens in gestörter akustischer Umgebung kann daher mit

$$\mathrm{SNR}_{min} = \Delta L_{p\ min} + D_{e\ Lsw}(0°) \tag{4.122}$$

eine erforderliche Mindest-Nebenkeulenunterdrückung des zu optimierenden Arraypatterns des eingesetzten Mikrofonarrays definiert werden.

Tabelle 4.7 stellt die Einfügungsdämpfung der schallharten semi-infiniten Lärmschutzwand des Schallfeldszenarios aus Bild 4.11 für einen horizontalen Quellwinkel von $\varphi_Q = 0°$ der Mindest-Nebenkeulenunterdrückung SNR_{min} des zu optimierenden Arraypatterns des eingesetzten Mikrofonarrays gegenüber, die zur pegelrichtigen Anwendung des Array-Verfahrens in gestörter akustischer Umgebung für verschiedene Höhen des Schallschirms und Quellhöhen erforderlich ist. Erwartungsgemäß steigt SNR_{min} mit zunehmender Höhe des zu untersuchenden Schallschirms. Um das neuartige Mikrofonarray-Verfahren zur pegelrichtigen In-situ-Bestimmung der Einfügungsdämpfung einer finiten Lärmschutzwand von maximal 9 m Höhe in gestörter akustischer Umgebung anwenden zu können, muss das zu optimierende Arraypattern des eingesetzten Linienarrays eine Mindest-Nebenkeulenunterdrückung von 40 dB bzw. 42 dB (Quellhöhe 0,5 m bzw. 0,01 m) aufweisen.

Tabelle 4.7: Gegenüberstellung der Einfügungsdämpfung der schallharten semi-infiniten Lsw des Schallfeldszenarios aus Bild 4.11 für einen hor. Quellwinkel von $\varphi_Q = 0°$ und der resultierenden erforderlichen Mindest-Nebenkeulenunterdrückung SNR_{min} des zu optimierenden Arraypatterns des Linienarrays zur pegelrichtigen Anwendung des MA-Verfahrens für verschiedene Höhen des Schallschirms und Quellhöhen

Höhe der Lsw in m	Quellhöhe in m	$D_{e\ Lsw}(0°)$ in dB	SNR_{min} in dB
3	0,5	12,9	30,9
3	0,01	14,5	32,5
5	0,5	17,7	35,7
5	0,01	19,0	37,0
7	0,5	20,2	38,2
7	0,01	21,7	39,7
9	0,5	22,1	40,1
9	0,01	23,8	41,8

5 AUSLEGUNG DES MESSSYSTEMS

Ziel dieses Abschnitts ist die Auslegung des Messsystems für die spezifische Anwendung der In-situ-Bestimmung der Einfügungsdämpfung an verkürzten Lärmschutzwänden. Dazu werden im Folgenden die Richtcharakteristik des Linienarrays optimiert und der Anwendungsbereich des optimierten Mikrofonarray-Messsystems ermittelt.

5.1 OPTIMIERUNG DER RICHTCHARAKTERISTIK DES MIKROFON-ARRAYS

5.1.1 Mikrofonanordnung

Den Ausgangspunkt für die Optimierung der Richtcharakteristik des Mikrofonarrays stellt die in [Sch04] vorgestellte numerische Synthese dar. Das Grundprinzip dieses Verfahrens basiert auf der Vorgabe einer parametrisierten Mikrofonanordnung in Verbindung mit einem definierten Parametersatz. Der Parametersatz setzt sich aus verschiedenen hardware- und anwendungsbedingten Größen zusammen, die die Form des Arraypatterns gemäß Gleichung (3.23) direkt beeinflussen.

Die eingesetzte Mikrofonanzahl des Arrays ist abhängig von der Kanalanzahl und der Bandbreite des Datenbusses der eingesetzten Datenakquisitions-Hardware. Um eine kohärente Addition der Schalldruck-Zeitsignale der einzelnen Mikrofone durch gezielte Amplituden- und Phasenkorrektur zu ermöglichen, ist es erforderlich, die analogen Messgrößen samplesynchron zu digitalisieren. Das Messsystem, das für die Untersuchungen zur Verfügung stand, unterstützt bei einer Abtastfrequenz von 48 kHz und einer digitalen Auflösung von 16 Bit maximal 32 Mikrofone.

Der für die Anwendung des neuartigen Messverfahrens mit Mikrofonarray relevante Frequenzbereich wird durch die spektrale Charakteristik der Schallabstrahlung des zu lokalisierenden Fahrzeugs bestimmt. Die niedrigste zu analysierende Frequenz der emittierten Schallwellen legt die erforderliche minimale Ausdehnung des Mikrofonarrays (Arraybreite) fest. Gemäß [DIN97] liegt der energetische Schwerpunkt des standardisierten Verkehrslärmspektrums zwischen 315 Hz und 3,15 kHz. Basierend auf Erfahrungen wird die Arraybreite daher auf 2,6 m festgelegt. Im Allgemeinen bestimmt die Ausdehnung des zu untersuchenden Objekts die Größe der wählbaren Scanebene (Fokuspunktkoordinaten) und deren Entfernung vom Mikrofonarray. Gemäß dem bisher eingesetzten Einzelmikrofon-Verfahren zur Bestimmung der Einfügungsdämpfung von Lärmschutzwänden wird für die Optimierung der Richtcharakteristik des Mikrofonarrays, jedoch unabhängig von der Länge des zu lokalisierenden Fahrzeugs, ein Arrayabstand von 25 m gewählt. Bei einem horizontalen Fokuswinkel von $\varphi_{\mathrm{F}} = \pm 85°$ besitzt die betrachtete Scanebene eine horizontale Ausdehnung von ± 285 m.

Für die gewählte Mikrofonanordnung in Verbindung mit einem definierten Parametersatz wird das Arraypattern im relevanten Frequenzbereich gemäß Gleichung (3.23) berechnet. Anschließend erfolgt die Bestimmung der in Abschnitt 3.1 vorgestellten Qualitätskriterien Hauptkeulenbreite und Nebenkeulenunterdrückung. Gemäß [Sch04] fließen die einzelnen bestimmten frequenzabhängigen Qualitätskriterien $x_{\mathrm{n}}(f)$ (n=1,2) in definierte spezifische Teilkostenfunktionen $C_{\mathrm{n}}\left(x_{\mathrm{n}}(f)\right)$ ein, deren Ergebnisse mit c_{n} gewichtet und arithmetisch zu einer Gesamtkostenfunktion

$$C_{\mathrm{ges}}(f) = \sum_{n} c_{\mathrm{n}} C_{\mathrm{n}}\left(x_{\mathrm{n}}(f)\right) \tag{5.1}$$

verknüpft werden. Die anschließende Summierung von $C_{\mathrm{ges}}(f)$ im relevanten Frequenzbereich ermöglicht es, die Qualität der betrachteten Mikrofonanordnung durch ein einzelnes Kriterium zu beschreiben und damit die parametrisierte Mikrofonanordnung zu steuern. Ähnlichkeitsuntersuchungen in [Sch04] zeigten, dass es zur Optimierung des Arraypatterns im Fernfeld des Mikrofonarrays ausreichend ist, ausschließlich das Arraypattern der höchsten relevanten Frequenz zu betrachten. Die Minimierung der im relevanten Frequenzbereich summierten Gesamtkostenfunktion

$$\sum_{f} C_{\mathrm{ges}}(f) \rightarrow \text{Minimum} \tag{5.2}$$

gewährleistet schließlich die Ermittlung einer Mikrofonanordnung mit optimierter Richtcharakteristik. Die prinzipielle Vorgehensweise der beschriebenen Optimierungsstrategie aus [Sch04] ist in Bild 5.1 zusammenfassend dargestellt.

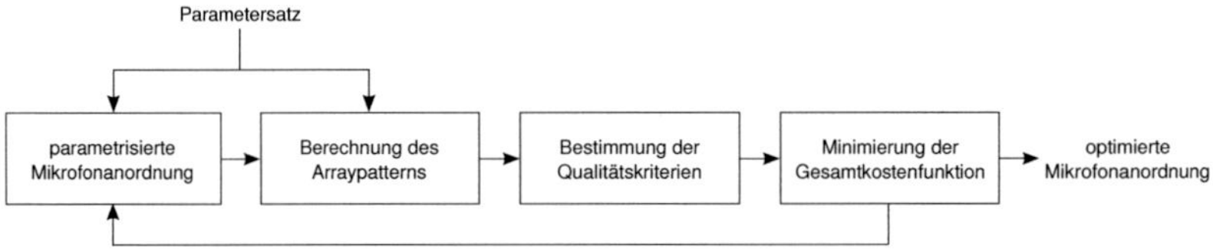

Bild 5.1: Prinzipielle Vorgehensweise der in [Sch04] vorgestellten Optimierungsstrategie der numerischen Synthese

Bild 5.2 zeigt die Mikrofonanordnung des auf Basis der in [Sch04] vorgestellten numerischen Synthese optimierten 32-elementigen Linienarrays. Für das neuartige Mikrofonarray-Verfahren ist die getrennte Lokalisation der Schallemission im Bereich des Reifen-Fahrbahn-Kontakts von vorderer und hinterer Fahrzeugachse (örtliche Auflösung) gegenüber der erforderlichen Nebenkeulenunterdrückung von untergeordneter Bedeutung (vgl. Abschnitt 4.2). Im vorliegenden Fall wurde daher der Wichtungsfaktor c_{n} für die Hauptkeulenbreite gleich Null gesetzt.

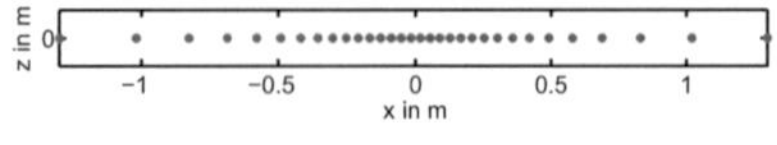

Bild 5.2: 32-elementiges Linienarray mit optimierter Mikrofonanordnung; Arraybreite 2,6 m

Das spektrale Arraypattern des 32-elementigen Linienarrays mit optimierter Mikrofonanordnung aus Bild 5.2 ist in Bild 5.4 im Frequenzbereich von 100 Hz bis 10 kHz (Einzelfrequenzen) für senkrechten Schalleinfall (horizontaler Quellwinkel $\varphi_Q = 0°$) dargestellt. Es ist deutlich zu erkennen, dass die Hauptkeulenbreite mit zunehmender Frequenz sinkt. Im Frequenzbereich zwischen 500 Hz und 1 kHz wird teilweise eine Nebenkeulenunterdrückung bis ca. 40 dB erreicht. Erwartungsgemäß treten mit steigender Frequenz vermehrt Nebenkeulen im spektralen Arraypattern auf und die Nebenkeulenunterdrückung sinkt. Für die Mittenfrequenz des höchsten relevanten Terzbands von 3,15 kHz beträgt die Nebenkeulenunterdrückung weniger als 15 dB (vgl. Bild 5.5). Die Untersuchungen in [Sch04] ergaben, dass das Nebenkeulenmuster des Arraypatterns zur Charakterisierung von breitbandigen Schallquellen durch Anwendung der Frequenzbandmittelung stark gemindert werden kann. Zur Lokalisation des vorwiegend breitbandigen Fahrzeugs-Geräuschs im Bereich der Lärmschutzwand ist diese Vorgehensweise innerhalb der vorliegenden Untersuchungen zielführend. Infolge der Terzbandmittelung erhöht sich die Nebenkeulenunterdrückung des Arraypatterns des Linienarrays mit optimierter Mikrofonanordnung im Terzband von 3,15 kHz auf ca. 19 dB (s. Bild 5.6). Die Nebenkeulenunterdrückung fällt damit um ca. 7 dB höher aus als die in [MUS+02] mit

$$\mathrm{E}\{\mathrm{SNR}\} = 10 \cdot \lg M \text{ dB} - 3 \text{ dB} \tag{5.3}$$

angegebene, zu erwartende mittlere Nebenkeulenunterdrückung eines Flächenarrays mit zufälliger Mikrofonanordnung bei gleicher Mikrofonanzahl M von 32.

Zur Einordnung der Leistungsfähigkeit sollen die Ergebnisse des optimierten Mikrofonarrays der Richtcharakteristik eines 32-elementigen Linienarrays mit äquidistanter Mikrofonanordnung aus Bild 5.3 gegenübergestellt werden.

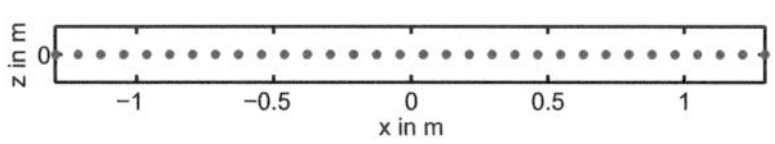

Bild 5.3: 32-elementiges Linienarray mit äquidistanter Mikrofonanordnung; Arraybreite 2,6 m

Analog zu Bild 5.4 zeigt Bild 5.7 das spektrale Arraypattern im Frequenzbereich von 100 Hz bis 10 kHz für senkrechten Schalleinfall (horizontaler Quellwinkel $\varphi_Q = 0°$). Im Vergleich zur örtlichen Auflösung des Linienarrays mit optimierter Mikrofonanordnung nimmt die Hauptkeulenbreite des Arraypatterns des äquidistanten Mikrofonarrays um ca. 30 % geringere Werte an. Gleichzeitig tritt jedoch unmittelbar neben der Hauptkeule eine amplitudenstarke erste Nebenkeule auf. Diese begrenzt die Nebenkeulenunterdrückung des Arraypatterns im gesamten relevanten Frequenzbereich deutlich. Für die Mittenfrequenz des höchsten relevanten Terzbands von 3,15 kHz beträgt die Nebenkeulenunterdrückung ca. 13 dB (vgl. Bild 5.8). Die Terzbandmittelung bewirkt nahezu keine Minderung der Amplitude der ersten Nebenkeule (s. Bild 5.9). Ein weiterer Unterschied der Richtcharakteristik der beiden betrachteten Mikrofonarrays fällt im Frequenzbereich um ca. 4 kHz sowie um ca. 8 kHz auf. Das Arraypattern des Linienarrays mit äquidistanter Mikrofonanordnung zeigt deutliche periodische Hauptmaxima infolge der örtlichen Unterabtastung der einfallenden Schallwelle. Diese begrenzen den eindeutig auswertbaren Arbeitsfrequenzbereich des Mikrofonarrays.

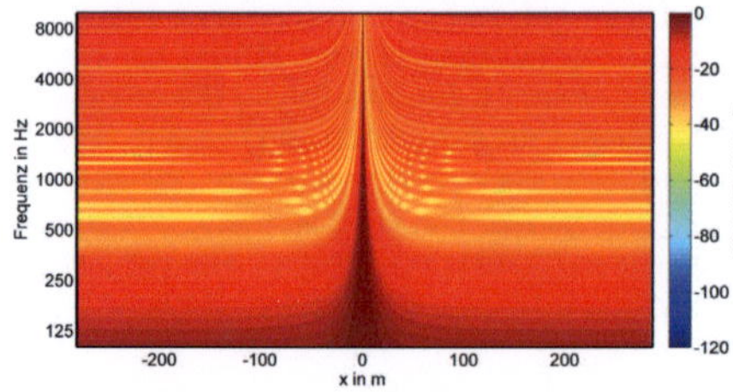

Bild 5.4: Spektrales Arraypattern des 32-elementigen Linienarrays mit optimierter Mikrofonanordnung aus Bild 5.2; Arraybreite 2,6 m; Frequenzbereich 100 Hz bis 10 kHz; Array-Quell-Abstand 25 m; horizontaler Quellwinkel $\varphi_\mathrm{Q} = 0°$ ($\mathrm{x} = 0$ m); horizontaler Fokuswinkel -85° $\leq \varphi_\mathrm{F} \leq$ 85° (-285 m $\leq \mathrm{x} \leq$ 285 m)

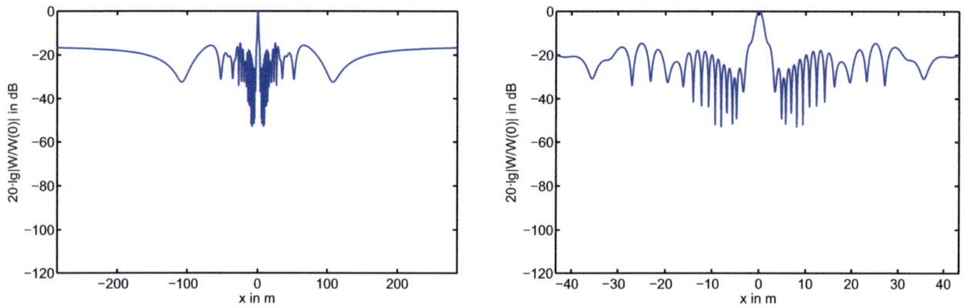

Bild 5.5: Einzelfrequenz-Arraypattern des 32-elementigen Linienarrays mit optimierter Mikrofonanordnung aus Bild 5.2; Arraybreite 2,6 m; Einzelfrequenz 3,15 kHz; Array-Quell-Abstand 25 m; horizontaler Quellwinkel $\varphi_\mathrm{Q} = 0°$ ($\mathrm{x} = 0$ m);
links: horizontaler Fokuswinkel -85° $\leq \varphi_\mathrm{F} \leq$ 85° (-285 m $\leq \mathrm{x} \leq$ 285 m);
rechts: horizontaler Fokuswinkel -60° $\leq \varphi_\mathrm{F} \leq$ 60° (-43,3 m $\leq \mathrm{x} \leq$ 43,3 m)

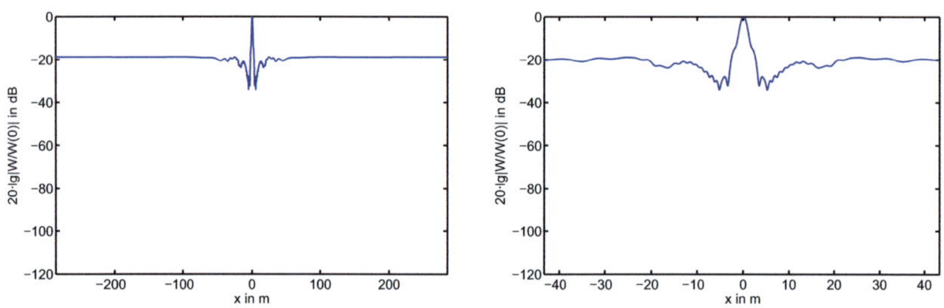

Bild 5.6: Terzband-Arraypattern des 32-elementigen Linienarrays mit optimierter Mikrofonanordnung aus Bild 5.2; Arraybreite 2,6 m; Terzmittenfrequenz 3,15 kHz; Array-Quell-Abstand 25 m; horizontaler Quellwinkel $\varphi_\mathrm{Q} = 0°$ ($\mathrm{x} = 0$ m);
links: horizontaler Fokuswinkel -85° $\leq \varphi_\mathrm{F} \leq$ 85° (-285 m $\leq \mathrm{x} \leq$ 285 m);
rechts: horizontaler Fokuswinkel -60° $\leq \varphi_\mathrm{F} \leq$ 60° (-43,3 m $\leq \mathrm{x} \leq$ 43,3 m)

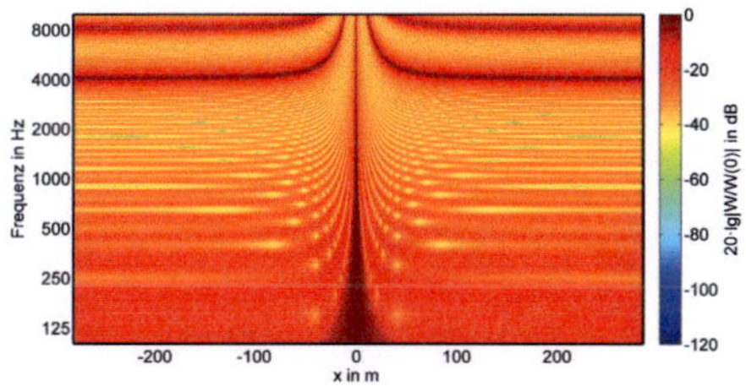

Bild 5.7: Spektrales Arraypattern eines 32-elementigen Linienarrays mit äquidistanter Mikrofonanordnung; Arraybreite 2,6 m; Frequenzbereich 100 Hz bis 10 kHz; Array-Quell-Abstand 25 m; horizontaler Quellwinkel $\varphi_Q = 0°$ (x = 0 m); hor. Fokuswinkel -85° $\leq \varphi_F \leq$ 85° (-285 m $\leq$ x $\leq$ 285 m)

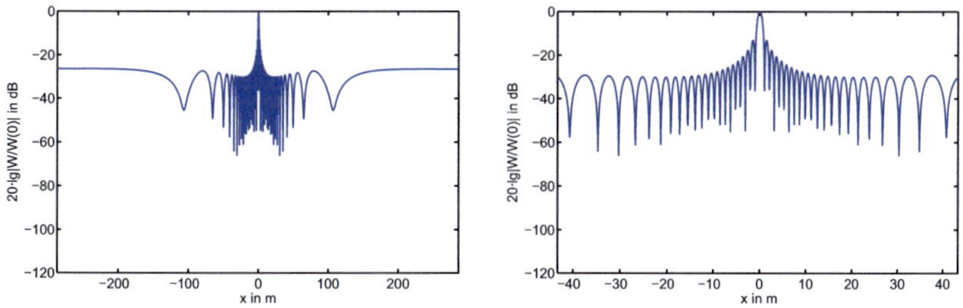

Bild 5.8: Einzelfrequenz-Arraypattern eines 32-elementigen Linienarrays mit äquidistanter Mikrofonanordnung; Arraybreite 2,6 m; Einzelfrequenz 3,15 kHz; Array-Quell-Abstand 25 m; horizontaler Quellwinkel $\varphi_Q = 0°$ (x = 0 m);
links: horizontaler Fokuswinkel -85° $\leq \varphi_F \leq$ 85° (-285 m $\leq$ x $\leq$ 285 m);
rechts: horizontaler Fokuswinkel -60° $\leq \varphi_F \leq$ 60° (-43,3 m $\leq$ x $\leq$ 43,3 m)

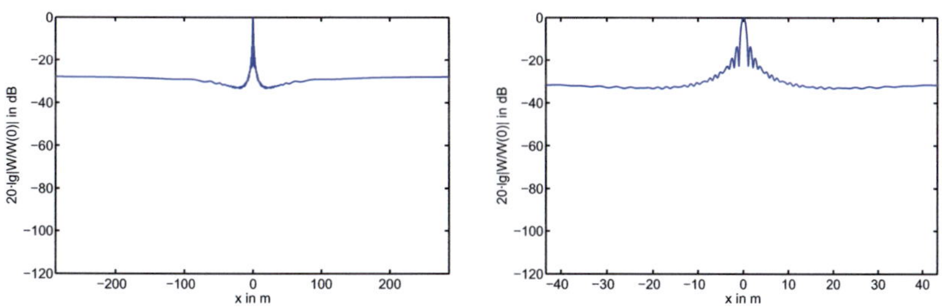

Bild 5.9: Terzband-Arraypattern eines 32-elementigen Linienarrays mit äquidistanter Mikrofonanordnung; Arraybreite 2,6 m; Terzmittenfrequenz 3,15 kHz; Array-Quell-Abstand 25 m; horizontaler Quellwinkel $\varphi_Q = 0°$ (x = 0 m);
links: horizontaler Fokuswinkel -85° $\leq \varphi_F \leq$ 85° (-285 m $\leq$ x $\leq$ 285 m);
rechts: horizontaler Fokuswinkel -60° $\leq \varphi_F \leq$ 60° (-43,3 m $\leq$ x $\leq$ 43,3 m)

Im Zusammenhang mit dem Auftreten von periodischen Hauptmaxima verweist *JOHNSON* in [JD93] auf die Definition des sogenannten diskreten Co-Arraypatterns

$$c(\vec{\chi}) = \sum_{(m_\mathrm{i},m_\mathrm{k})\in\Theta(\vec{\chi})} w_{\mathrm{mi}} w_{\mathrm{mk}}^{*} \tag{5.4}$$

(* Operator komplex konjugiert). $\Theta(\vec{\chi})$ beschreibt darin die Menge der Mikrofon-Indizes $(m_\mathrm{i}, m_\mathrm{k})$, die die Bedingung

$$\vec{x}_{\mathrm{mk}} - \vec{x}_{\mathrm{mi}} = \vec{\chi} \quad \text{für} \quad m_\mathrm{i}, m_\mathrm{k} = 1, 2, ..., M \tag{5.5}$$

erfüllen. Für eine unitäre Mikrofon-Wichtung entspricht das Co-Arraypattern der absoluten Häufigkeit des Auftretens eines richtungsabhängigen Abstands zweier Mikrofone innerhalb der betrachteten Mikrofonanordnung. Je mehr Elemente das Co-Arraypattern aufweist, desto größer ist der Bereich der unterstützten Wellenzahl-Vektoren des Mikrofonarrays. Ist ein spezifischer Mikrofonabstand häufiger als einmal in der Mikrofonanordnung enthalten, besitzt das Array eine gewisse Redundanz. Infolge dessen findet eine Mittelung der örtlichen Abtastung der einfallenden Schallwelle statt. An der Stelle $\vec{\chi} = \vec{0}$ nimmt das Co-Arraypattern mit der Mikrofonanzahl der betrachteten Mikrofonanordnung seinen maximalen Wert an. Nach *JOHNSON* steht das diskrete Co-Arraypattern mit

$$\left|W\left(\vec{k}_\mathrm{F}\right)\right|^2 = \sum_{\vec{\chi}} c(\vec{\chi}) \cdot \mathrm{e}^{\mathrm{j}\vec{k}_\mathrm{F}\vec{\chi}} \tag{5.6}$$

über eine Form der diskreten örtlichen Fourier-Transformation in direktem Zusammenhang mit dem Betragsquadrat des Fernfeld-Arraypatterns aus Gleichung (3.26). Treten im diskreten Co-Arraypattern Regelmäßigkeiten auf, führt dies in der Regel zu Periodizitäten im Arraypattern (vgl. [Hof98]). Dies trifft vor allem auf Linienarrays mit regelmäßiger, insbesondere äquidistanter Mikrofonanordnung zu. Letztere verursachen an der Stelle jeder M-ten Keule des Arraypatterns ein periodisches Hauptmaximum, dessen Amplitude der der Hauptkeule gleich ist (vgl. Bild 5.7 sowie Bild 5.25, rechts). Das regelmäßige Co-Arraypattern des 32-elementigen Linienarrays mit äquidistanter Mikrofonanordnung aus Bild 5.3 ist in Bild 5.10 dargestellt. Es weist die Form einer diskreten Dreiecksfunktion auf, die unter Berücksichtigung von Gleichung (5.6) ein Arraypattern von der Gestalt einer Spaltfunktion erzeugt (vgl. Bild 5.8, rechts).

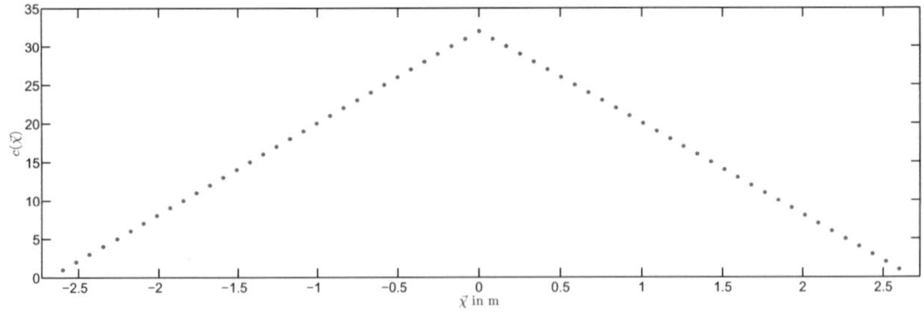

Bild 5.10: Co-Arraypattern eines 32-elementigen Linienarrays mit äquidistanter Mikrofonanordnung; Arraybreite 2,6 m

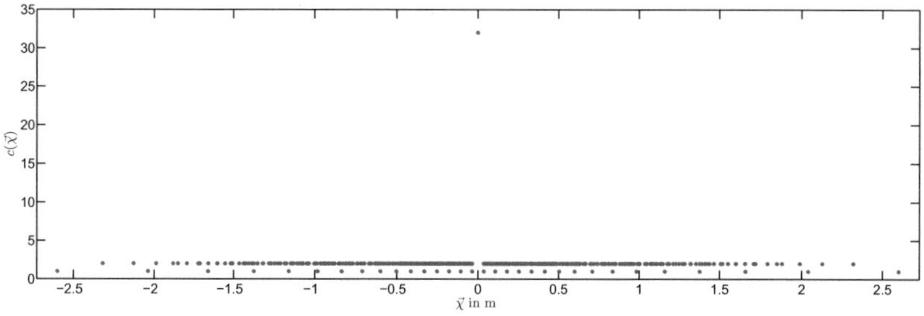

Bild 5.11: Co-Arraypattern des 32-elementigen Linienarrays mit optimierter Mikrofonanordnung aus Bild 5.2; Arraybreite 2,6 m

Ausschlaggebend für die Position der periodischen Hauptmaxima des Arraypatterns und damit für den eindeutig auswertbaren Arbeitsfrequenzbereich des Mikrofonarrays ist laut *JOHNSON* der minimale Abstand zwischen zwei Elementen des Co-Arraypatterns. Bild 5.11 zeigt das Co-Arraypattern des 32-elementigen Linienarrays mit optimierter Mikrofonanordnung aus Bild 5.2. Der im Vergleich zu Bild 5.10 deutlich kleinere minimale Elementabstand des Co-Arraypatterns bewirkt, dass die periodischen Hauptmaxima des Arraypatterns in Bild 5.4 gegenüber denen in Bild 5.7 bei höherer Frequenz sowie mit verminderter Amplitude auftreten. Die Minderung der örtlichen Aliasing-Effekte durch ein unregelmäßiges Co-Arraypattern geht stets zu Lasten der Mittelung der örtlichen Abtastung der einfallenden Schallwelle. Die Optimierung der Richtcharakteristik des Mikrofonarrays stellt damit stets einen Kompromiss beider Effekte dar.

5.1.2 Mikrofonwichtung

Abschnitt 5.1.1 zeigt, dass die Nebenkeulenunterdrückung des Linienarrays mit optimierter Mikrofonanordnung die in Abschnitt 4.2 definierten Anforderungen an das Mikrofonarray-Messsystem für die pegelrichtige Anwendung des neuartigen Mikrofonarray-Verfahrens in gestörter akustischer Umgebung nicht ausreichend erfüllt. Bei Betrachtung von Gleichung (3.23) ist jedoch ersichtlich, dass das Arraypattern des Mikrofonarrays neben der Mikrofonanordnung und den verschiedenen hardware- und anwendungsbedingten Größen ebenfalls durch die spezifischen Wichtungsfaktoren der einzelnen Mikrofone beeinflusst wird. Im Folgenden soll daher eine zweite Art der Optimierung der Richtcharakteristik des Mikrofonarrays vorgenommen werden.

Wie bereits erklärt, bewirkt die Anwendung eines Mikrofonarrays die örtliche Abtastung der einfallenden Schallwelle. Zu einem festen Zeitpunkt entspricht dies der Bestimmung des Schalldruck-Zeit-Signals der Quelle am Mikrofonarray. Zur effektiven Transformation von Zeitsignalen in den Frequenzbereich kommen in der Signal- und Bildverarbeitung typischerweise Fensterfunktionen zum Einsatz (vgl. z. B. [Hof98]). Je nach Wahl der spezifischen Fensterfunktion (z. B. [Har78], [Nut81]) lassen sich insbesondere die Frequenzauflösung des Signalspektrums über die Breite der Hauptkeule sowie die Nebenkeulenunterdrückung der Fourier-Transformierten der Fensterfunktion steuern. Die Idee der Anwendung solcher Fensterfunktionen auf die Mikrofonwichtung von Mikrofonarrays ist nicht neu (vgl. z. B. [JD93], [Tre02]). Die folgenden Untersuchungen bescheinigen jedoch, dass diese Vorgehensweise insbesondere für den spezifischen Fall von Linienarrays mit äquidistanter Mikrofonanordnung und damit für die Entwicklung des neuartigen Array-Verfahrens ein hohes Potenzial besitzt.

Eine spezielle Art von Fensterfunktionen basiert nach *HARRIS* in [Har78] auf der Summation von sogenannten verschobenen Dirichlet-Kernen. Für die Anwendung der diskreten Fourier-Transformation (DFT) erfolgt die allgemeine Beschreibung dieser Fensterfunktionen anhand von

$$w_W(n) = \sum_{m=0}^{N_{W/2}} (-1)^m \cdot a_m \cdot \cos\left(\frac{2\pi mn}{N_W}\right) \quad \text{für} \quad n = 0, 1, ..., N_W - 1 \tag{5.7}$$

mit

$$\sum_{m=0}^{N_{W/2}} a_m = 1. \tag{5.8}$$

HARRIS erklärt, dass die Anzahl K_W der Koeffizienten a_m, die einen Wert von ungleich Null annehmen, möglichst klein gehalten werden soll, um eine geringe Breite der Hauptkeule der Fourier-Transformierten des Fensters zu erzielen. Ein Beispiel für $K_W = 2$ ist die in der Signalverarbeitung verbreitet eingesetzte Formulierung

$$w_W(n) = a_0 - a_1 \cdot \cos\left(\frac{2\pi n}{N_W}\right) \quad \text{für} \quad n = 0, 1, ..., N_W - 1 \tag{5.9}$$

nach *HAMMING* mit $a_0 = 0,54$ und $a_1 = 0,46$. Das klassische *BLACKMAN*-Fenster basiert mit

$$w_W(n) = a_0 - a_1 \cdot \cos\left(\frac{2\pi n}{N_W}\right) + a_2 \cdot \cos\left(\frac{4\pi n}{N_W}\right) \quad \text{für} \quad n = 0, 1, ..., N_W - 1 \tag{5.10}$$

und $a_0 = 0,42$, $a_1 = 0,50$ sowie $a_2 = 0,08$ auf einer Koeffizientenanzahl von $K_W = 3$. Der Fensterfunktion von *BLACKMAN-NUTTALL* aus [Nut81] liegt mit

$$w_W(n) = a_0 - a_1 \cdot \cos\left(\frac{2\pi n}{N_W}\right) + a_2 \cdot \cos\left(\frac{4\pi n}{N_W}\right) - a_3 \cdot \cos\left(\frac{6\pi n}{N_W}\right) \quad \text{für} \quad n = 0, 1, ..., N_W - 1 \tag{5.11}$$

und $a_0 = 0,3635819$, $a_1 = 0,4891775$, $a_2 = 0,1365995$ sowie $a_3 = 0,0106411$ ein Wert von $K_W = 4$ zugrunde.

Aus Gründen einer angestrebten Axialsymmetrie des resultierenden Arraypatterns des Linienarrays für senkrechten Schalleinfall erfolgt in Kenntnis der daraus folgenden geringfügigen Erhöhung der Hauptkeulenbreite die Übertragung der Fensterfunktionen auf die Mikrofonwichtung in axialsymmetrischer Form. Dies bedeutet, dass die einem Mikrofon zugewiesene Wichtung w_m nicht vom Richtungssinn des Ortsvektors des Mikrofons, sondern ausschließlich von dessen Betrag, dem Abstand des Mikrofons vom Arraymittelpunkt, abhängt. Beispielhaft für die *HAMMING*-Mikrofonwichtung verändert sich Gleichung (5.9) damit zu

$$w_m = a_0 - a_1 \cdot \cos\left(2\pi \frac{|\vec{x}_m| + b/2}{b}\right) \quad \text{für} \quad m = 1, 2, ..., M. \tag{5.12}$$

Dabei beschreibt b die Breite des Mikrofonarrays.

Bild 5.12 bis Bild 5.14 zeigen die Mikrofonwichtung nach *HAMMING* (Gleichung 5.12), *BLACKMAN* und *BLACKMAN-NUTTALL* bei Anwendung auf das 32-elementige Linienarray mit äquidistanter Mikrofonanordnung aus Bild 5.3. Darin ist zu erkennen, dass die einem Mikrofon zugewiesene Wichtung mit zunehmendem Abstand des Mikrofons vom Arraymittelpunkt und mit steigender Koeffizientenanzahl K_W sinkt.

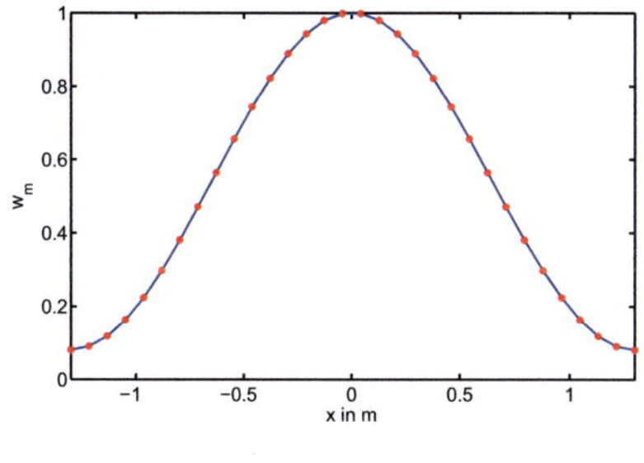

Bild 5.12: Anwendung von *HAMMING*-Mikrofonwichtung auf ein 32-elementiges Linienarray mit äquidistanter Mikrofonanordnung; Arraybreite 2,6 m

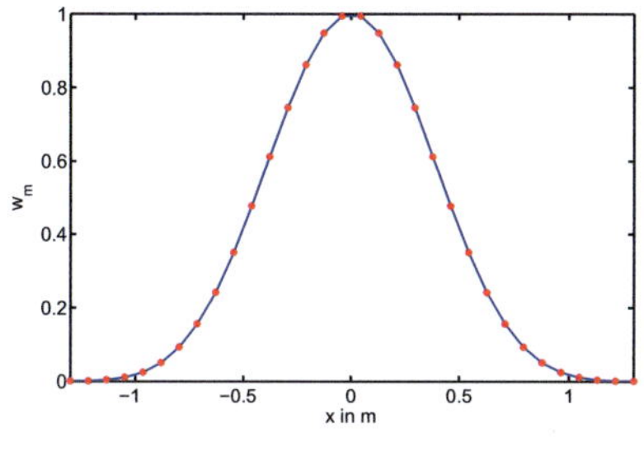

Bild 5.13: Anwendung von *BLACKMAN*-Mikrofonwichtung auf ein 32-elementiges Linienarray mit äquidistanter Mikrofonanordnung; Arraybreite 2,6 m

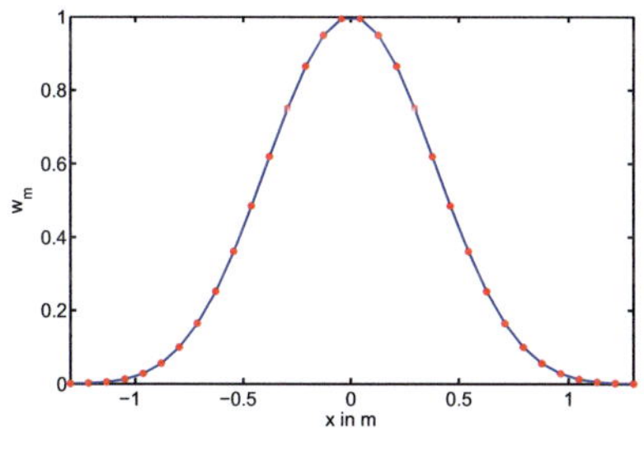

Bild 5.14: Anwendung von *BLACKMAN-NUTTALL*-Mikrofonwichtung auf ein 32-elementiges Linienarray mit äquidistanter Mikrofonanordnung; Arraybreite 2,6 m

Die resultierenden Arraypattern des Mikrofonarrays nach Anwendung der Mikrofonwichtung sind in Bild 5.15 bis Bild 5.17 (*HAMMING*), Bild 5.18 bis Bild 5.20 (*BLACKMAN*) sowie Bild 5.21 bis Bild 5.23 (*BLACKMAN-NUTTALL*) analog zu den Ergebnissen bei unitärer Mikrofonwichtung aus Bild 5.7 bis Bild 5.9 für senkrechten Schalleinfall ($\varphi_{\mathrm{Q}} = 0°$) dargestellt. Wie *HARRIS* in [Har78] erklärt, erhöht sich die Hauptkeulenbreite des Arraypatterns mit steigender Koeffizientenanzahl K_{W} bei gleichzeitiger Vergrößerung der Nebenkeulenunterdrückung.

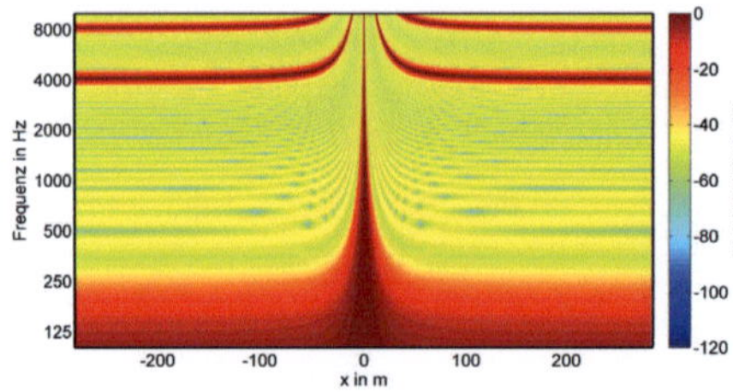

Bild 5.15: Spektrales Arraypattern eines 32-elementigen Linienarrays mit äquidistanter Mikrofonanordnung bei Anwendung von *HAMMING*-Mikrofonwichtung; Arraybreite 2,6 m; Frequenzbereich 100 Hz bis 10 kHz; Array-Quell-Abstand 25 m; horizontaler Quellwinkel $\varphi_\mathrm{Q} = 0°$ ($\mathrm{x} = 0$ m); horizontaler Fokuswinkel -85° $\leq \varphi_\mathrm{F} \leq$ 85° (-285 m $\leq \mathrm{x} \leq$ 285 m)

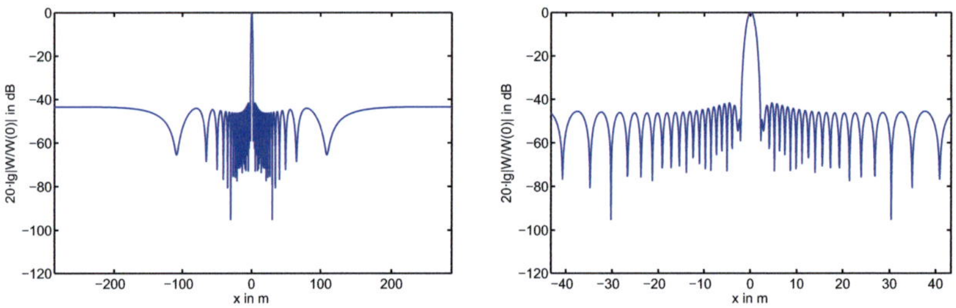

Bild 5.16: Einzelfrequenz-Arraypattern eines 32-elementigen Linienarrays mit äquidistanter Mikrofonanordnung bei Anwendung von *HAMMING*-Wichtung; Arraybreite 2,6 m; Einzelfrequenz 3,15 kHz; Array-Quell-Abstand 25 m; hor. Quellwinkel $\varphi_\mathrm{Q} = 0°$ ($\mathrm{x} = 0$ m);
links: horizontaler Fokuswinkel -85° $\leq \varphi_\mathrm{F} \leq$ 85° (-285 m $\leq \mathrm{x} \leq$ 285 m);
rechts: horizontaler Fokuswinkel -60° $\leq \varphi_\mathrm{F} \leq$ 60° (-43,3 m $\leq \mathrm{x} \leq$ 43,3 m)

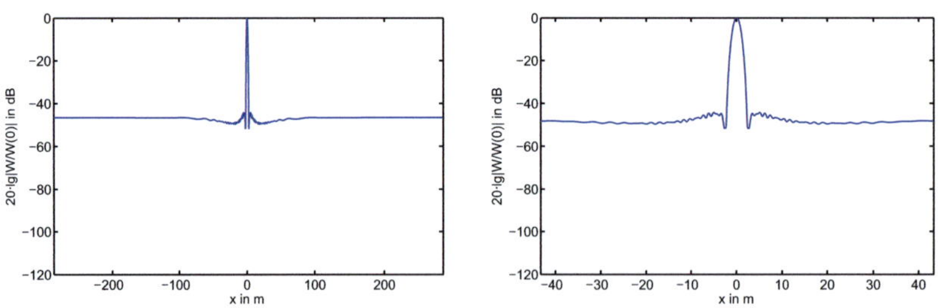

Bild 5.17: Terzband-Arraypattern eines 32-elementigen Linienarrays mit äquidistanter Mikrofonanordnung bei Anwendung von *HAMMING*-Wichtung; Arraybreite 2,6 m; Terzmittenfrequenz 3,15 kHz; Array-Quell-Abstand 25 m; hor. Quellwinkel $\varphi_\mathrm{Q} = 0°$ ($\mathrm{x} = 0$ m);
links: horizontaler Fokuswinkel -85° $\leq \varphi_\mathrm{F} \leq$ 85° (-285 m $\leq \mathrm{x} \leq$ 285 m);
rechts: horizontaler Fokuswinkel -60° $\leq \varphi_\mathrm{F} \leq$ 60° (-43,3 m $\leq \mathrm{x} \leq$ 43,3 m)

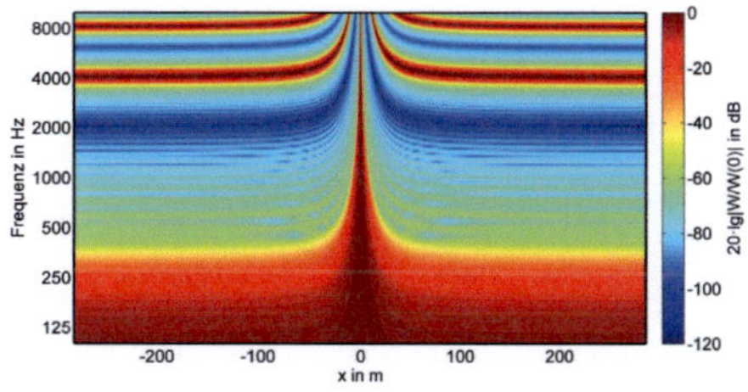

Bild 5.18: Spektrales Arraypattern eines 32-elementigen Linienarrays mit äquidistanter Mikrofonanordnung bei Anwendung von *BLACKMAN*-Mikrofonwichtung; Arraybreite 2,6 m; Frequenzbereich 100 Hz bis 10 kHz; Array-Quell-Abstand 25 m; horizontaler Quellwinkel $\varphi_\mathrm{Q} = 0°$ ($\mathrm{x} = 0$ m); horizontaler Fokuswinkel -85° $\leq \varphi_\mathrm{F} \leq$ 85° (-285 m $\leq \mathrm{x} \leq$ 285 m)

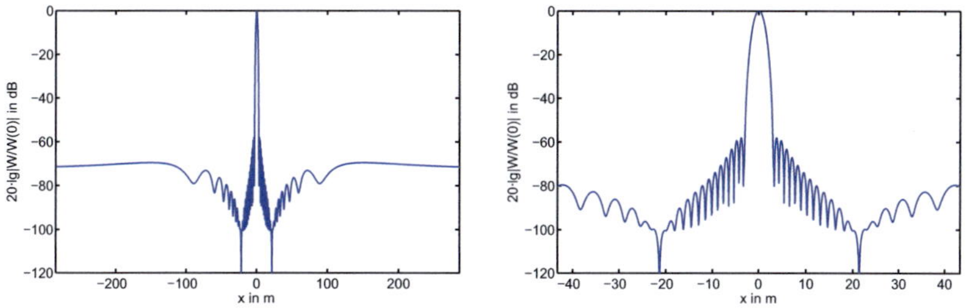

Bild 5.19: Einzelfrequenz-Arraypattern eines 32-elementigen Linienarrays mit äquidistanter Mikrofonanordnung bei Anwendung von *BLACKMAN*-Wichtung; Arraybreite 2,6 m; Einzelfrequenz 3,15 kHz; Array-Quell-Abstand 25 m; hor. Quellwinkel $\varphi_\mathrm{Q} = 0°$ ($\mathrm{x} = 0$ m);
links: horizontaler Fokuswinkel -85° $\leq \varphi_\mathrm{F} \leq$ 85° (-285 m $\leq \mathrm{x} \leq$ 285 m);
rechts: horizontaler Fokuswinkel -60° $\leq \varphi_\mathrm{F} \leq$ 60° (-43,3 m $\leq \mathrm{x} \leq$ 43,3 m)

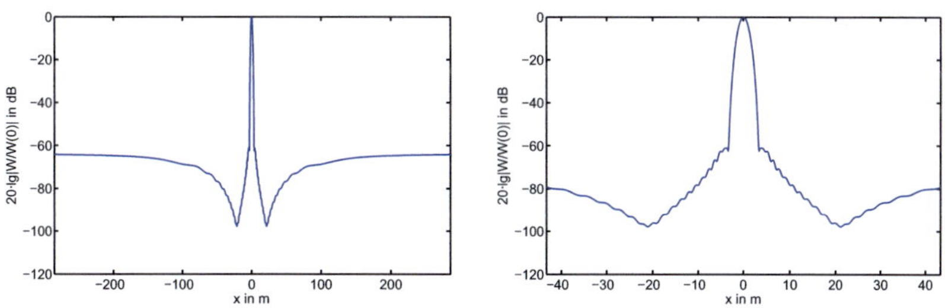

Bild 5.20: Terzband-Arraypattern eines 32-elementigen Linienarrays mit äquidistanter Mikrofonanordnung bei Anwendung von *BLACKMAN*-Wichtung; Arraybreite 2,6 m; Terzmittenfrequenz 3,15 kHz; Array-Quell-Abstand 25 m; hor. Quellwinkel $\varphi_\mathrm{Q} = 0°$ ($\mathrm{x} = 0$ m);
links: horizontaler Fokuswinkel -85° $\leq \varphi_\mathrm{F} \leq$ 85° (-285 m $\leq \mathrm{x} \leq$ 285 m);
rechts: horizontaler Fokuswinkel -60° $\leq \varphi_\mathrm{F} \leq$ 60° (-43,3 m $\leq \mathrm{x} \leq$ 43,3 m)

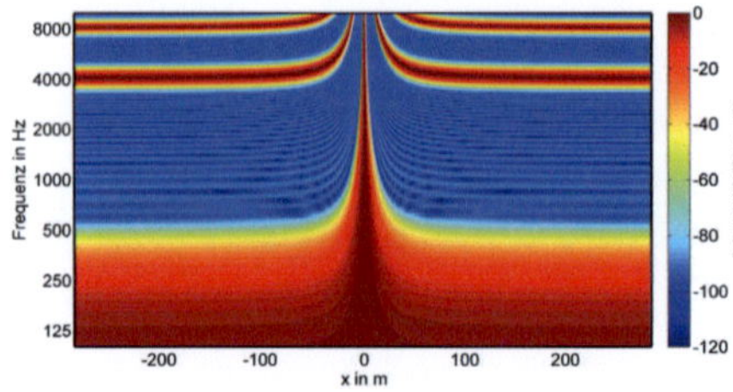

Bild 5.21: Spektrales Arraypattern eines 32-elementigen Linienarrays mit äquidistanter Mikrofonanordnung bei Anwendung von *BLACKMAN-NUTTALL*-Mikrofonwichtung; Arraybreite 2,6 m; Frequenzbereich 100 Hz bis 10 kHz; Array-Quell-Abstand 25 m; hor. Quellwinkel $\varphi_{\mathrm{Q}} = 0°$ ($\mathrm{x} = 0$ m); horizontaler Fokuswinkel -85° $\leq \varphi_{\mathrm{F}} \leq$ 85° (-285 m $\leq \mathrm{x} \leq$ 285 m)

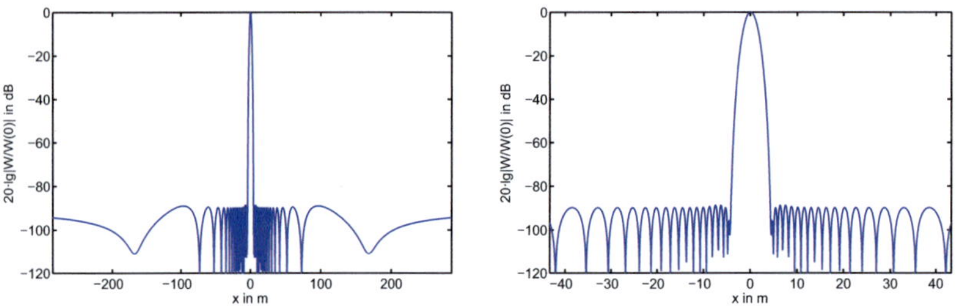

Bild 5.22: Einzelfrequenz-Arraypattern eines 32-elementigen Linienarrays mit äquidistanter Mikrofonanordnung; *BLACKMAN-NUTTALL*-Wichtung; Arraybreite 2,6 m; Einzelfrequenz 3,15 kHz; Array-Quell-Abstand 25 m; hor. Quellwinkel $\varphi_{\mathrm{Q}} = 0°$ ($\mathrm{x} = 0$ m);
links: horizontaler Fokuswinkel -85° $\leq \varphi_{\mathrm{F}} \leq$ 85° (-285 m $\leq \mathrm{x} \leq$ 285 m);
rechts: horizontaler Fokuswinkel -60° $\leq \varphi_{\mathrm{F}} \leq$ 60° (-43,3 m $\leq \mathrm{x} \leq$ 43,3 m)

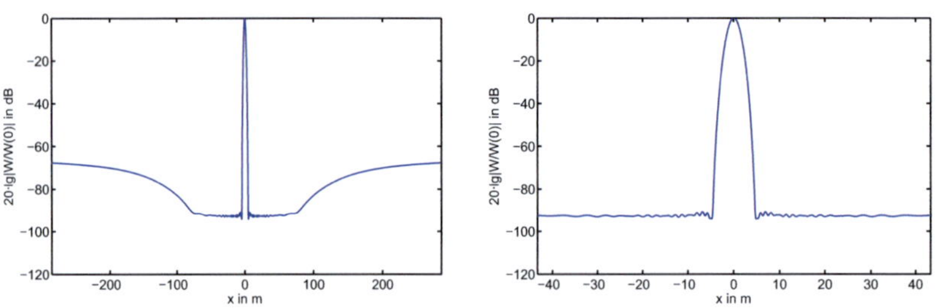

Bild 5.23: Terzband-Arraypattern eines 32-elementigen Linienarrays mit äquidistanter Mikrofonanordnung; *BLACKMAN-NUTTALL*-Wichtung; Arraybreite 2,6 m; Terzmittenfrequenz 3,15 kHz; Array-Quell-Abstand 25 m; hor. Quellwinkel $\varphi_{\mathrm{Q}} = 0°$ ($\mathrm{x} = 0$ m);
links: horizontaler Fokuswinkel -85° $\leq \varphi_{\mathrm{F}} \leq$ 85° (-285 m $\leq \mathrm{x} \leq$ 285 m);
rechts: horizontaler Fokuswinkel -60° $\leq \varphi_{\mathrm{F}} \leq$ 60° (-43,3 m $\leq \mathrm{x} \leq$ 43,3 m)

Tabelle 5.1 zeigt eine Übersicht der beiden resultierenden Qualitätskriterien des Terzband-Arraypatterns des 32-elementigen Linienarrays mit äquidistanter Mikrofonanordnung aus Bild 5.3 bei Anwendung der untersuchten Mikrofonwichtungen für die höchste interessierende Terzmittenfrequenz von 3,15 kHz (Array-Quell-Abstand 25 m; horizontaler Quellwinkel $\varphi_Q = 0°$). Beispielhaft nimmt die Hauptkeulenbreite bei Anwendung der *BLACKMAN-NUTTALL*-Mikrofonwichtung gegenüber der unitären Mikrofonwichtung um ca. 120 % zu. Wie bereits betont, ist die örtliche Auflösung des Linienarrays gegenüber der erforderlichen Nebenkeulenunterdrückung für das neuartige Mikrofonarray-Verfahren jedoch von sekundärer Bedeutung. Primärer Fokus liegt auf der deutlichen Erhöhung der Nebenkeulenunterdrückung. Beispielhaft nimmt dieses Qualitätskriterium bei Anwendung der *BLACKMAN-NUTTALL*-Mikrofonwichtung gegenüber der unitären Mikrofonwichtung im Terzband von 3,15 kHz um bis ca. 54 dB zu (s. Tabelle 5.1). Im Idealfall würde diese Erhöhung sogar ca. 77 dB betragen. Die Ursache der verringerten Nebenkeulenunterdrückung liegt in der örtlichen Unterabtastung der einfallenden Schallwelle für Frequenzen nahe 4 kHz. Bild 5.15, Bild 5.18 und Bild 5.21 zeigen deutlich, dass die untersuchten Mikrofonwichtungen keinerlei Auswirkung auf die Position sowie die Amplitude der periodischen Hauptkeulen des Arraypatterns bei unitärer Mikrofonwichtung in Bild 5.7 besitzen. Gemäß *JOHNSON* [JD93] ist dies darauf zurückzuführen, dass die Mikrofonwichtung ausschließlich die Amplitude und nicht den minimalen Abstand zweier Elemente des Co-Arraypatterns aus Gleichung (5.4) beeinflusst. Da sich die Erhöhung der Breite der Hauptkeule auf die periodischen Hauptkeulen überträgt, ragen diese bei der Anwendung der *BLACKMAN-NUTTALL*-Mikrofonwichtung für Frequenzen nahe 4 kHz bereits beidseitig in das Arraypattern hinein. Dies führt zur Verringerung des eindeutig auswertbaren Arbeitsfrequenzbereichs sowie der Nebenkeulenunterdrückung des Arraypatterns des Linienarrays im betrachteten Terzband von 3,15 kHz (vgl. Bild 5.23, links).

Tabelle 5.1: Gegenüberstellung der örtlichen Auflösung (HKB) und der Nebenkeulenunterdrückung (SNR) des Terzband-Arraypatterns eines 32-elementigen Linienarrays mit äquidistanter Mikrofonanordnung bei Anwendung von verschiedenen Mikrofonwichtungen, Arraybreite 2,8 m, Terzmittenfrequenz 3,15 kHz; Array-Quell-Abstand 25 m; horizontaler Quellwinkel $\varphi_Q = 0°$

Mikrofonwichtung	HKB in m	SNR in dB
unitär	0,9	13,7
HAMMING	1,3	44,3
BLACKMAN	1,7	61,2
BLACKMAN-NUTTALL	2,0	91,0 (67,8)

Durch Ansteuerung und Fokussierung des Mikrofonarrays auf eine Schallquelle unter einem horizontalen Quellwinkel von $\varphi_Q \neq 0°$ wird dieser Sachverhalt deutlicher erkennbar. Analog zu Bild 5.7 bis Bild 5.9 (unitäre Mikrofonwichtung) und Bild 5.15 bis Bild 5.23 (Mikrofonwichtung nach *HAMMING*, *BLACKMAN* und *BLACKMAN-NUTTALL*) zeigen Bild 5.24 bis Bild 5.35 die Arraypattern des Linienarrays mit äquidistanter Mikrofonanordnung aus Bild 5.3 bei Anwendung der untersuchten Mikrofonwichtungen und Fokussierung auf eine Schallquelle unter horizontalem Quellwinkel von $\varphi_Q = -60°$. Im vorliegenden Fall tritt die erste periodische Hauptkeule des Arraypatterns der Einzelfrequenz 3,15 kHz unter einem Fokuswinkel von ca. $\varphi_Q = 26°$ ($x = 12$ m) auf. Wie im Zusammenhang mit der Einführung des Co-Arraypatterns beschrieben, ist die Amplitude von Hauptkeule und periodischer Hauptkeule für Linienarrays mit äquidistanter Mikrofonanordnung gleich groß. Ausschließlich durch Anwendung der Frequenzbandmittelung kann die Amplitude des periodischen Hauptmaximums im vorliegenden Fall um ca. 9 dB bis 6 dB verringert werden. Diese Wirkung ist auf die frequenzabhängige Position der periodischen Hauptkeulen des monofrequenten Arraypatterns zurückzuführen.

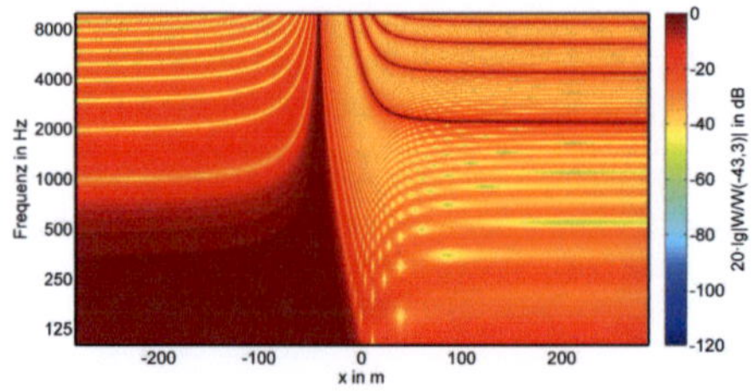

Bild 5.24: Spektrales Arraypattern eines 32-elementigen Linienarrays mit äquidistanter Mikrofonanordnung; Arraybreite 2,6 m; Frequenzbereich 100 Hz bis 10 kHz; Array-Quell-Abstand 25 m; horizontaler Quellwinkel φ_Q = -60° (x = -43,3 m); horizontaler Fokuswinkel -85° $\leq \varphi_F \leq$ 85° (-285 m $\leq x \leq$ 285 m)

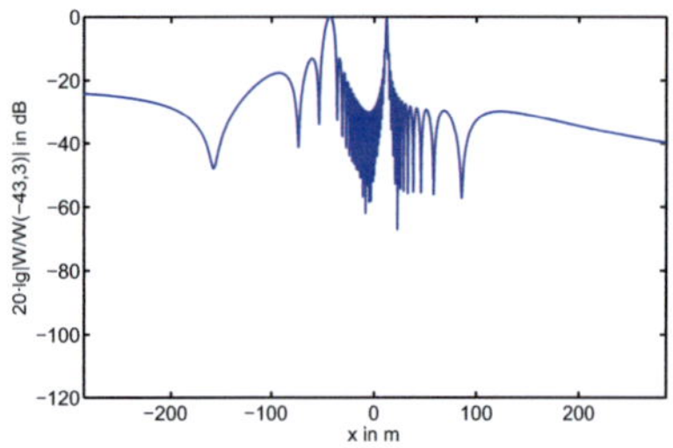

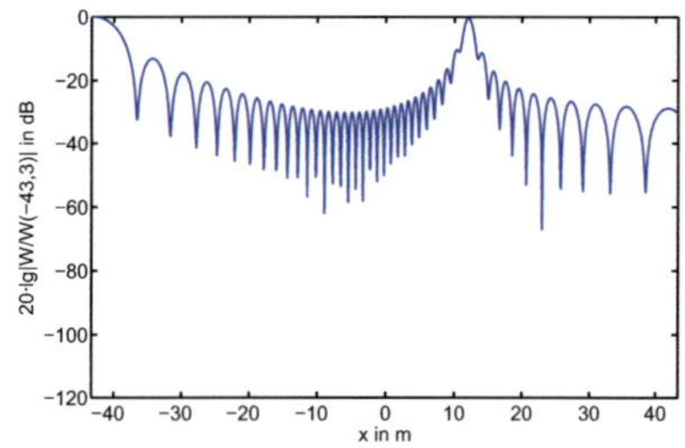

Bild 5.25: Einzelfrequenz-Arraypattern eines 32-elementigen Linienarrays mit äquidistanter Mikrofonanordnung; Arraybreite 2,6 m; Einzelfrequenz 3,15 kHz; Array-Quell-Abstand 25 m; horizontaler Quellwinkel φ_Q = -60° (x = -43,3 m);
links: horizontaler Fokuswinkel -85° $\leq \varphi_F \leq$ 85° (-285 m $\leq x \leq$ 285 m);
rechts: horizontaler Fokuswinkel -60° $\leq \varphi_F \leq$ 60° (-43,3 m $\leq x \leq$ 43,3 m)

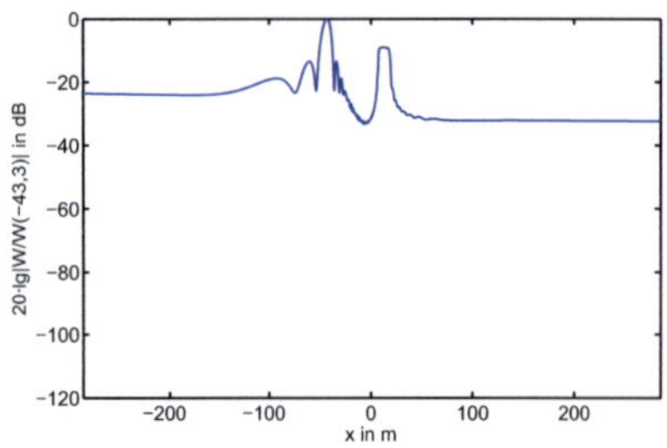

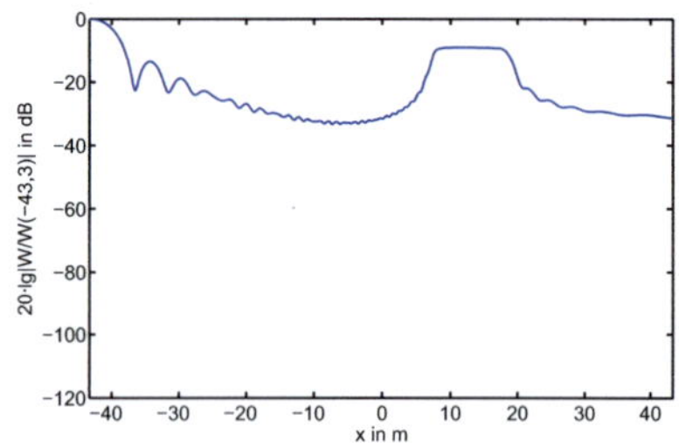

Bild 5.26: Terzband-Arraypattern eines 32-elementigen Linienarrays mit äquidistanter Mikrofonanordnung; Arraybreite 2,6 m; Terzmittenfrequenz 3,15 kHz; Array-Quell-Abstand 25 m; horizontaler Quellwinkel φ_Q = -60° (x = -43,3 m);
links: horizontaler Fokuswinkel -85° $\leq \varphi_F \leq$ 85° (-285 m $\leq x \leq$ 285 m);
rechts: horizontaler Fokuswinkel -60° $\leq \varphi_F \leq$ 60° (-43,3 m $\leq x \leq$ 43,3 m)

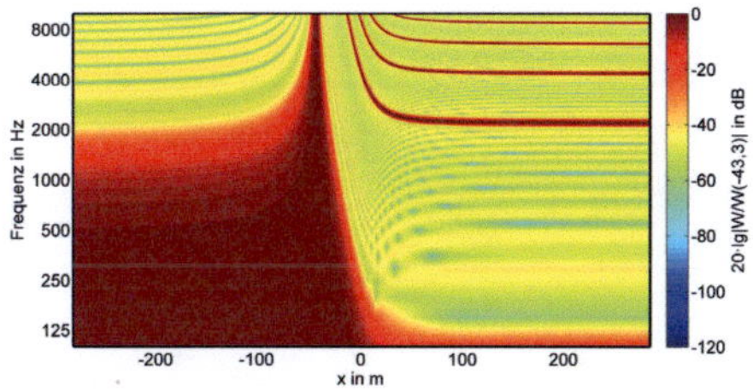

Bild 5.27: Spektrales Arraypattern eines 32-elementigen Linienarrays mit äquidistanter Mikrofonanordnung bei Anwendung von *HAMMING*-Mikrofonwichtung; Arraybreite 2,6 m; Frequenzbereich 100 Hz bis 10 kHz; Array-Quell-Abstand 25 m; hor. Quellwinkel $\varphi_Q = -60°$ ($x = -43{,}3$ m); horizontaler Fokuswinkel $-85° \leq \varphi_F \leq 85°$ (-285 m $\leq x \leq 285$ m)

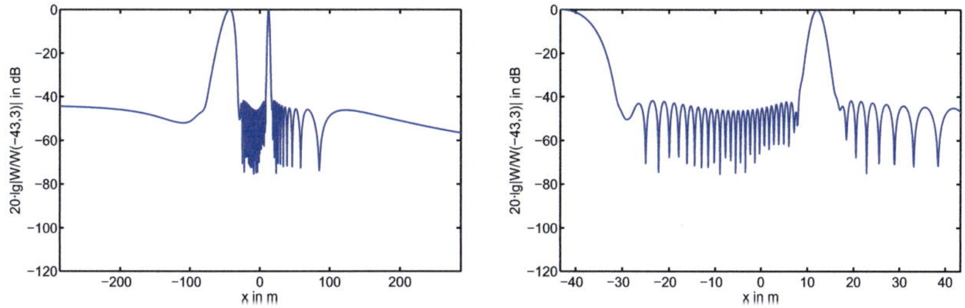

Bild 5.28: Einzelfrequenz-Arraypattern eines 32-elementigen Linienarrays mit äquidistanter Mikrofonanordnung bei Anwendung von *HAMMING*-Wichtung; Arraybreite 2,6 m; Einzelfrequenz 3,15 kHz; Array-Quell-Abstand 25 m; hor. Quellwinkel $\varphi_Q = -60°$ ($x = -43{,}3$ m); links: horizontaler Fokuswinkel $-85° \leq \varphi_F \leq 85°$ (-285 m $\leq x \leq 285$ m); rechts: horizontaler Fokuswinkel $-60° \leq \varphi_F \leq 60°$ ($-43{,}3$ m $\leq x \leq 43{,}3$ m)

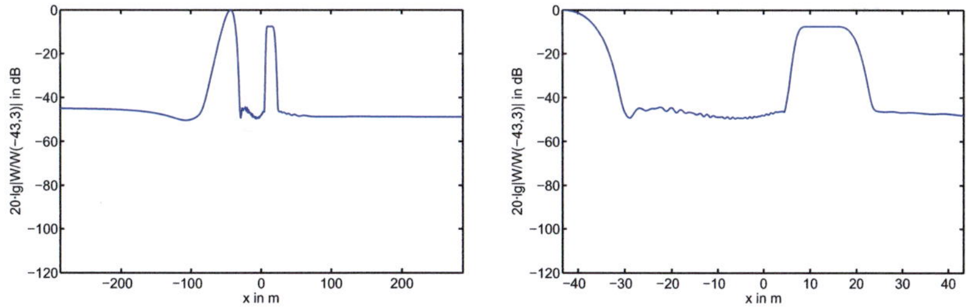

Bild 5.29: Terzband-Arraypattern eines 32-elementigen Linienarrays mit äquidistanter Mikrofonanordnung bei Anwendung von *HAMMING*-Wichtung; Arraybreite 2,6 m; Terzmittenfrequenz 3,15 kHz; Array-Quell-Abstand 25 m; hor. Quellwinkel $\varphi_Q = -60°$ ($x = -43{,}3$ m); links: horizontaler Fokuswinkel $-85° \leq \varphi_F \leq 85°$ (-285 m $\leq x \leq 285$ m); rechts: horizontaler Fokuswinkel $-60° \leq \varphi_F \leq 60°$ ($-43{,}3$ m $\leq x \leq 43{,}3$ m)

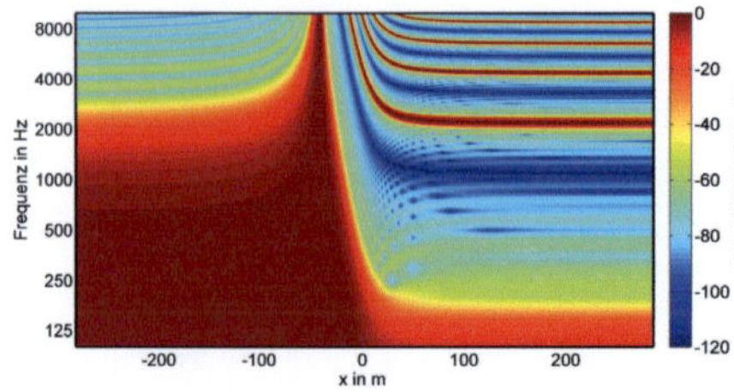

Bild 5.30: Spektrales Arraypattern eines 32-elementigen Linienarrays mit äquidistanter Mikrofonanordnung bei Anwendung von *BLACKMAN*-Mikrofonwichtung; Arraybreite 2,6 m; Frequenzbereich 100 Hz bis 10 kHz; Array-Quell-Abstand 25 m; hor. Quellwinkel $\varphi_Q = \text{-}60°$ ($x = \text{-}43{,}3$ m); horizontaler Fokuswinkel -85° $\leq \varphi_F \leq$ 85° (-285 m $\leq x \leq$ 285 m)

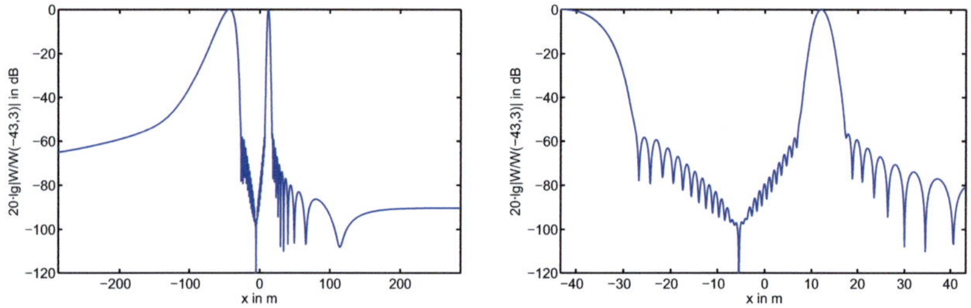

Bild 5.31: Einzelfrequenz-Arraypattern eines 32-elementigen Linienarrays mit äquidistanter Mikrofonanordnung bei Anwendung von *BLACKMAN*-Wichtung; Arraybreite 2,6 m; Einzelfrequenz 3,15 kHz; Array-Quell-Abstand 25 m; hor. Quellwinkel $\varphi_Q = \text{-}60°$ ($x = \text{-}43{,}3$ m);
links: horizontaler Fokuswinkel -85° $\leq \varphi_F \leq$ 85° (-285 m $\leq x \leq$ 285 m);
rechts: horizontaler Fokuswinkel -60° $\leq \varphi_F \leq$ 60° (-43,3 m $\leq x \leq$ 43,3 m)

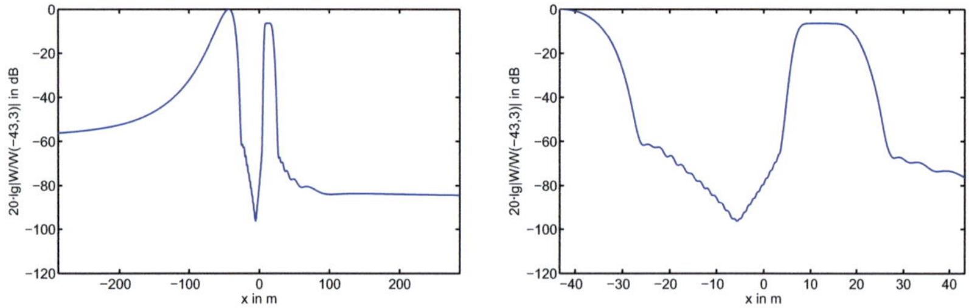

Bild 5.32: Terzband-Arraypattern eines 32-elementigen Linienarrays mit äquidistanter Mikrofonanordnung bei Anwendung von *BLACKMAN*-Wichtung; Arraybreite 2,6 m; Terzmittenfrequenz 3,15 kHz; Array-Quell-Abstand 25 m; hor. Quellwinkel $\varphi_Q = \text{-}60°$ ($x = \text{-}43{,}3$ m);
links: horizontaler Fokuswinkel -85° $\leq \varphi_F \leq$ 85° (-285 m $\leq x \leq$ 285 m);
rechts: horizontaler Fokuswinkel -60° $\leq \varphi_F \leq$ 60° (-43,3 m $\leq x \leq$ 43,3 m)

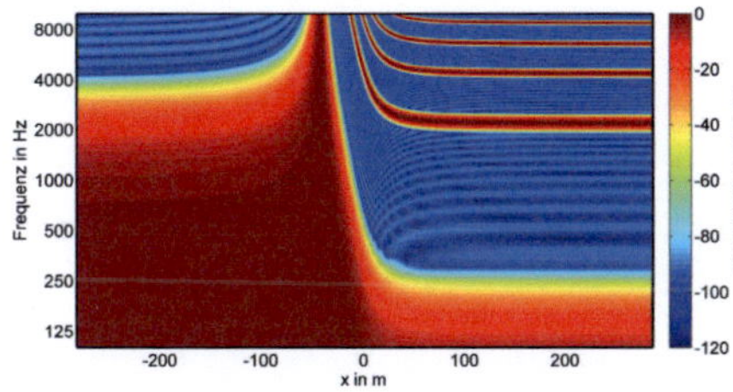

Bild 5.33: Spektrales Arraypattern eines 32-elementigen Linienarrays mit äquidistanter Mikrofonanordnung bei Anwendung von *BLACKMAN-NUTTALL*-Mikrofonwichtung; Arraybreite 2,6 m; Frequenzbereich 100 Hz bis 10 kHz; Array-Quell-Abstand 25 m; hor. Quellwinkel φ_Q = -60° (x = -43,3 m); hor. Fokuswinkel -85° $\leq \varphi_\mathrm{F} \leq$ 85° (-285 m $\leq \mathrm{x} \leq$ 285 m)

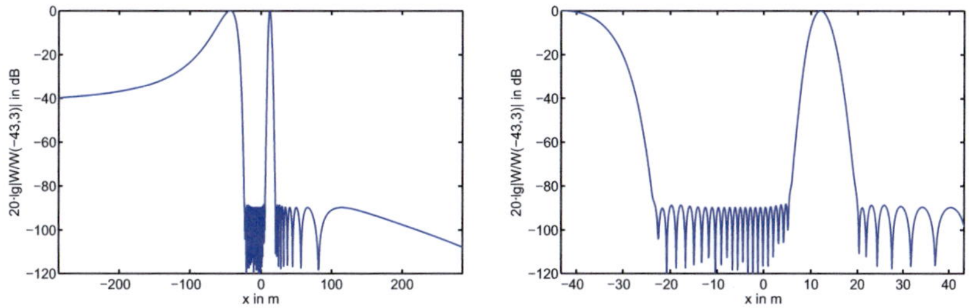

Bild 5.34: Einzelfrequenz-Arraypattern eines 32-elementigen Linienarrays mit äquidistanter Mikrofonanordnung; *BLACKMAN-NUTTALL*-Wichtung; Arraybreite 2,6 m; Einzelfrequenz 3,15 kHz; Array-Quell-Abstand 25 m; hor. Quellwinkel φ_Q = -60° (x = -43,3 m);
links: horizontaler Fokuswinkel -85° $\leq \varphi_\mathrm{F} \leq$ 85° (-285 m $\leq \mathrm{x} \leq$ 285 m);
rechts: horizontaler Fokuswinkel -60° $\leq \varphi_\mathrm{F} \leq$ 60° (-43,3 m $\leq \mathrm{x} \leq$ 43,3 m)

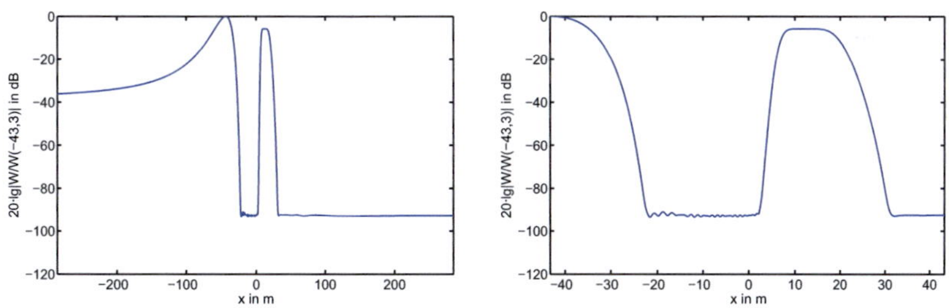

Bild 5.35: Terzband-Arraypattern eines 32-elementigen Linienarrays mit äquidistanter Mikrofonanordnung; *BLACKMAN-NUTTALL*-Wichtung; Arraybreite 2,6 m; Terzmittenfrequenz 3,15 kHz; Array-Quell-Abstand 25 m; hor. Quellwinkel φ_Q = -60° (x = -43,3 m);
links: horizontaler Fokuswinkel -85° $\leq \varphi_\mathrm{F} \leq$ 85° (-285 m $\leq \mathrm{x} \leq$ 285 m);
rechts: horizontaler Fokuswinkel -60° $\leq \varphi_\mathrm{F} \leq$ 60° (-43,3 m $\leq \mathrm{x} \leq$ 43,3 m)

Die bisherigen Ergebnisse machen deutlich, dass die äquidistante Mikrofonanordnung aus Bild 5.3 ausschließlich für senkrechten Schalleinfall (horizontaler Quellwinkel $\varphi_Q = 0°$) optimiert ist. Zum einen ist eine Ansteuerung und Fokussierung des Mikrofonarrays auf eine Schallquelle unter horizontalem Quellwinkel von $\varphi_Q \neq 0°$ im Frequenzbereich oberhalb von 2 kHz nur dann möglich, wenn sichergestellt werden kann, dass sich im Bereich der auftretenden periodischen Hauptkeule keine Störquelle befindet. Ist dies nicht der Fall, wird der Schalldruckpegel der lokalisierten Schallquelle im Arraymittelpunkt in diesem Frequenzbereich zu hoch bestimmt. Zum anderen kann eine Stör-Schallquelle unter einem horizontalen Quellwinkel von $\varphi_Q \neq 0°$, deren Abbildung im Bereich der zu untersuchenden Schallquelle unter $\varphi_Q = 0°$ eine periodische, nicht-physikalische Hauptkeule verursacht, das Lokalisationsergebnis verfälschen. Bei Mikrofonarray-Messungen an einer semi-infiniten Lärmschutzwand (s. Abschnitt 6) können die beiden beschriebenen Problemfälle kontrolliert vermieden werden. Die messtechnische Bestimmung der Einfügungsdämpfung semi-infiniter Schallschirme durch Einsatz des neuartigen Array-Verfahrens an verkürzten Lärmschutzwänden zieht jedoch zwangsläufig den zweiten geschilderten Problemfall nach sich. Dabei verursacht die Schallausbreitung um die beiden Seitenkanten des Schallschirms zwei außermittige Störquellen (vgl. Bild 4.21). Eine Erhöhung des eindeutig auswertbaren Arbeitsfrequenzbereichs des einzusetzenden Linienarrays ist daher unbedingt erforderlich.

5.1.3 Kombination von Mikrofonanordnung und Mikrofonwichtung

Im Folgenden soll untersucht werden, ob der kombinierte Einsatz der optimierten nicht-äquidistanten Mikrofonanordnung aus Bild 5.2 mit vergrößertem Arbeitsfrequenzbereich und der im vorherigen Abschnitt untersuchten Mikrofonwichtungen für das neuartige Array-Verfahren zielführend ist. In Bild 5.36 und Bild 5.37 sind exemplarisch die spektralen Arraypattern des 32-elementigen Linienarrays mit optimierter Mikrofonanordnung bei Anwendung der Mikrofonwichtungen nach *HAMMING* und nach *BLACKMAN-NUTTALL* im Frequenzbereich von 100 Hz bis 10 kHz für senkrechten Schalleinfall (horizontaler Quellwinkel $\varphi_Q = 0°$) dargestellt. Erwartungsgemäß zeigen die Arraypattern analog zu Bild 5.4 keine auffälligen periodischen Hauptmaxima. Im Frequenzbereich von 100 Hz bis ca. 1 kHz sind die Richtcharakteristiken bei etwas vergrößerter Hauptkeulenbreite vergleichbar mit den spektralen Arraypattern des 32-elementigen Linienarrays mit äquidistanter Mikrofonanordnung aus Bild 5.3 bei Anwendung derselben Mikrofonwichtungen (vgl. Bild 5.15 bzw. Bild 5.21). Oberhalb von 1 kHz fällt die Nebenkeulenunterdrückung jedoch wesentlich geringer aus. Es ist davon auszugehen, dass die verminderte Nebenkeulenunterdrückung auf die zu geringe Anzahl von Stützstellen (Mikrofonanzahl) im Randbereich der Fensterfunktion und damit auf die ungleichmäßige Zuordnung der Wichtungsfaktoren zu den einzelnen Mikrofonpositionen der optimierten Mikrofonanordnung zurückzuführen ist (vgl. Bild 5.38 und Bild 5.39).

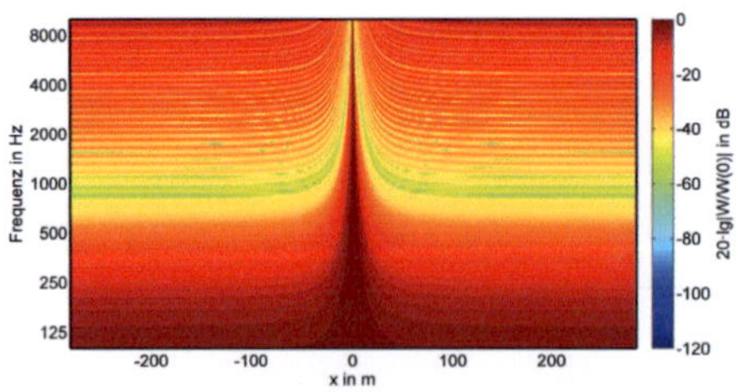

Bild 5.36: Spektrales Arraypattern des 32-elementigen Linienarrays mit optimierter Mikrofonanordnung aus Bild 5.2 bei Anwendung von *HAMMING*-Mikrofonwichtung; Arraybreite 2,6 m; Frequenzbereich 100 Hz bis 10 kHz; Array-Quell-Abstand 25 m; hor. Quellwinkel $\varphi_Q = 0°$ ($x = 0$ m); hor. Fokuswinkel -85° $\leq \varphi_F \leq$ 85° (-285 m $\leq x \leq$ 285 m)

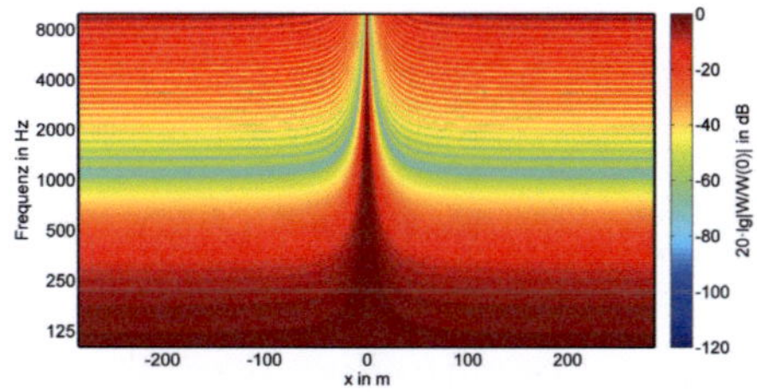

Bild 5.37: Spektrales Arraypattern des 32-elementigen Linienarrays mit optimierter Mikrofonanordnung aus Bild 5.2 bei Anwendung von *BLACKMAN-NUTTALL*-Wichtung; Arraybreite 2,6 m; Frequenzbereich 100 Hz bis 10 kHz; Array-Quell-Abstand 25 m; hor. Quellwinkel $\varphi_\mathrm{Q} = 0°$ (x = 0 m); hor. Fokuswinkel -85° $\leq \varphi_\mathrm{F} \leq$ 85° (-285 m $\leq \mathrm{x} \leq$ 285 m)

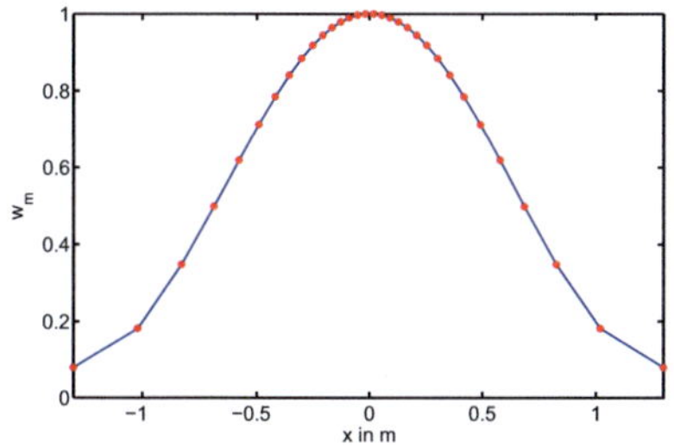

Bild 5.38: Anwendung von *HAMMING*-Mikrofonwichtung auf ein 32-elementiges Linienarray mit optimierter Mikrofonanordnung aus Bild 5.2; Arraybreite 2,6 m

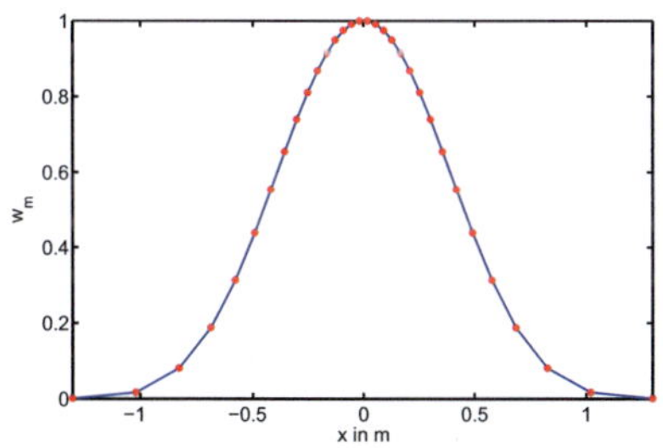

Bild 5.39: Anwendung von *BLACKMAN-NUTTALL*-Mikrofonwichtung auf ein 32-elementiges Linienarray mit optimierter Mikrofonanordnung aus Bild 5.2; Arraybreite 2,6 m

Dies belegt, dass eine Optimierung der Wichtungsfaktoren stets im Zusammenhang mit der spezifischen Mikrofonanordnung erfolgen muss und nicht unabhängig von dieser durchgeführt werden kann. Für das Linienarray mit äquidistanter Mikrofonanordnung stellen die typischerweise in der Signalverarbeitung eingesetzten Fensterfunktionen bereits ein Optimum dar, da diese für eine effektive Fourier-Transformation von diskreten Signalen mit konstanter Abtastfrequenz bzw. äquidistantem Sample-Abstand entwickelt wurden.

5.1.4 Einbeziehung von Unterarrays

Eine wirksame Methode zur Vergrößerung des Arbeitsfrequenzbereichs eines Mikrofonarrays ist die Verwendung von Unterarrays für verschiedene Frequenzbereiche (z. B. [Tre02]). Wie bereits beschrieben, zeigten Ähnlichkeitsuntersuchungen in [Sch04], dass sich die Hauptkeulenbreite des Fernfeld-Arraypatterns näherungsweise umgekehrt proportional zur Arraybreite verhält. Dieser Sachverhalt kann ausgenutzt werden, um Unterarrays auszulegen, die für verschiedene Frequenzbereiche einsetzbar sind und gleichzeitig eine konstante frequenzbandunabhängige Hauptkeulenbreite aufweisen. Letzteres ist für bestimmte Anwendungen (z. B. [MSB07]) eine wichtige Voraussetzung. Bei einer effektiven Auslegung von Unterarrays wird darauf geachtet, dass möglichst viele Einzelmikrofone Bestandteil mehrerer Unterarrays sind. Im Fall von Linienarrays mit äquidistanter Mikrofonanordnung trifft dies auf jedes zweite Mikrofon eines Unterarrays mit halber Arraybreite bei gleicher Mikrofonanzahl zu. Unterarrays mit äquidistanter Mikrofonanordnung und ungerader Mikrofonanzahl weisen den Vorteil auf, diese Bedingung zu erfüllen und gleichzeitig einen gemeinsamen Arraymittelpunkt zu besitzen. Für das 32-elementige Linienarray mit äquidistanter Mikrofonanordnung aus Bild 5.3 ist es daher effektiver, ein zusätzliches Unterarray mit 31 Mikrofonen, anstatt mit 32 Mikrofonen, einzubeziehen (vgl. Bild 5.40). Dadurch erhöht sich die erforderliche Gesamt-Mikrofonanzahl durch 15 zusätzliche Mikrofone auf 47.

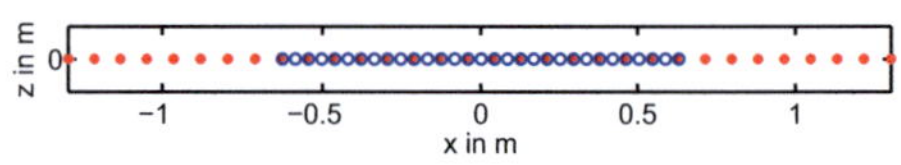

Bild 5.40: Kombination von 32-elementigem Linienarray mit äquidistanter Mikrofonanordnung (rot; Arraybreite 2,6 m) und 31-elementigem linienförmigem Unterarray mit äquidistanter Mikrofonanordnung (blau; Arraybreite 1,26 m)

Bild 5.41 zeigt exemplarisch das spektrale Arraypattern des 31-elementigen linienförmigen Unterarrays der reduzierten Breite von 1,26 m mit äquidistanter Mikrofonanordnung bei Anwendung der *HAMMING*-Mikrofonwichtung im Frequenzbereich von 100 Hz bis 10 kHz für senkrechten Schalleinfall (horizontaler Quellwinkel $\varphi_{\mathrm{Q}} = 0°$). Gegenüber von Bild 5.15 ist die Verschiebung der ersten periodischen Hauptkeule von ca. 4 kHz auf die zweifache Frequenz von ca. 8 kHz bei gleichzeitiger Verdopplung der frequenzabhängigen Hauptkeulenbreite deutlich zu erkennen. Analoges gilt für die Fokussierung des Mikrofonarrays auf eine Schallquelle unter horizontalem Quellwinkel von $\varphi_{\mathrm{Q}} \neq 0°$ (vgl. spektrale Arraypattern in Bild 5.42 und Bild 5.27 für $\varphi_{\mathrm{Q}} =$ -60°).

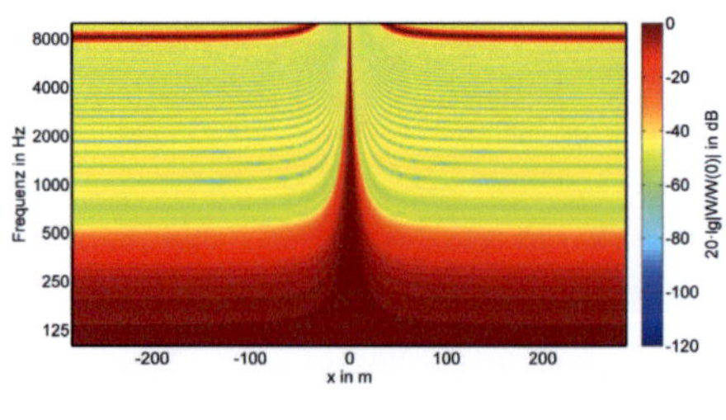

Bild 5.41: Spektrales Arraypattern des 31-elementigen linienförmigen Unterarrays mit äquidistanter Mikrofonanordnung aus Bild 5.40 (blau) bei Anwendung von *HAMMING*-Mikrofonwichtung; Arraybreite 1,26 m; Frequenzbereich 100 Hz bis 10 kHz; Array-Quell-Abstand 25 m; horizontaler Quellwinkel $\varphi_{\mathrm{Q}} = 0°$ ($\mathrm{x} = 0$ m); horizontaler Fokuswinkel -85° $\leq \varphi_{\mathrm{F}} \leq$ 85° (-285 m $\leq \mathrm{x} \leq$ 285 m)

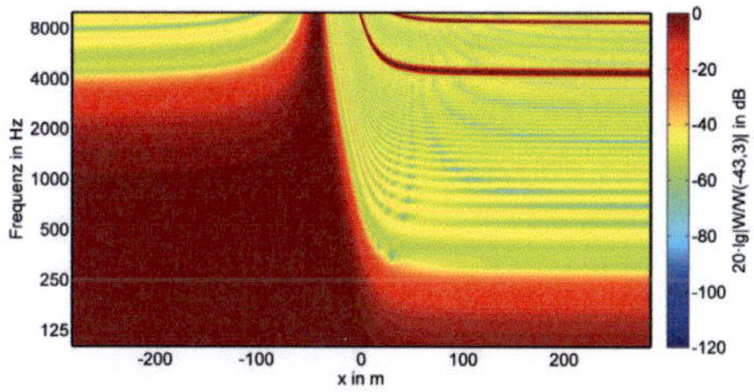

Bild 5.42: Spektrales Arraypattern des 31-elementigen linienförmigen Unterarrays mit äquidistanter Mikrofonanordnung aus Bild 5.40 (blau) bei Anwendung von *HAMMING*-Mikrofonwichtung; Arraybreite 1,26 m; Frequenzbereich 100 Hz bis 10 kHz; Array-Quell-Abstand 25 m; hor. Quellwinkel φ_Q = -60° (x = -43,3 m); horizontaler Fokuswinkel -85° $\leq \varphi_\mathrm{F} \leq$ 85° (-285 m $\leq \mathrm{x} \leq$ 285 m)

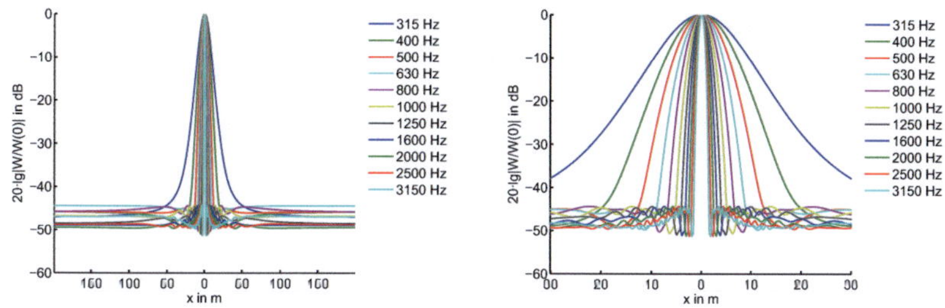

Bild 5.43: Terzband-Arraypattern des 32-elementigen Linienarrays mit äquidistanter Mikrofonanordnung (Hauptarray) bei Anwendung von *HAMMING*-Wichtung; Arraybreite 2,6 m; Terzmittenfrequenz 315 Hz bis 3,15 kHz; Array-Quell-Abstand 17,375 m; horizontaler Quellwinkel φ_Q = 0° (x = 0 m);
links: horizontaler Fokuswinkel -85° $\leq \varphi_\mathrm{F} \leq$ 85° (-198,6 m $\leq \mathrm{x} \leq$ 198,6 m);
rechts: horizontaler Fokuswinkel -60° $\leq \varphi_\mathrm{F} \leq$ 60° (-30,1 m $\leq \mathrm{x} \leq$ 30,1 m)

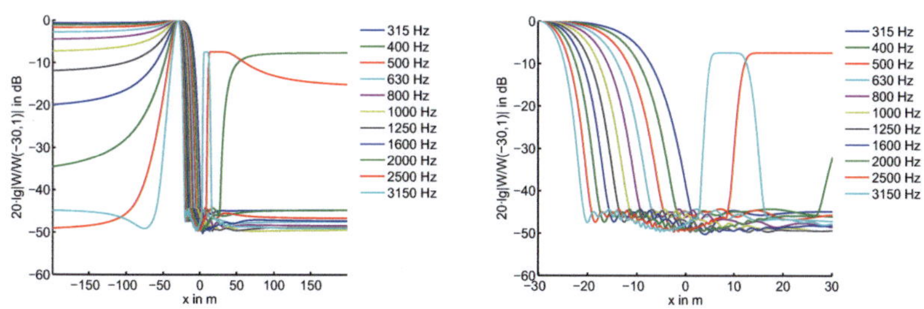

Bild 5.44: Terzband-Arraypattern des 32-elementigen Linienarrays mit äquidistanter Mikrofonanordnung (Hauptarray) bei Anwendung von *HAMMING*-Wichtung; Arraybreite 2,6 m; Terzmittenfrequenz 315 Hz bis 3,15 kHz; Array-Quell-Abstand 17,375 m; horizontaler Quellwinkel φ_Q = -60° (x = -30,1 m);
links: horizontaler Fokuswinkel -85° $\leq \varphi_\mathrm{F} \leq$ 85° (-198,6 m $\leq \mathrm{x} \leq$ 198,6 m);
rechts: horizontaler Fokuswinkel -60° $\leq \varphi_\mathrm{F} \leq$ 60° (-30,1 m $\leq \mathrm{x} \leq$ 30,1 m)

Das Unterarray soll im Folgenden dazu verwendet werden, den eindeutig auswertbaren Arbeitsfrequenzbereich des 32-elementigen Mikrofonarrays mit äquidistanter Mikrofonanordnung zu vergrößern. Im Hinblick auf eine optimale Kombination von Hauptarray und Unterarray sind die Terzband-Arraypattern im interessierenden Frequenzbereich von 315 Hz bis 3,15 kHz in Bild 5.43 bis Bild 5.46 gegenübergestellt. Als Mikrofonwichtung wurde die *HAMMING*-Fensterfunktion eingesetzt. Es hat sich gezeigt, dass diese für die messtechnische Bestimmung der Einfügungsdämpfung an verkürzten Lärmschutzwänden in situ von den untersuchten Fensterfunktionen den besten Kompromiss aus Nebenkeulenunterdrückung und örtlicher Auflösung des Arraypatterns darstellt. Gegenüber den bisherigen Ergebnissen liegt den dargestellten Terzband-Arraypattern ein Array-Quell-Abstand von 17,375 m anstatt von 25 m zugrunde. Damit fällt die Fokusebene des Mikrofonarrays mit der Ebene des in Bild 4.11 dargestellten Schallschirms zusammen. Im Hinblick auf die Position der periodischen Hauptkeulen des Arraypatterns stellt die Lokalisation des emittierten Schalls an der Schirmoberkante für horizontale Quellwinkel von $\varphi_Q \neq 0°$ den kritischeren Fall dar. Durch die Reduzierung des Array-Quell-Abstands verringert sich die Hauptkeulenbreite des Arraypatterns um ca. 30 %. Die Nebenkeulenunterdrückung bleibt dabei im relevanten Frequenzbereich nahezu unverändert.

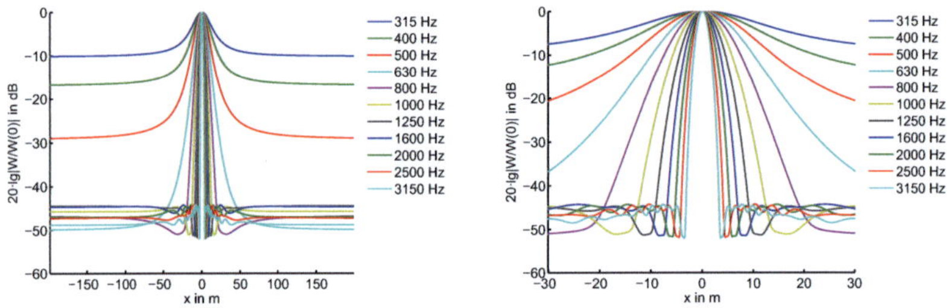

Bild 5.45: Terzband-Arraypattern des 31-elementigen linienförmigen Unterarrays mit äquidistanter Mikrofonanordnung aus Bild 5.40 (blau) bei Anwendung von *HAMMING*-Mikrofonwichtung; Arraybreite 1,26 m; Terzmittenfrequenz 315 Hz bis 3,15 kHz; Array-Quell-Abstand 17,375 m; horizontaler Quellwinkel $\varphi_Q = 0°$ ($x = 0$ m);
links: horizontaler Fokuswinkel -85° $\leq \varphi_F \leq$ 85° (-198,6 m $\leq x \leq$ 198,6 m);
rechts: horizontaler Fokuswinkel -60° $\leq \varphi_F \leq$ 60° (-30,1 m $\leq x \leq$ 30,1 m)

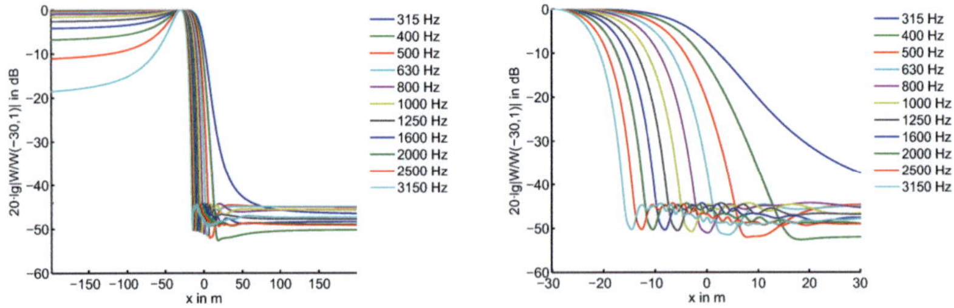

Bild 5.46: Terzband-Arraypattern des 31-elementigen linienförmigen Unterarrays mit äquidistanter Mikrofonanordnung aus Bild 5.40 (blau) bei Anwendung von *HAMMING*-Mikrofonwichtung; Arraybreite 1,26 m; Terzmittenfrequenz 315 Hz bis 3,15 kHz; Array-Quell-Abstand 17,375 m; horizontaler Quellwinkel $\varphi_Q = $ -60° ($x = $ -30,1 m);
links: horizontaler Fokuswinkel -85° $\leq \varphi_F \leq$ 85° (-198,6 m $\leq x \leq$ 198,6 m);
rechts: horizontaler Fokuswinkel -60° $\leq \varphi_F \leq$ 60° (-30,1 m $\leq x \leq$ 30,1 m)

Bild 5.44 zeigt, dass für einen horizontalen Quellwinkel von φ_Q = -60° die Terzband-Arraypattern des Hauptarrays für Mittenfrequenzen von 2 kHz bis 3,15 kHz durch das Auftreten einer periodischen Hauptkeule beeinträchtigt sind. Für das Unterarray weisen die Terzband-Arraypattern von 2 kHz bis 3,15 kHz auch bei starkem „Schwenken" des Mikrofonarrays keine periodischen Hauptkeulen auf (s. Bild 5.46). Im Folgenden sollen diese Richtcharakteristiken daher die Terzband-Arraypattern des Hauptarrays im Frequenzbereich von 2 kHz bis 3,15 kHz ersetzen. In diesem Frequenzbereich erfolgt die Quelllokalisation damit ausschließlich anhand der Mikrofonsignale des Unterarrays. Die alleinige Anwendung des Unterarrays für den gesamten interessierenden Frequenzbereich ist nicht zielführend, da sich für die Terzband-Arraypattern der Mittenfrequenzen von 315 Hz bis 500 Hz sowohl die Hauptkeulenbreite erheblich vergrößert als auch die Nebenkeulenunterdrückung deutlich reduziert. Für das neuartige Array-Verfahren hätte dies eine deutliche Erhöhung der erforderlichen Mindestlänge der zu untersuchenden Lärmschutzwand zur Folge. Bild 5.47 und Bild 5.48 zeigen die Terzband-Arraypattern der Kombination von Hauptarray (durchgezogene Linien) und Unterarray (gestrichelte Linien) aus Bild 5.40. Darin ist deutlich zu erkennen, dass im interessierenden Frequenzbereich von 315 Hz bis 3,15 kHz (Terzband), insbesondere bei schrägem Schalleinfall (φ_Q = -60°), keine periodischen Hauptkeulen auftreten.

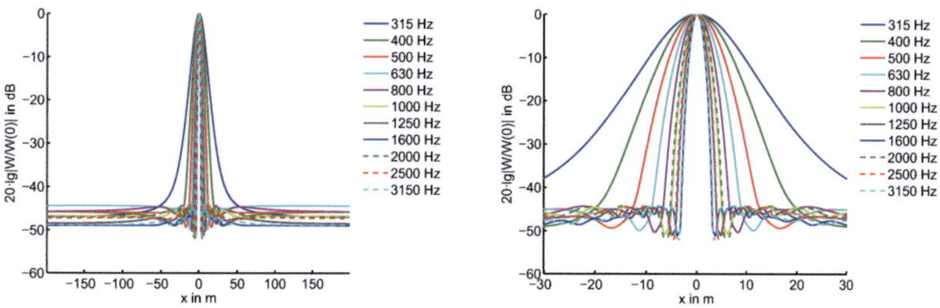

Bild 5.47: Terzband-Arraypattern der Kombination von 32-elementigem Linienarray mit äquidistanter Mikrofonanordnung (durchgezogene Linien) und 31-elementigem linienförmigem Unterarray mit äquidistanter Mikrofonanordnung (gestrichelte Linien) aus Bild 5.40 bei Anwendung von *HAMMING*-Mikrofonwichtung; Terzmittenfrequenz 315 Hz bis 3,15 kHz; Array-Quell-Abstand 17,375 m; hor. Quellwinkel $\varphi_Q = 0°$ ($x = 0$ m); links: horizontaler Fokuswinkel -85° $\leq \varphi_F \leq$ 85° (-198,6 m $\leq x \leq$ 198,6 m); rechts: horizontaler Fokuswinkel -60° $\leq \varphi_F \leq$ 60° (-30,1 m $\leq x \leq$ 30,1 m)

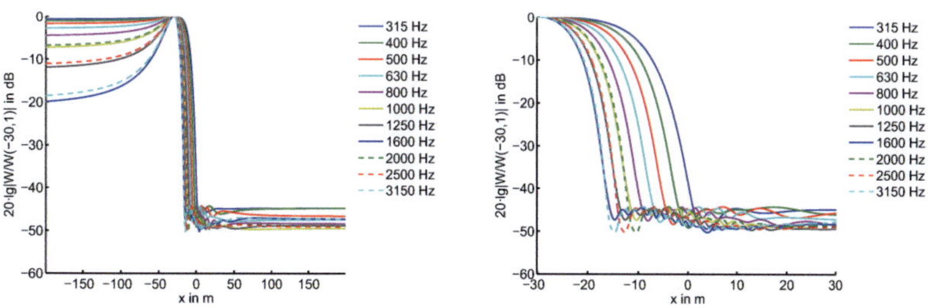

Bild 5.48: Terzband-Arraypattern der Kombination von 32-elementigem Linienarray mit äquidistanter Mikrofonanordnung (durchgezogene Linien) und 31-elementigem linienförmigem Unterarray mit äquidistanter Mikrofonanordnung (gestrichelte Linien) aus Bild 5.40 bei Anwendung von *HAMMING*-Mikrofonwichtung; Terzmittenfrequenz 315 Hz bis 3,15 kHz; Array-Quell-Abstand 17,375 m; hor. Quellwinkel φ_Q = -60° (x = -30,1 m); links: horizontaler Fokuswinkel -85° $\leq \varphi_F \leq$ 85° (-198,6 m $\leq x \leq$ 198,6 m); rechts: horizontaler Fokuswinkel -60° $\leq \varphi_F \leq$ 60° (-30,1 m $\leq x \leq$ 30,1 m)

Durch energetische Addition der einzelnen Terzband-Arraypattern kann die Nebenkeulenstruktur nochmals geglättet und die Nebenkeulenunterdrückung weiter erhöht werden. Eine ungewichtete Addition ist dabei gleichbedeutend mit der Anwendung der eingesetzten Frequenzbandmittelung über einen vergrößerten Frequenzbereich. Das resultierende Breitband-Arraypattern entspricht der Abbildung einer Quelle mit weißem Terzbandspektrum (s. Bild 5.49 und Bild 5.50, blaue Kurven).

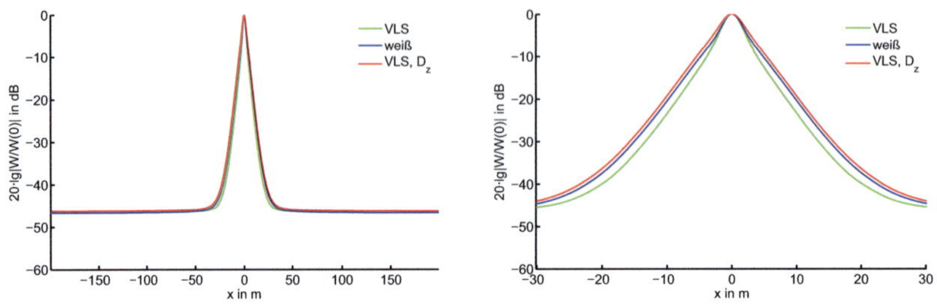

Bild 5.49: Breitband-Arraypattern des kombinierten Linienarrays aus Bild 5.40 bei Anwendung von *HAMMING*-Mikrofonwichtung; Gesamtpegel über Terzbänder 315 Hz bis 3,15 kHz; Array-Quell-Abstand 17,375 m; hor. Quellwinkel $\varphi_Q = 0°$ (x = 0 m); blau: Quelle ungewichtet (weißes Terzbandspektrum); grün: Quelle gewichtet mit VLS; rot: Quelle gewichtet mit VLS und Abschirmmaß D_z eines 10 m hohen schallharten Schallschirms; links: horizontaler Fokuswinkel -85° $\leq \varphi_F \leq$ 85° (-198,6 m $\leq$ x $\leq$ 198,6 m); rechts: horizontaler Fokuswinkel -60° $\leq \varphi_F \leq$ 60° (-30,1 m $\leq$ x $\leq$ 30,1 m)

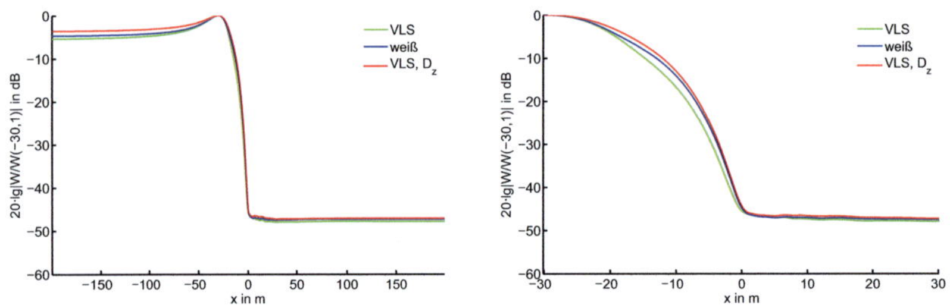

Bild 5.50: Breitband-Arraypattern des kombinierten Linienarrays aus Bild 5.40 bei Anwendung von *HAMMING*-Mikrofonwichtung; Gesamtpegel über Terzbänder 315 Hz bis 3,15 kHz; Array-Quell-Abstand 17,375 m; hor. Quellwinkel φ_Q = -60° (x = -30,1 m); blau: Quelle ungewichtet (weißes Terzbandspektrum); grün: Quelle gewichtet mit VLS; rot: Quelle gewichtet mit VLS und Abschirmmaß D_z eines 10 m hohen schallharten Schallschirms; links: horizontaler Fokuswinkel -85° $\leq \varphi_F \leq$ 85° (-198,6 m $\leq$ x $\leq$ 198,6 m); rechts: horizontaler Fokuswinkel -60° $\leq \varphi_F \leq$ 60° (-30,1 m $\leq$ x $\leq$ 30,1 m)

Für die Lokalisation eines seitlich der Lärmschutzwand vorbeifahrenden störenden Fahrzeugs, d. h. ohne Einfluss des Schallschirms, ist es zielführend, die einzelnen Terzband-Arraypattern zusätzlich mit dem spezifischen Quellspektrum, dem standardisierten Verkehrslärmspektrum aus Bild 4.12, zu wichten (s. Bild 5.49 und Bild 5.50, grüne Kurven). Es ist erkennbar, dass die Hauptkeule des mit dem Verkehrslärmspektrum gewichteten Breitband-Arraypatterns einen steileren Anstieg besitzt als die Hauptkeule des ungewichteten Breitband-Arraypatterns. Dies spielt für die Bestimmung der erforderlichen Mindestentfernung zur Mitte des Schallschirms eine wichtige Rolle, die eine seitlich der Lärmschutzwand auftretende Stör-Schallquelle aufweisen muss, um die pegelrichtige Anwendung des Mikrofonarray-Verfahrens zu gewährleisten (vgl. Abschnitt 5.2.2).

Für die Lokalisation des von einem vorbeifahrenden Fahrzeug ausgehenden Schalls an der Oberkante bzw. an der Seitenkante des Schallschirms ist zu beachten, dass sich das Quellspektrum des Fahrzeugs durch die schalltechnische Wirksamkeit der Lärmschutzwand verändert, d. h. umfärbt. Bild 4.15 verdeutlicht, dass hochfrequente Schallanteile durch einen Schallschirm im Allgemeinen stärker gemindert werden als niederfrequente Anteile. Die roten Kurven in Bild 5.49 und Bild 5.50 zeigen beispielhaft das Breitband-Arraypattern, das sich durch Wichtung der einzelnen Terzband-Arraypattern mit der Kombination aus dem standardisierten Verkehrslärmspektrum und dem Abschirmmaß D_z eines 10 m hohen schallharten Schallschirms für das Schallfeldszenario in Bild 4.11, unten, ergibt. Die Berechnung des Abschirmmaßes erfolgte gemäß *MAEKAWA* auf Basis von Gleichung (4.50). Es ist erkennbar, dass die Hauptkeule des mit dem Verkehrslärmspektrum und dem Abschirmmaß D_z gewichteten Breitband-Arraypatterns einen flacheren Anstieg aufweist als die Hauptkeule des ungewichteten Breitband-Arraypatterns. Dies spielt für die Bestimmung der erforderlichen Mindestlänge der zu untersuchenden Lärmschutzwand eine wichtige Rolle, um die pegelrichtige Anwendung des Mikrofonarray-Verfahrens zu gewährleisten (vgl. Abschnitt 5.2.1 und Abschnitt 5.2.2).

Wie in Bild 5.49 und Bild 5.50 zu erkennen ist, beeinflusst die zusätzliche Wichtung der einzelnen Terzband-Arraypattern mit dem standardisierten Verkehrslärmspektrum bzw. mit der Kombination aus dem standardisierten Verkehrslärmspektrum und dem Abschirmmaß die Nebenkeulenunterdrückung des Breitband-Arraypatterns nur geringfügig. Mit einer Nebenkeulenunterdrückung von ca. 47 dB sind die in Abschnitt 4.2 ermittelten Anforderungen an das Mikrofonarray-Messsystem für die pegelrichtige Anwendung des neuartigen Messverfahrens sowohl in ungestörter als auch in gestörter akustischer Umgebung erfüllt.

5.2 ANWENDUNGSBEREICH DES OPTIMIERTEN MESSSYSTEMS

In diesem Abschnitt wird die spezifische Anwendung des in Abschnitt 5.1 optimierten Mikrofonarray-Messsystems zur Bestimmung der Einfügungsdämpfung an einer Lärmschutzwand finiter Länge in situ betrachtet. Dies betrifft insbesondere die Ableitung der erforderlichen Mindestlänge L_{min} der zu untersuchenden finiten Wand anhand der in Abschnitt 4.2 definierten Bedingungen zur pegelrichtigen Anwendung des Array-Verfahrens. Des Weiteren ist zu untersuchen, in welchem Bereich seitlich des Schallschirms eventuelle auftretende Störquellen zulässig sind, wenn diese das Messergebnis nicht beeinflussen dürfen. Analog zu Abschnitt 4.2 werden die beiden Fälle der Anwendung des neuartigen Mikrofonarray-Verfahrens in ungestörter akustischer Umgebung und in gestörter akustischer Umgebung betrachtet.

5.2.1 Einsatz in ungestörter Umgebung

Grundlage für die Definition einer Mindestlänge L_{min} der zu untersuchenden Lärmschutzwand für die Anwendung des Mikrofonarray-Verfahrens in ungestörter akustischer Umgebung ist Bedingung (4.110) in umgestellter Form

$$- L_{W\mathrm{B}}(0, -s_{\mathrm{B}}) + \Delta L_{\mathrm{p\ Lsw\ s}}(-s_{\mathrm{B}}) \geq \Delta L_{\mathrm{p\ min}} + \Delta L_{\mathrm{p\ Lsw\ o}} \tag{5.13}$$

mit $\Delta L_{\mathrm{p\ min}} = 15$ dB. Es ist zu erkennen, dass beide Terme auf der linken Seite der Ungleichung (5.13) von der halben Länge des zu untersuchenden Schallschirms s_{B} abhängig sind. Wie in Abschnitt 3.1 beschrieben, verringert sich mit zunehmendem Betrag des horizontalen Quellwinkels die örtliche Auflösung des Mikrofonarrays (vgl. Bild 3.6). Eine Vergrößerung von s_{B} bewirkt eine Vergrößerung des Betrags des horizontalen Quellwinkels φ_{QB}, unter dem die Schallausbreitung um die Seitenkante des Schallschirms auftritt. Somit erhöht sich die Breite der Hauptkeule des logarithmierten Arraypatterns $L_{W\mathrm{B}}(\mathrm{x}, -s_\mathrm{B})$ der Schallquelle im Bereich der Seitenkante des Schallschirms.

Bild 5.51, links, zeigt das gewichtete Breitband-Arraypattern L_W des kombinierten Linienarrays aus Bild 5.40 bei Anwendung der *HAMMING*-Wichtung für drei verschiedene Quellpositionen: $\mathrm{x} = 0$ m ($\varphi_\mathrm{Q} = 0°$, Wichtung mit Verkehrslärmspektrum und Abschirmmaß D_z, blaue Kurve), $\mathrm{x} = -10$ m ($\varphi_\mathrm{Q} = -30°$, Wichtung mit Verkehrslärmspektrum und Abschirmmaß D_z, rote Kurve) und $\mathrm{x} = -30$ m ($\varphi_\mathrm{Q} = -60°$, Wichtung mit Verkehrslärmspektrum, grüne Kurve). Durch Verschiebung der Maxima der einzelnen Breitband-Arraypattern an die Stelle $\mathrm{x} = 0$ m (vgl. Bild 5.51, rechts) lässt sich die Erhöhung der Breite der Hauptkeule des Arraypatterns mit zunehmendem Betrag des horizontalen Quellwinkels deutlich erkennen.

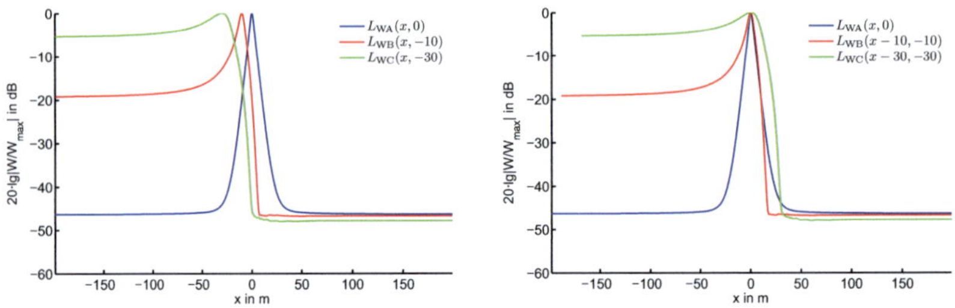

Bild 5.51: Gewichtetes Breitband-Arraypattern des kombinierten Linienarrays aus Bild 5.40 bei Anwendung von *HAMMING*-Mikrofonwichtung; Gesamtpegel über Terzbänder 315 Hz bis 3,15 kHz; Array-Quell-Abstand 17,375 m; horizontaler Fokuswinkel -85° $\leq \varphi_\mathrm{F} \leq$ 85° (-198,6 m $\leq \mathrm{x} \leq$ 198,6 m);
blau: $L_{W\mathrm{A}}(\vec{x}_\mathrm{F}, \vec{x}_\mathrm{Q}) = L_{W\mathrm{A}}(\mathrm{x}, 0)$ der an der Oberkante in der Mitte des Schallschirms lokalisierten Schallquelle (Quelle gewichtet mit VLS und Abschirmmaß D_z für 10 m hohen schallharten Schallschirm); rot: $L_{W\mathrm{B}}(\mathrm{x}, -10)$ der an der linken Seitenkante des Schallschirms der Länge 20 m im Abstand von $s_\mathrm{B} = 10$ m zur Mitte des Schallschirms lokalisierten Schallquelle aus Gleichung (4.107) (Quelle gewichtet mit VLS und Abschirmmaß D_z für 10 m hohen schallharten Schallschirm); grün: $L_{W\mathrm{C}}(\mathrm{x}, -30)$ der zur linken Seite des Schallschirms im Abstand von $s_\mathrm{C} = 30$ m zur Mitte des Schallschirms auftretenden Störquelle aus Gleichung (4.116) (Quelle gewichtet mit VLS); links: ohne Verschiebung der Maxima; rechts: mit horizontaler Verschiebung der Maxima an die Stelle $\mathrm{x} = 0$ m

Zur näherungsweisen Bestimmung der vom Quellwinkel abhängigen halben Breite der Hauptkeule, bei der das logarithmierte Arraypattern eines Mikrofonarrays um 3 dB abgefallen ist, fand *CHRISTENSEN* mit Gleichung (3.34) eine praktische mathematische Beschreibung. Für die Abschätzung des Abstands zwischen dem Maximum des logarithmierten Arraypatterns und der Position, an der $L_{W\mathrm{B}}(\mathrm{x}, -s_\mathrm{B})$ um einen Wert $\Delta L_{\mathrm{p\ min}}$ von 15 dB abgefallen ist, ist Gleichung (3.34) jedoch nicht geeignet. Um eine umfangreiche Berechnung des gewichteten Breitband-Arraypatterns $L_{W\mathrm{B}}(\mathrm{x}, -s_\mathrm{B})$ des kombinierten Linienarrays aus Bild 5.40 für eine Vielzahl möglicher Quellpositionen/ Wandlängen zu umgehen, erfolgt eine „Worst-Case-Betrachtung" der zu erwartenden örtlichen Auflösung des optimierten Mikrofonarray-Messsystems. Dazu wird $L_{W\mathrm{B}}(\mathrm{x}, -s_\mathrm{B})$ an der Position $\mathrm{x} = 0$ m durch das logarithmierte Arraypattern $L_{W\mathrm{B}}(\mathrm{x} - 10\ \mathrm{m}, -10\ \mathrm{m})$ einer Schallquelle im Bereich der Seitenkante eines 20 m langen Schallschirms substituiert, dessen Maximum an die Stelle $\mathrm{x} = 0$ m verschoben wurde (vgl. Bild 5.51, rechts, rote Kurve). Die gewählte Länge des Schallschirms von 20 m entspricht der eingangs angestrebten, maximal erforderlichen Mindestlänge der zu untersuchenden Wand für den praktischen Einsatz des neuartigen Array-Verfahrens.

In Bild 5.52 ist das gewichtete Breitband-Arraypattern $L_{WB}\,(\mathrm{x}-10\ \mathrm{m}, -10\ \mathrm{m})$ des kombinierten Linienarrays aus Bild 5.40 bei Anwendung der *HAMMING*-Wichtung gemäß Ungleichung (5.13) in negierter Form als blaue Kurve dargestellt (für $\mathrm{x} = s_\mathrm{B}$). Die rote Kurve in Bild 5.52 zeigt die berechnete, von der Höhe der Lärmschutzwand unabhängige Minderung des Schalldruckpegels am Referenzort $\Delta L_{\mathrm{p\ Lsw\ s}}$ bei Schallausbreitung um eine der beiden Seitenkanten eines schallharten Schallschirms in Abhängigkeit von der halben Wandlänge s_B. Die Simulation basiert auf der in Bild 4.11, unten, dargestellten Quell-Empfänger-Geometrie, wobei ausschließlich der direkte Pfad mit vorhandener Hinderniswirkung modelliert wurde. Die näherungsweise Berücksichtigung des Bodenreflexionspfads erfolgte energetisch durch anschließende Verringerung von $\Delta L_{\mathrm{p\ Lsw\ s}}$ um 3 dB. Die grüne Kurve in Bild 5.52 entspricht der Addition von blauer und roter Kurve, d. h. der Addition der beiden Terme auf der linken Seite von Ungleichung (5.13). Die erforderliche Mindestlänge L_min der zu untersuchenden Lärmschutzwand für die Anwendung des Mikrofonarray-Verfahrens in ungestörter akustischer Umgebung ergibt sich schließlich aus der kleinsten halben Wandlänge s_B, für die die Ungleichung (5.13) erfüllt ist.

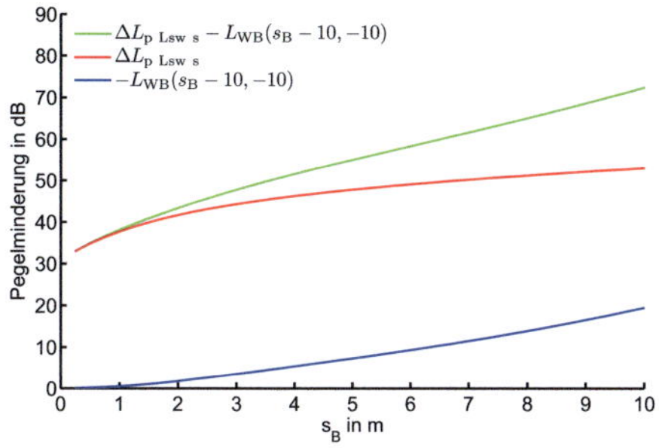

Bild 5.52: Teilergebnisse der Berechnung der erforderlichen Mindestlänge der finiten Lsw zur pegelrichtigen Anwendung des MA-Verfahrens; Einsatz des kombinierten Linienarrays aus Bild 5.40 bei Anwendung von *HAMMING*-Mikrofonwichtung; halbe Länge der Lsw $0{,}25\ \mathrm{m} \leq s_\mathrm{B} \leq 10\ \mathrm{m}$;
blau: negiertes Breitband-Arraypattern $L_{WB}\,(s_\mathrm{B}-10\ \mathrm{m}, -10\ \mathrm{m})$ des kombinierten Linienarrays aus Bild 5.40 bei Anwendung der *HAMMING*-Wichtung (Quelle gewichtet mit VLS und Abschirmmaß D_z für 10 m hohen schallharten Schallschirm); rot: Minderung des Schalldruckpegels am Referenzort $\Delta L_{\mathrm{p\ Lsw\ s}}$ bei Schallausbreitung um eine der beiden Seitenkanten der Lsw; grün: Addition von blauer und roter Kurve

In Tabelle 5.2 ist die erforderliche Mindestlänge L_min des Schallschirms zur pegelrichtigen Anwendung des Mikrofonarray-Verfahrens in ungestörter akustischer Umgebung für verschiedene Höhen des Schallschirms und Quellhöhen dargestellt. Zusätzlich ist der horizontale Quellwinkel φ_QB angegeben, unter dem die Schallausbreitung um die Seitenkante des Schallschirms auftritt. Der Maximalwert der erforderlichen Mindestlänge L_min von ca. 16 m tritt für eine 9 m hohe Lärmschutzwand bei einer Quellhöhe von 0,5 m auf.

Die bisherige Definition von L_min bezieht sich auf die In-situ-Bestimmung der Einfügungsdämpfung der Lärmschutzwand mit einer messtechnisch realisierten stationären Punktschallquelle (z. B. Dodekaeder-Lautsprecher) unter $\varphi_\mathrm{Q} = 0°$. Erfolgt die Bewertung der schalltechnischen Wirksamkeit der Lärmschutzwand durch Beobachtung eines vorbeifahrenden Fahrzeugs unter $\varphi_\mathrm{Q} = 0°$, ist die erforderliche Mindestlänge der Wand näherungsweise um die Länge des Fahrzeugs sowie den Weg zu erhöhen, den das Fahrzeug während des Beobachtungszeitraums zurückgelegt. Bei einer Fahrzeuglänge von ca. 4 m, einer Fahrzeuggeschwindigkeit von 80 km/h sowie einem Beobachtungszeitraum von 21,3 ms ($N_\mathrm{FFT} = 1024$, $f_\mathrm{S} = 48$ kHz) entspricht dies einer Erhöhung des maximalen Werts der erforderlichen Mindestlänge der zu untersuchenden Wand um 4,5 m auf ca. 20 m.

Tabelle 5.2: Erforderliche Mindestlänge L_{min} des Schallschirms zur pegelrichtigen Anwendung des MA-Verfahrens in ungestörter akustischer Umgebung mit einer Punktschallquelle unter $\varphi_{\mathrm{Q}} = 0°$ und resultierender horizontaler Quellwinkel φ_{QB}, unter dem die Schallausbreitung um die Seitenkante des Schallschirms auftritt, für verschiedene Höhen des Schallschirms und Quellhöhen

Höhe der Lsw in m	Quellhöhe in m	L_{min} in m	φ_{QB} in °
3	0,5	10,2	±16,4
3	0,01	8,7	±14,1
5	0,5	13,2	±20,8
5	0,01	11,3	±18,0
7	0,5	14,6	±22,8
7	0,01	13,0	±20,5
9	0,5	15,8	±24,5
9	0,01	14,2	±22,2

5.2.2 Einsatz in gestörter Umgebung

Analog zu Abschnitt 5.2.1 ergibt sich die erforderliche Mindestlänge L_{min} der zu untersuchenden Lärmschutzwand für den Einsatz des Mikrofonarray-Verfahrens in gestörter akustischer Umgebung aus der kleinsten halben Wandlänge s_{B}, für die die Ungleichung (5.13) erfüllt ist. Tritt zu beiden Seiten des Schallschirms eine Stör-Schallquelle auf, muss $\Delta L_{\mathrm{p\ min}}$ jedoch von 15 dB auf 18 dB erhöht werden.

In Tabelle 5.3 ist die erforderliche Mindestlänge L_{min} des Schallschirms zur pegelrichtigen Anwendung des Array-Verfahrens in gestörter akustischer Umgebung für verschiedene Höhen des Schallschirms und Quellhöhen dargestellt. Zusätzlich ist der horizontale Quellwinkel φ_{QB} angegeben, unter dem die Schallausbreitung um die Seitenkante des Schallschirms auftritt. Im Vergleich zu Tabelle 5.2 zeigt sich, dass die Erhöhung von $\Delta L_{\mathrm{p\ min}}$ eine geringfügige Vergrößerung von L_{min} zur Folge hat. Analog zu Abschnitt 5.2.1 vergrößert sich die erforderliche Mindestlänge der Lärmschutzwand, wenn die messtechnische Bewertung der schalltechnischen Wirksamkeit des Schallschirms nicht mit einer messtechnisch realisierten stationären Punktschallquelle, sondern durch Beobachtung eines vorbeifahrenden Fahrzeugs unter $\varphi_{\mathrm{Q}} = 0°$ erfolgt.

Gemäß Abschnitt 4.2 muss das logarithmierte Arraypattern $L_{WC}(\mathrm{x})$ der zwei, gegebenenfalls zu beiden Seiten des Schallschirms auftretenden Stör-Schallquellen an der Position $\mathrm{x} = 0$ m auf mindestens $-\mathrm{SNR}_{\mathrm{min}}$ abgefallen sein, wenn die Stör-Schallquellen die pegelrichtige Anwendung des neuartigen Mikrofonarray-Verfahrens nicht beeinflussen sollen. Die grüne Kurve in Bild 5.51, links, zeigt, dass dies bei einem Abstand s_{C} von 30 m zwischen einer in der Fokusebene des Mikrofonarrays befindlichen Stör-Schallquelle und der Mitte des Schallschirms für Lärmschutzwände von maximal 9 m Höhe gewährleistet ist (vgl. Tabelle 4.7). Für eine Stör-Schallquelle im Abstand von 25 m zur Ebene des Mikrofonarrays entspricht dies einer erforderlichen Mindestentfernung zur Mitte des Schallschirms von ca. 43 m.

In Bild 5.53 ist die erforderliche Mindestlänge L_{min} der finiten Lärmschutzwand zur pegelrichtigen Anwendung der verschiedenen Messverfahren zur Bestimmung der Einfügungsdämpfung von Schallschirmen in situ nochmals zusammenfassend gegenübergestellt. Es ist erkennbar, dass L_{min} bei Anwendung des neuartigen Mikrofonarray-Verfahrens, sowohl in ungestörter als auch in gestörter akustischer Umgebung, gegenüber dem Einsatz des bisherigen Einzelmikrofon-Verfahrens deutlich verringert werden kann. Bereits für Lärmschutzwände von 3 m Höhe reduziert sich die erforderliche Mindestlänge des Schallschirms, bei Anwendung des Array-Verfahrens in ungestörter akustischer Umgebung, auf etwa zwei Drittel.

Tabelle 5.3: Erforderliche Mindestlänge L_{min} des Schallschirms zur pegelrichtigen Anwendung des MA-Verfahrens in gestörter akustischer Umgebung mit einer Punktschallquelle unter $\varphi_Q = 0°$ und resultierender horizontaler Quellwinkel φ_{QB}, unter dem die Schallausbreitung um die Seitenkante des Schallschirms auftritt, für verschiedene Höhen des Schallschirms und Quellhöhen

Höhe der Lsw in m	Quellhöhe in m	L_{min} in m	φ_{QB} in °
3	0,5	12,1	±19,2
3	0,01	10,4	±16,7
5	0,5	15,0	±23,3
5	0,01	13,2	±20,8
7	0,5	16,3	±25,1
7	0,01	14,8	±23,1
9	0,5	17,5	±26,7
9	0,01	16,0	±24,7

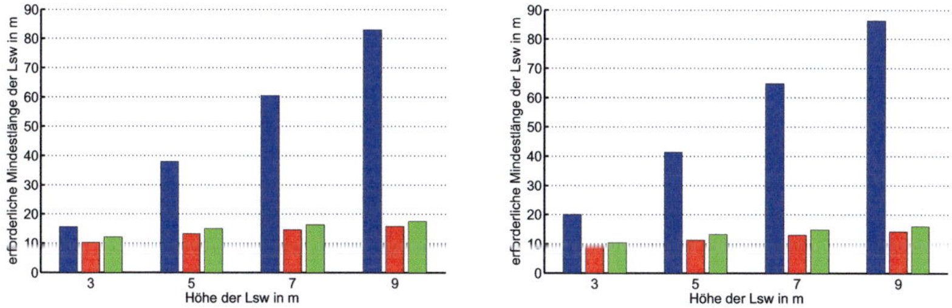

Bild 5.53: Erforderliche Mindestlänge L_{min} der finiten Lsw zur pegelrichtigen Anwendung der verschiedenen Messverfahren;
blau: EM-Verfahren (vgl. Tabelle 4.6); rot: MA-Verfahren in ungestörter akustischer Umgebung (vgl. Tabelle 5.2); grün: MA-Verfahren in gestörter akustischer Umgebung (vgl. Tabelle 5.3); links: Quellhöhe 0,5 m; rechts: Quellhöhe 0,01 m

Beträgt die Höhe der zu untersuchenden Wand 5 m oder mehr, verringert sich die erforderliche Mindestlänge des Schallschirms auf einen Bruchteil der Mindestlänge, die für das Einzelmikrofon-Verfahren notwendig ist. Für die messtechnische Realisierung einer Punktschallquelle unter $\varphi_Q = 0°$ nimmt L_{min} bei Anwendung des neuartigen Array-Verfahrens einen maximalen Wert von ca. 18 m an. Auch bei der schalltechnischen Lokalisation eines mit einer Geschwindigkeit von 80 km/h vorbeifahrenden Fahrzeugs mit einer Länge von 4 m unter senkrechtem Schalleinfallswinkel liegt die erforderliche Mindestlänge eines 9 m hohen, schallharten Schallschirms mit 22 m im Bereich der eingangs angestrebten maximalen erforderlichen Mindestlänge der zu untersuchenden Lärmschutzwand von 20 m.

Des Weiteren zeigt sich, dass der Wert der erforderlichen Mindestlänge der Lärmschutzwand für eine Quellhöhe von 0,01 m um bis zu 1,6 m niedriger ausfällt als für eine Quellhöhe von 0,5 m. Dies trifft auf die Anwendung des Mikrofonarray-Verfahrens sowohl in ungestörter akustischer Umgebung als auch in gestörter akustischer Umgebung zu und ist auf die Abhängigkeit von $\Delta L_{p\ Lsw\ o}$ von der Quellhöhe zurückzuführen. Im Gegensatz dazu ist $\Delta L_{p\ Lsw\ s}$, bei näherungsweiser Bestimmung durch die ausschließlich energetische Berücksichtigung des Bodenreflexionspfads, nahezu unabhängig von der Quellhöhe.

6 VALIDIERUNG DES MESSVERFAHRENS

Inhalt des vorliegenden Abschnitts ist die messtechnische Erprobung und Validierung des neuartigen Messverfahrens zur In-situ-Bestimmung der Einfügungsdämpfung von Lärmschutzwänden. Dazu erfolgten am 14.07.2007 zeitgleiche messtechnische Untersuchungen mit Einzelmikrofon und Mikrofonarray an einem Referenz-Objekt im Raum Sachsen.

6.1 MESSUNGEN MIT KONVENTIONELLEM EINZELMIKROFON-VERFAHREN UND NEUEM MIKROFONARRAY-VERFAHREN

6.1.1 Messaufbau

Bei dem Referenz-Objekt handelt es sich um eine unverputzte Ziegelmauer mit einer Länge von ca. 155 m und einer Dicke von ca. 0,35 m am Ortsausgang Kamenz in Richtung Zschornau (vgl. Bild 6.1). Die Oberkante der Mauer befindet sich ca. 3 m über Fahrbahnniveau. Damit kann die Ziegelmauer zur Vorhersage der schalltechnischen Wirksamkeit näherungsweise als semi-infiniter schallharter Schallschirm mit einem Keilwinkel von 0° modelliert werden (vgl. Abschnitt 4.1.3.4). Die beidseitigen Enden dieser Referenz-Lärmschutzwand sind ohne Absenkung bzw. Abtreppen ausgeführt, die Wand besitzt nahezu durchgängig die volle Höhe.

Auf der Fahrbahnseite der Referenz-Lärmschutzwand befinden sich eine asphaltierte, geradlinig verlaufende Straße mit einem Fahrstreifen je Fahrtrichtung sowie ein ebenfalls asphaltierter Radweg (vgl. Bild 6.2). Der horizontale Abstand der Referenz-Lärmschutzwand zum Mittelpunkt des schirmnahen Fahrstreifens (im Folgenden als erster Fahrstreifen bezeichnet) beträgt ca. 7,6 m. Damit liegen vergleichbare schalltechnische Verhältnisse vor wie in dem in Bild 4.11, unten, dargestellten Schallfeldszenario. Bild 6.3 zeigt den Blick vom Beginn der Referenz-Lärmschutzwand in Richtung Kamenz. Dabei ist ein großer Gebäudekomplex zu erkennen, dessen Einfluss durch Schallreflexion an der Seitenwand auf die messtechnische Bestimmung der Einfügungsdämpfung der Lärmschutzwand untersucht werden muss.

Der schirmferne Fahrstreifen grenzt an ein ausgedehntes Getreidefeld, das zum Zeitpunkt der schalltechnischen Messungen abgeerntet war. Auf dem Getreidefeld wurde für die Bestimmung des Immissionsschalldruckpegels $L_{\mathrm{pE\ frei}}$ bei annähernd freier Schallausbreitung über reflektierendem Grund ein Referenzmikrofon in horizontalem Abstand von 25 m zur Mitte des ersten Fahrstreifens in einer Höhe von 4 m positioniert.

Bild 6.1: Referenz-Lsw, Macherstraße, Ortsausgang Kamenz in Richtung Zschornau

Bild 6.2: Fahrbahnseite der Referenz-Lsw, Blickrichtung Zschornau

Bild 6.3: Seitlicher Bereich der Referenz-Lsw, Blickrichtung Kamenz

Hinter dem gesamten Referenz-Schallschirm befindet sich auf der von der Fahrbahn abgewandten Seite eine mindestens 30 m breite Freifläche auf verdichtetem Sandboden und nahezu ohne schalltechnisch relevanten pflanzlichen Bewuchs (vgl. Bild 6.1 und Bild 6.4). Im horizontalen Abstand von 25 m zur Mitte des ersten Fahrstreifens, d. h. im Abstand von ca. 17,4 m hinter der Lärmschutzwand, wurde ein linienförmiges Mikrofonarray in einer Höhe von 4 m, parallel und symmetrisch zum Referenz-Schallschirm positioniert (vgl. Bild 6.4 und Bild 6.5). Dieses diente der messtechnischen Bestimmung des Immissionsschalldruckpegels $L_{\mathrm{pE\ Lsw}}$ bei Schallausbreitung über die Lärmschutzwand über reflektierendem Grund. Die zeitgleiche Anwendung des Einzelmikrofon-Verfahrens erfolgte durch Analyse des Schalldruck-Zeit-Signals eines im Arraymittelpunkt befindlichen Mikrofons.

Bild 6.4: Eingesetztes MA-Messsystem, bestehend aus 32-kanaligem Linienarray mit äquidistanter Mikrofonanordnung aus Bild 5.3 und Datenakquisitions-Hardware

Bild 6.5: Detailansicht des eingesetzten 32-kanaligen Linienarrays mit äquidistanter Mikrofonanordnung aus Bild 5.3

Im Rahmen der messtechnischen Untersuchungen zur Validierung der prinzipiellen Funktionsweise des neuartigen Messverfahrens kam die äquidistante 32-elementige Mikrofonanordnung aus Bild 5.3 mit Anwendung der *HAMMING*-Mikrofonwichtung zum Einsatz. Wie bereits in Abschnitt 5.1.2 beschrieben, kann der Einfluss der örtlichen Unterabtastung der Schallwellen auf das Lokalisationsergebnis an dem untersuchten semi-infiniten Schallschirm im Frequenzbereich von 2 kHz bis 3,15 kHz (Terzband) durch Ausblenden der Artefakte vermieden werden. Die Messergebnisse sollen jedoch zeigen, dass die zuverlässige praktische Anwendung des neuartigen Mikrofonarray-Verfahrens erst durch den Einsatz des kombinierten optimierten Linienarrays aus Bild 5.40 möglich ist. Für die Berechnung und Auswertung der Messergebnisse des Linienarrays wurde die Analyse-Software AFD 7001 des Messsystems AcoustiCam® der Gesellschaft für Akustikforschung Dresden mbH speziell angepasst (s. Bild 6.6).

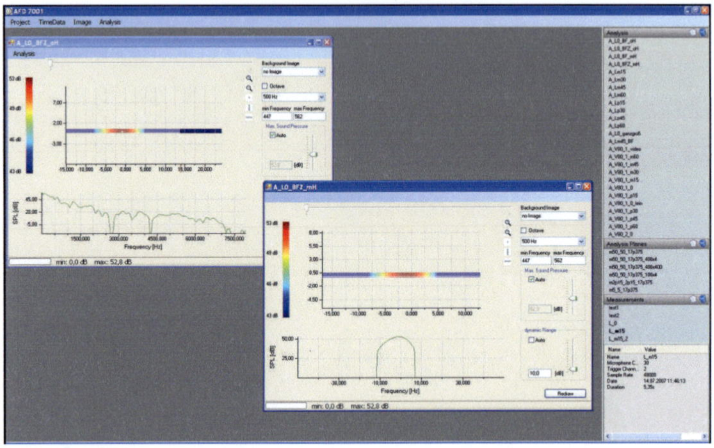

Bild 6.6: Grafisches Benutzer-Interface der Analyse-Software AFD 7001 des Messsystems AcoustiCam® der Gesellschaft für Akustikforschung Dresden mbH

Die Durchführung der Messungen an der Referenz-Lärmschutzwand erfolgte in zwei Teilschritten. Im ersten Schritt wurde die spektrale winkelabhängige Einfügungsdämpfung der Wand mit einer messtechnisch durch einen Dodekaeder-Lautsprecher realisierten stationären Punktschallquelle bestimmt. Der Lautsprecher befand sich in der Mitte des ersten Fahrstreifens in einer Höhe von 0,5 m über Fahrbahnniveau (vgl. Bild 6.7). Der Messaufbau entspricht damit dem Schallausbreitungsszenario aus Bild 4.11, unten, mit einer Quellhöhe von 0,5 m. Für die winkelabhängige Bewertung der schalltechnischen Wirksamkeit der Lärmschutzwand im Bereich von $-60° \leq \varphi_Q \leq 60°$ wurde der Dodekaeder-Lautsprecher in Schritten von 15° nacheinander an neun verschiedenen Positionen des Fahrstreifens platziert. Bild 6.8 zeigt das Prinzip des beschriebenen Messaufbaus.

Als Quellsignal des Dodekaeder-Lautsprechers wurde ein rosa Rauschen verwendet. Bild 6.9 zeigt das Terzspektrum des A-bewerteten Schallleistungspegels des eingesetzten Dodekaeder-Lautsprechers aus Hallraum-Messungen gemäß DIN EN ISO 3741 [DIN01]. Für die rechnerische Bestimmung des Gesamtpegels der Einfügungsdämpfung der Lärmschutzwand für eine Punktschallquelle mit dem Quellspektrum eines vorbeifahrenden Fahrzeugs ist es erforderlich, das Terzspektrum des A-bewerteten Schallleistungspegels des eingesetzten Dodekaeder-Lautsprechers zu korrigieren (umzufärben). Ein äquivalentes Ergebnis lässt sich durch Korrektur des am Empfänger gemessenen Immissionsschalldruckpegels erzielen. Da die Anwendung der Korrektur sowohl für freie Schallausbreitung über reflektierendem Boden als auch für Schallausbreitung bei vorhandener Lärmschutzwand über reflektierendem Boden erfolgt, besitzt die Umfärbung auf die Berechnung der spektralen Einfügungsdämpfung der Wand gemäß Gleichung (4.97) keine Auswirkung. Bild 6.10 zeigt die für die Untersuchungen mit Dodekaeder-Lautsprecher eingesetzte Korrektur des am Empfänger gemessenen Immissionsschalldruckpegels, die im Folgenden als Quellspektrumskorrektur bezeichnet wird.

Bild 6.7: Messtechnische Bestimmung der winkelabhängigen Einfügungsdämpfung der Lsw mit einem Dodekaeder-Lautsprecher

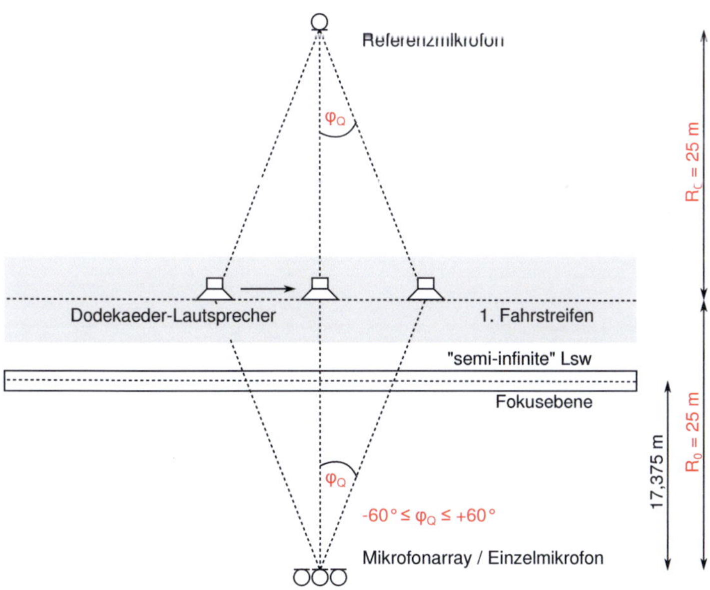

Bild 6.8: Prinzipdarstellung des Messaufbaus zur messtechnischen Bestimmung der winkelabhängigen Einfügungsdämpfung der Lsw mit einem Dodekaeder-Lautsprecher

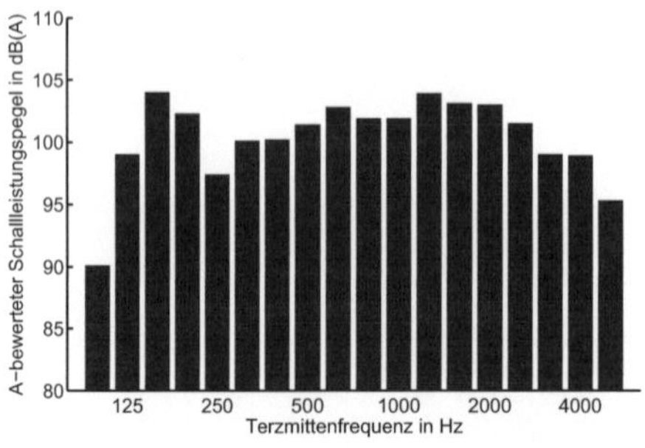

Bild 6.9: Terzspektrum des A-bewerteten Schallleistungspegels des eingesetzten Dodekaeder-Lautsprechers aus Hallraum-Messungen gemäß DIN EN ISO 3741 [DIN01]

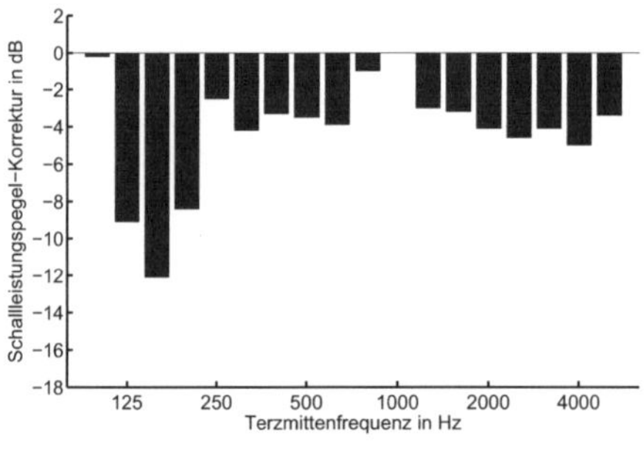

Bild 6.10: Korrektur des Terzspektrums des am Empfänger gemessenen A-bewerteten Immissionsschalldruckpegels bei Einsatz des Dodekaeder-Lautsprechers zur Realisation des Quellspektrums eines vorbeifahrenden Fahrzeugs auf Basis des standardisierten VLSs (Quellspektrumskorrektur)

Im zweiten Teilschritt wurden die messtechnischen Untersuchungen an der Lärmschutzwand des ersten Untersuchungsschritts mit modifiziertem Messaufbau wiederholt. Anstelle des stationären Dodekaeder-Lautsprechers kam zur winkelabhängigen Bestimmung der Einfügungsdämpfung der Wand ein kontrolliert vorbeifahrendes Fahrzeug (Pkw) mit einer Geschwindigkeit von 80 km/h als Schallquelle zum Einsatz. Die akustischen Messungen erfolgten für verschiedene Fahrzeugpositionen unter Berücksichtigung der Laufzeit der Schallausbreitung vom Fahrzeug zum Immissionsort (vgl. Bild 6.11). Bild 6.12 zeigt das Prinzip des beschriebenen Messaufbaus.

Für den Zeitraum der messtechnischen Untersuchungen wurde die Straße einseitig gesperrt. Während der schalltechnischen Messungen betrug die Lufttemperatur im Mittel 35 °C. Die Luftfeuchte lag bei ca. 30 %. Es herrschte nahezu Windstille und es regnete nicht.

Bild 6.11: Messtechnische Bestimmung der winkelabhängigen Einfügungsdämpfung der Lsw durch Beobachtung eines vorbeifahrenden Fahrzeugs

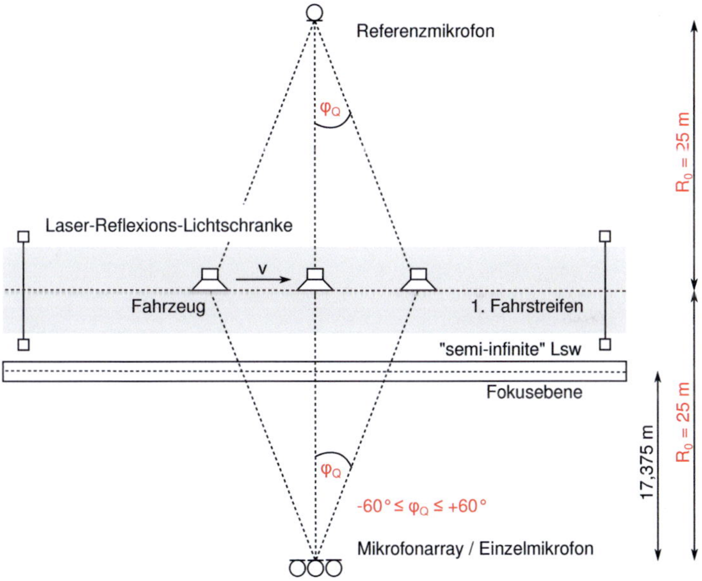

Bild 6.12: Prinzipdarstellung des Messaufbaus zur messtechnischen Bestimmung der winkelabhängigen Einfügungsdämpfung der Lsw durch Beobachtung eines vorbeifahrenden Fahrzeugs

6.1.2 Messergebnisse

6.1.2.1 Einsatz von Dodekaeder-Lautsprecher

Immissionsschalldruckpegel $L_{\text{pE frei}}$ am Referenzmikrofon

Bild 6.13 zeigt den A-bewerteten relativen Gesamt-Immissionsschalldruckpegel $L_{\text{pE frei}}$, der sich bei annähernd freier Schallausbreitung vom eingesetzten Dodekaeder-Lautsprecher über reflektierendem Grund am Referenzmikrofon nach Anwendung der Quellspektrumskorrektur ergibt. In Bild 6.14 und Bild 6.15 sind die dazugehörigen Terzbandpegel in Abhängigkeit vom horizontalen Quellwinkel φ_Q dargestellt.

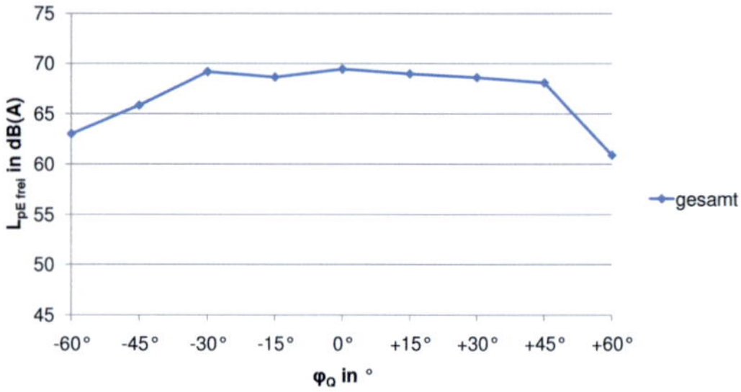

Bild 6.13: A-bewerteter relativer Schalldruckpegel $L_{\text{pE frei}}$ am Referenzmikrofon bei annähernd freier Schallausbreitung vom eingesetzten Dodekaeder-Lautsprecher über reflektierendem Grund nach Anwendung der Quellspektrumskorrektur in Abhängigkeit vom Quellwinkel; Gesamtpegel über Terzbänder 315 Hz bis 3,15 kHz; horizontaler Quellwinkel $-60° \leq \varphi_Q \leq 60°$

Im Frequenzbereich von 315 Hz bis 1 kHz liegen die Immissionsschalldruckpegel für Schalleinfallswinkel $\varphi_Q \neq 0°$ nahezu axialsymmetrisch zum Schalldruckpegel bei senkrechtem Schalleinfall ($\varphi_Q = 0°$). Mit steigender Frequenz nimmt die Abweichung des Immissionsschalldruckpegels vom axialsymmetrischen Verlauf zu, da der Einfluss der Umgebung auf die Schallausbreitung wächst. Im Vergleich zu $\varphi_Q = -45°$ weist $L_{\text{pE frei}}$ in Bild 6.13 für $\varphi_Q = +45°$ eine erhöhte Amplitude auf. Dies deutet auf den Einfluss einer Störquelle hin, der durch die kugelförmige Richtcharakteristik des Referenzmikrofons nicht ausgeblendet werden kann. Es ist zu vermuten, dass es sich bei der Störquelle um ein Fahrzeug handelt, das temporär an der seitlich der Referenz-Lärmschutzwand aufgebauten Ampelanlage zur Sperrung des ersten Fahrstreifens stand.

Bild 6.16 zeigt den am Referenzmikrofon gemessenen A-bewerteten relativen Terzband-Schalldruckpegel für die verschiedenen Schalleinfallswinkel in Abhängigkeit von der Frequenz. Erwartungsgemäß besitzen die Spektren nach Anwendung der Quellspektrumskorrektur näherungsweise den Verlauf des standardisierten Verkehrslärmspektrums, da es durch die annähernd freie Schallausbreitung vom Dodekaeder-Lautsprecher zum Referenzmikrofon zu keiner wesentlichen Veränderung des Quellspektrums (Umfärbung) kommt. Entsprechend Bild 4.17 sinkt der Immissionsschalldruckpegel mit steigendem Betrag des Schalleinfallswinkels, da der Quell-Empfänger-Abstand zunimmt.

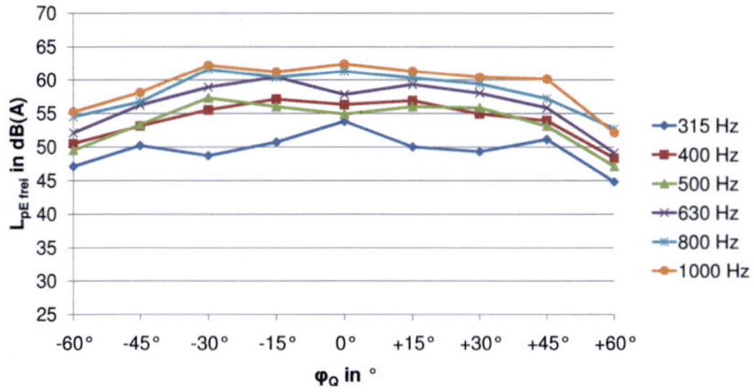

Bild 6.14: A-bewerteter rel. Terzband-Schalldruckpegel $L_{\mathrm{pE\ frei}}$ am Referenzmikrofon bei annähernd freier Schallausbreitung vom eingesetzten Dodekaeder-Lautsprecher über reflektierendem Grund nach Anwendung der Quellspektrumskorrektur in Abhängigkeit vom Quellwinkel; Terzmittenfrequenz 315 Hz bis 1 kHz; hor. Quellwinkel $-60° \leq \varphi_{\mathrm{Q}} \leq 60°$

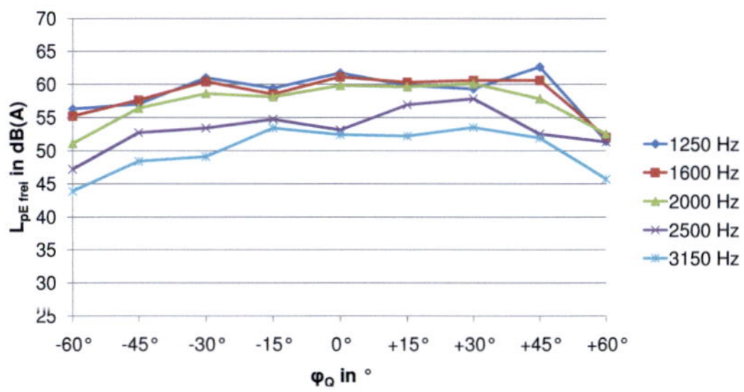

Bild 6.15: A-bewerteter rel. Terzband-Schalldruckpegel $L_{\mathrm{pE\ frei}}$ am Referenzmikrofon bei annähernd freier Schallausbreitung vom eingesetzten Dodekaeder-Lautsprecher über reflektierendem Grund nach Anwendung der Quellspektrumskorrektur in Abhängigkeit vom Quellwinkel; Terzmittenfrequenz 1,25 kHz bis 3,15 kHz; horizontaler Quellwinkel $-60° \leq \varphi_{\mathrm{Q}} \leq 60°$

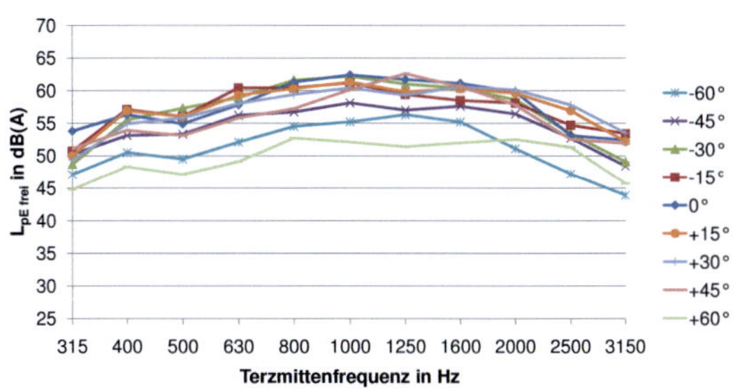

Bild 6.16: A-bewerteter rel. Terzband-Schalldruckpegel $L_{\mathrm{pE\ frei}}$ am Referenzmikrofon bei annähernd freier Schallausbreitung vom eingesetzten Dodekaeder-Lautsprecher über reflektierendem Grund nach Anwendung der Quellspektrumskorrektur in Abhängigkeit von der Frequenz; Terzmittenfrequenz 315 Hz bis 3,15 kHz; horizontaler Quellwinkel $-60° \leq \varphi_{\mathrm{Q}} \leq 60°$

Immissionsschalldruckpegel $L_{\mathrm{pE\ Lsw}}$ am Einzelmikrofon

Der A-bewertete relative Gesamt-Schalldruckpegel $L_{\mathrm{pE\ Lsw}}$, der sich bei Schallausbreitung vom Dodekaeder-Lautsprecher über die Referenz-Lärmschutzwand nach Anwendung der Quellspektrumskorrektur am Einzelmikrofon ergibt, ist in Bild 6.17 dargestellt. Die dazugehörigen Terzbandpegel in Abhängigkeit vom horizontalen Quellwinkel φ_Q zeigen Bild 6.18 und Bild 6.19.

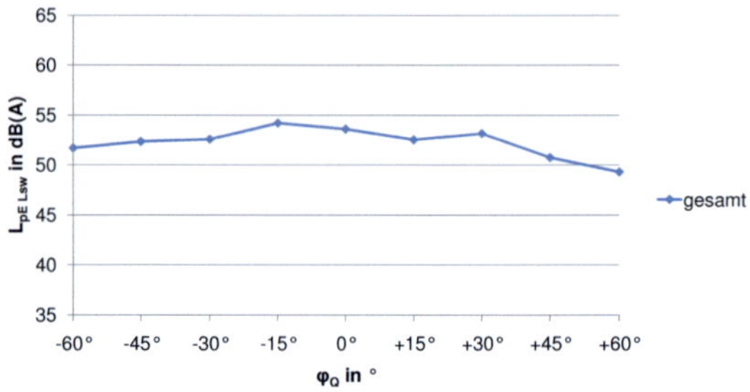

Bild 6.17: A-bewerteter relativer Schalldruckpegel $L_{\mathrm{pE\ Lsw}}$ am EM bei Schallausbreitung vom eingesetzten Dodekaeder-Lautsprecher über die Referenz-Lsw über reflektierendem Grund nach Anwendung der Quellspektrumskorrektur in Abhängigkeit vom Quellwinkel; Gesamtpegel über Terzbänder 315 Hz bis 3,15 kHz; hor. Quellwinkel $-60° \leq \varphi_\mathrm{Q} \leq 60°$

Ähnlich wie im Falle der freien Schallausbreitung ist im Frequenzbereich von 315 Hz bis 1 kHz eine näherungsweise Axialsymmetrie des winkelabhängigen Pegelverlaufs zu erkennen. Die gewählte Referenz-Lärmschutzwand besitzt damit in diesem Frequenzbereich schalltechnisch eine horizontale Symmetrie. Im Vergleich zum Winkelbereich zwischen $\varphi_\mathrm{Q} = +60°$ und $\varphi_\mathrm{Q} = +45°$ weist $L_{\mathrm{pE\ Lsw}}$ in Bild 6.17 für $\varphi_\mathrm{Q} = -60°$ und $\varphi_\mathrm{Q} = -45°$ eine erhöhte Amplitude auf. Dies deutet auf den Einfluss einer weiteren Störquelle hin. Es kann vermutet werden, dass es sich bei der Störquelle zum einen um die Schallreflexion an der Seitenwand des Gebäudekomplexes aus Bild 6.3 handelt. Nach Abschalten des Dodekaeder-Lautsprechers konnte die Schallreflexion am Immissionsort deutlich als Echo wahrgenommen werden. Zum anderen könnten Fahrzeuge, die temporär an der Ampelanlage seitlich der Referenz-Lärmschutzwand standen, den Immissionsschalldruckpegel am Einzelmikrofon beeinflusst haben.

Bild 6.20 zeigt den am Einzelmikrofon gemessenen A-bewerteten relativen Terzband-Schalldruckpegel für die verschiedenen Schalleinfallswinkel in Abhängigkeit von der Frequenz. Erwartungsgemäß weisen die Spektren einen niederfrequenteren spektralen Schwerpunkt auf als das standardisierte Verkehrslärmspektrum. Ursache dafür ist die bereits in Abschnitt 5.2 beschriebene Veränderung des Quellspektrums (Umfärbung) durch die schalltechnische Wirksamkeit des Schallschirms, wegen der die Wichtung der Terzband-Arraypattern durch das Abschirmmaß D_z eingeführt wurde.

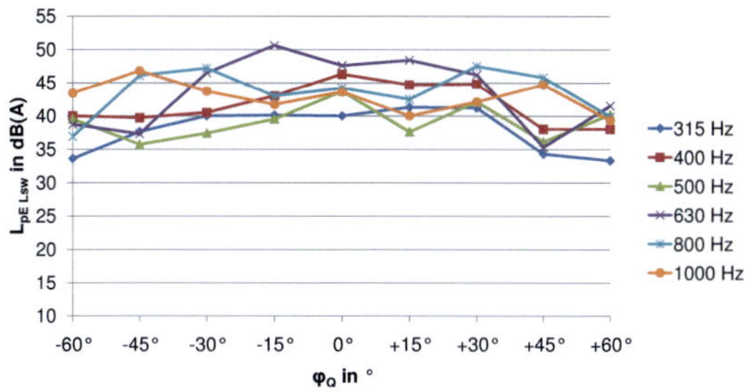

Bild 6.18: A-bewerteter relativer Terzband-Schalldruckpegel $L_{\mathrm{pE\ Lsw}}$ am EM bei Schallausbreitung vom eingesetzten Dodekaeder-Lautsprecher über die Referenz-Lsw über reflektierendem Grund nach Anwendung der Quellspektrumskorrektur in Abhängigkeit vom Quellwinkel; Terzmittenfrequenz 315 Hz bis 1 kHz; hor. Quellwinkel $-60° \leq \varphi_Q \leq 60°$

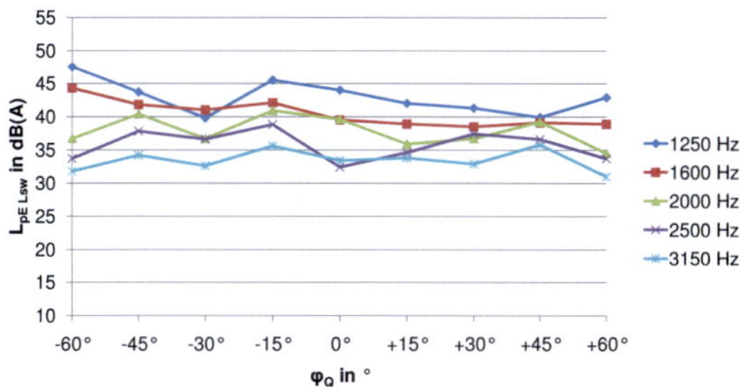

Bild 6.19: A-bewerteter relativer Terzband-Schalldruckpegel $L_{\mathrm{pE\ Lsw}}$ am EM bei Schallausbreitung vom eingesetzten Dodekaeder-Lautsprecher über die Referenz-Lsw über reflektierendem Grund nach Anwendung der Quellspektrumskorrektur in Abhängigkeit vom Quellwinkel; Terzmittenfrequenz 1,25 kHz bis 3,15 kHz; hor. Quellwinkel $-60° \leq \varphi_Q \leq 60°$

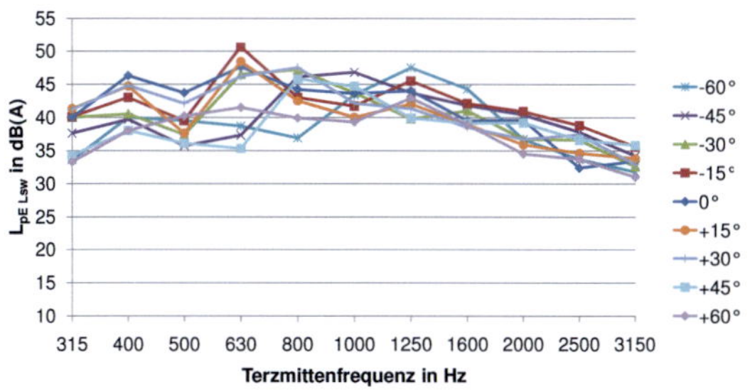

Bild 6.20: A-bewerteter relativer Terzband-Schalldruckpegel $L_{\mathrm{pE\ Lsw}}$ am EM bei Schallausbreitung vom eingesetzten Dodekaeder-Lautsprecher über die Referenz-Lsw über reflektierendem Grund nach Anwendung der Quellspektrumskorrektur in Abhängigkeit von der Frequenz; Terzmittenfrequenz 315 Hz bis 3,15 kHz; hor. Quellwinkel $-60° \leq \varphi_Q \leq 60°$

Immissionsschalldruckpegel $L_{\mathrm{pE\ Lsw}}$ am Mikrofonarray

Analog zu Bild 6.17 bis Bild 6.20 zeigen Bild 6.21 bis Bild 6.24 die Ergebnisse des A-bewerteten relativen Immissionsschalldruckpegels $L_{\mathrm{pE\ Lsw}}$ bei Schallausbreitung vom eingesetzten Dodekaeder-Lautsprecher über die Referenz-Lärmschutzwand am Mikrofonarray.

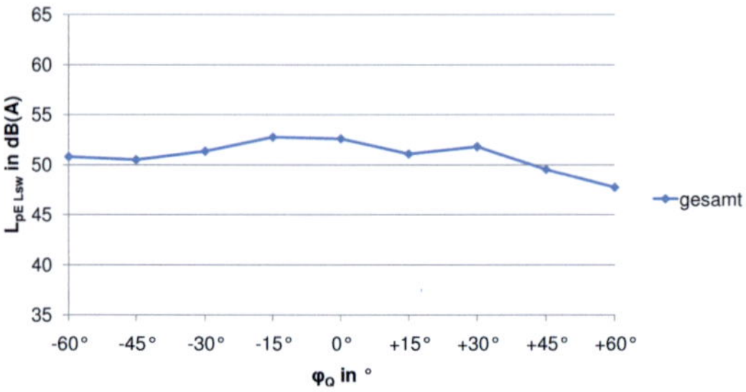

Bild 6.21: A-bewerteter rel. Schalldruckpegel $L_{\mathrm{pE\ Lsw}}$ am MA bei Schallausbreitung vom eingesetzten Dodekaeder-Lautsprecher über die Referenz-Lsw über reflektierendem Grund nach Anwendung der Quellspektrumskorrektur in Abhängigkeit vom Quellwinkel; Gesamtpegel über Terzbänder 315 Hz bis 3,15 kHz; hor. Quellwinkel $-60° \leq \varphi_{\mathrm{Q}} \leq 60°$

Im Allgemeinen sind die mit dem Mikrofonarray bestimmten Schalldruckpegel niedriger als die Messergebnisse am Einzelmikrofon. Ursache dafür sind Störeinflüsse, die durch die Richtcharakteristik des Mikrofonarrays zum großen Teil ausgeblendet werden konnten.

Zur Veranschaulichung dieses Sachverhalts zeigen die Bilder 6.25 bis 6.27 beispielhaft den A-bewerteten relativen Leistungsdichtepegel L_{S} am Mikrofonarray bei eingesetztem Dodekaeder-Lautsprecher für senkrechten Schalleinfall ($\varphi_{\mathrm{Q}} = 0°$). In Bild 6.25 sind die wesentlichen Bestandteile des Lokalisationsergebnisses gekennzeichnet. In der Mitte der Abbildung ist deutlich die lokalisierte Schallquelle an der Oberkante der Referenz-Lärmschutzwand zu erkennen, die durch den Dodekaeder-Lautsprecher hinter dem Schallschirm verursacht wird. Auf der linken Seite des Lokalisationsergebnisses bildet das Mikrofonarray die bereits beschriebene Störquelle in Richtung des Gebäudekomplexes getrennt ab. Im Einklang mit den Berechnungsergebnissen in Abschnitt 5.1.2 verursacht diese Störquelle im Frequenzbereich von 2 kHz bis 3,15 kHz durch örtliche Unterabtastung der einfallenden Schallwelle Aliasing-Effekte in Form von periodischen Hauptkeulen, deren Position sich mit der Frequenz verändert (vgl. Bild 6.27). Durch den Einsatz des kombinierten Linienarrays aus Bild 5.40 können diese Effekte vermieden werden.

Für die mit dem äquidistanten Linienarray aus Bild 5.3 durchgeführten Messungen wurde der Einfluss der örtlichen Aliasing-Effekte durch getrennte Analyse der einzelnen Terzbänder des Leistungsdichtepegels eliminiert (vgl. Bild 6.22 bis Bild 6.24). Die Berechnung des A-bewerteten Gesamt-Immissionsschalldruckpegels in Bild 6.21 erfolgte durch anschließende energetische Addition der gewichteten Terzband-Schalldruckpegel. Die Messergebnisse deuten darauf hin, dass nicht nur die periodischen Hauptkeulen ausgeblendet werden konnten, sondern für Schalleinfallswinkel $\varphi_{\mathrm{Q}} \geq -45°$ auch die linksseitige Störquelle.

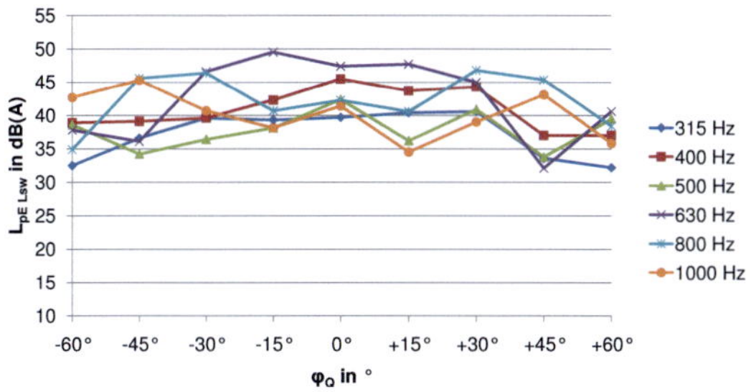

Bild 6.22: A-bewerteter relativer Terzband-Schalldruckpegel $L_{\mathrm{pE\ Lsw}}$ am MA bei Schallausbreitung vom eingesetzten Dodekaeder-Lautsprecher über die Referenz-Lsw über reflektierendem Grund nach Anwendung der Quellspektrumskorrektur in Abhängigkeit vom Quellwinkel; Terzmittenfrequenz 315 Hz bis 1 kHz; hor. Quellwinkel $-60° \leq \varphi_{\mathrm{Q}} \leq 60°$

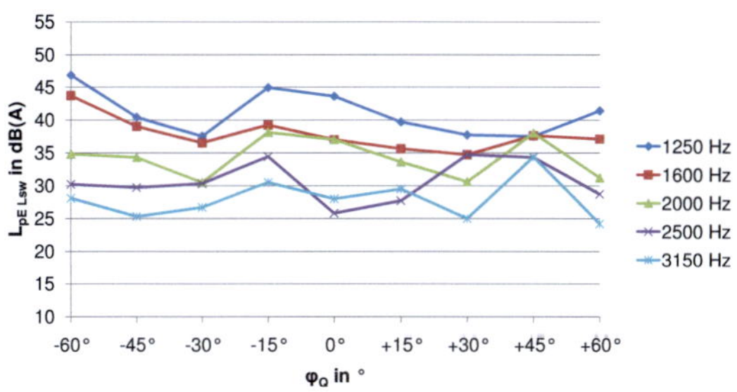

Bild 6.23: A-bewerteter relativer Terzband-Schalldruckpegel $L_{\mathrm{pE\ Lsw}}$ am MA bei Schallausbreitung vom eingesetzten Dodekaeder-Lautsprecher über die Referenz-Lsw über reflektierendem Grund nach Anwendung der Quellspektrumskorrektur in Abhängigkeit vom Quellwinkel; Terzmittenfrequenz 1,25 kHz bis 3,15 kHz; hor. Quellwinkel $-60° \leq \varphi_{\mathrm{Q}} \leq 60°$

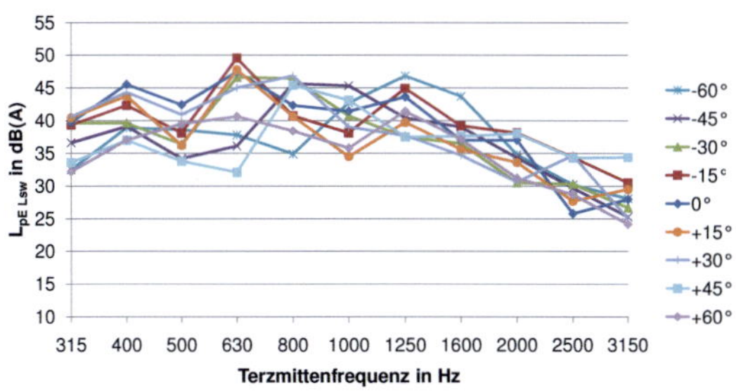

Bild 6.24: A-bewerteter relativer Terzband-Schalldruckpegel $L_{\mathrm{pE\ Lsw}}$ am MA bei Schallausbreitung vom eingesetzten Dodekaeder-Lautsprecher über die Referenz-Lsw über reflektierendem Grund nach Anwendung der Quellspektrumskorrektur in Abhängigkeit von der Frequenz; Terzmittenfrequenz 315 Hz bis 3,15 kHz; hor. Quellwinkel $-60° \leq \varphi_{\mathrm{Q}} \leq 60°$

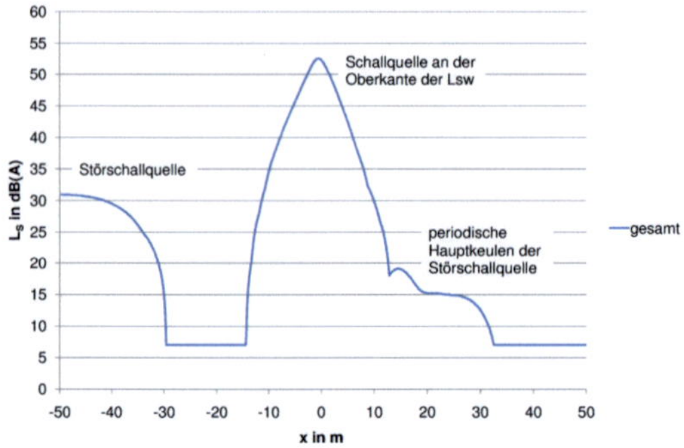

Bild 6.25: A-bewerteter relativer Breitband-Leistungsdichtepegel L_S am MA bei Schallausbreitung vom eingesetzten Dodekaeder-Lautsprecher über die Referenz-Lsw über reflektierendem Grund nach Anwendung der Quellspektrumskorrektur; Gesamtpegel über Terzbänder 315 Hz bis 3,15 kHz; hor. Quellwinkel $\varphi_Q = 0°$ ($x = 0$ m); Entfernung der Fokusebene vom MA 17,4 m; hor. Fokuswinkel $-70,8° \leq \varphi_F \leq 70,8°$ (-50 m $\leq x \leq 50$ m); Kennzeichnung der wesentlichen Bestandteile des Lokalisationsergebnisses

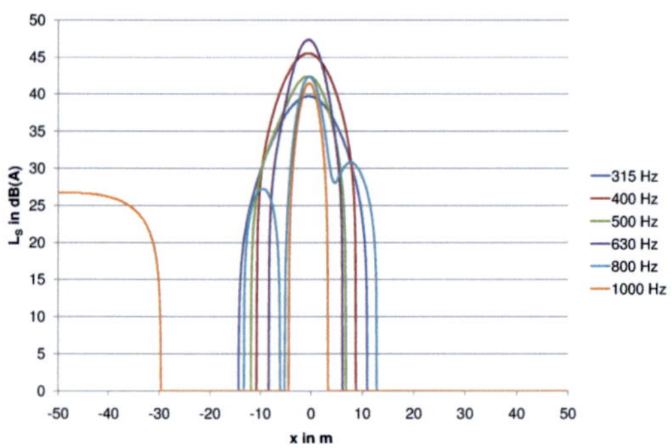

Bild 6.26: A-bewerteter relativer Terzband-Leistungsdichtepegel L_S am MA bei Schallausbreitung vom eingesetzten Dodekaeder-Lautsprecher über die Referenz-Lsw über reflektierendem Grund nach Anwendung der Quellspektrumskorrektur; Terzmittenfrequenz 315 Hz bis 1 kHz; hor. Quellwinkel $\varphi_Q = 0°$ ($x = 0$ m); Entfernung der Fokusebene vom MA 17,4 m; hor. Fokuswinkel $-70,8° \leq \varphi_F \leq 70,8°$ (-50 m $\leq x \leq 50$ m)

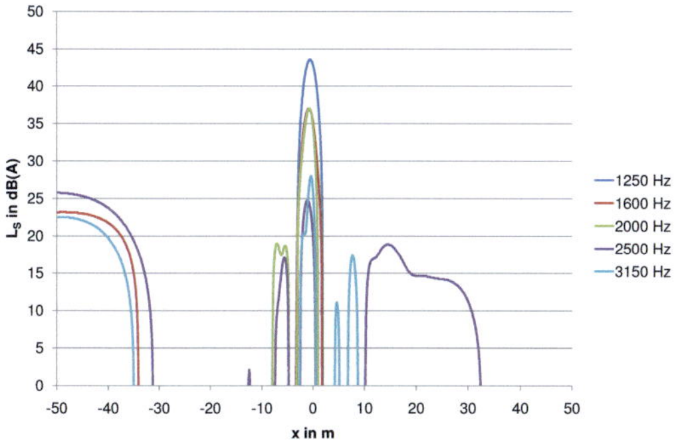

Bild 6.27: A-bewerteter relativer Terzband-Leistungsdichtepegel L_S am MA bei Schallausbreitung vom eingesetzten Dodekaeder-Lautsprecher über die Referenz-Lsw über reflektierendem Grund nach Anwendung der Quellspektrumskorrektur; Terzmittenfrequenz 1,25 kHz bis 3,15 kHz; hor. Quellwinkel $\varphi_Q = 0°$ (x = 0 m); Entfernung der Fokusebene vom MA 17,4 m; hor. Fokuswinkel $-70,8° \leq \varphi_F \leq 70,8°$ (-50 m $\leq$ x $\leq$ 50 m)

Einfügungsdämpfung $D_{e\ Lsw}$ mit Einzelmikrofon-Verfahren und Mikrofonarray-Verfahren

Die gemäß Gleichung (4.96) bzw. Gleichung (4.97) bestimmte Einfügungsdämpfung der Referenz-Lärmschutzwand bei Einsatz des Dodekaeder-Lautsprechers ist für das Einzelmikrofon-Verfahren in Bild 6.28 bis Bild 6.31 dargestellt. Wie bereits beschrieben, wurde der am Referenz-Mikrofon gemessene Schalldruckpegel näherungsweise als Immissionsschalldruckpegel $L_{pE\ frei}$ für freie Schallausbreitung über reflektierendem Grund verwendet. Bild 6.32 bis Bild 6.35 enthalten die Ergebnisse des Mikrofonarray-Verfahrens.

Das mit Hilfe beider Messverfahren ermittelte Maximum der Einfügungsdämpfung unter einem Schalleinfallswinkel von $\varphi_Q = +45°$ resultiert aus dem Immissionsschalldruckpegel am Referenzmikrofon. Für senkrechten Schalleinfall ($\varphi_Q = 0°$) stimmt das Ergebnis der Schallfeldsimulation für die semi-infinite schallharte Lärmschutzwand in Tabelle 4.5 für eine Quellhöhe von 0,5 m mit $D_{e\ Lsw}(0°)$ von 12,9 dB nur hinreichend mit dem Ergebnis $D_{e\ Lsw}(0°)$ des Mikrofonarray-Verfahrens von 16,8 dB überein. Es liegt nahe, dass die aufgetretene Pegeldifferenz von ca. 4 dB zum einen auf den Einfluss der Schallreflexion an der untersuchten Referenz-Lärmschutzwand auf den Immissionsschalldruckpegel am Referenzmikrofon zurückzuführen ist. Zum anderen können sich die beschriebenen Störeinflüsse pegelerhöhend auf den Immissionsschalldruckpegel am Referenzmikrofon ausgewirkt haben. Beide Sachverhalte führen dazu, dass die Einfügungsdämpfung der untersuchten Referenz-Lärmschutzwand zu hoch bestimmt wird.

Die direkte Gegenüberstellung der Ergebnisse von Einzelmikrofon-Verfahren und Mikrofonarray-Verfahren erfolgt in Abschnitt 6.2.

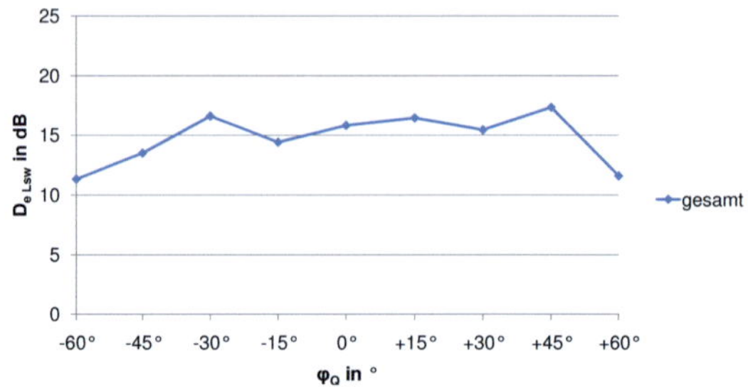

Bild 6.28: Einfügungsdämpfung $D_{\mathrm{e\ Lsw}}$ der Referenz-Lsw beim Einsatz des EM-Verfahrens mit Dodekaeder-Lautsprecher nach Anwendung der Quellspektrumskorrektur in Abhängigkeit vom Quellwinkel; Gesamtpegel über Terzbänder 315 Hz bis 3,15 kHz; hor. Quellwinkel $-60° \leq \varphi_{\mathrm{Q}} \leq 60°$

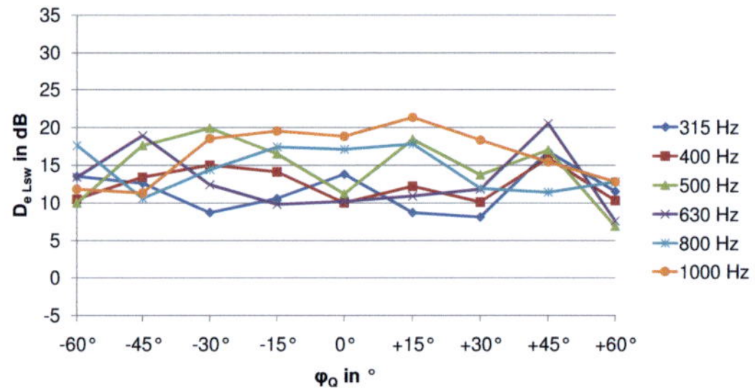

Bild 6.29: Terzband-Einfügungsdämpfung $D_{\mathrm{e\ Lsw}}$ der Referenz-Lsw beim Einsatz des EM-Verfahrens mit Dodekaeder-Lautsprecher nach Anwendung der Quellspektrumskorrektur in Abhängigkeit vom Quellwinkel; Terzmittenfrequenz 315 Hz bis 1 kHz; hor. Quellwinkel $-60° \leq \varphi_{\mathrm{Q}} \leq 60°$

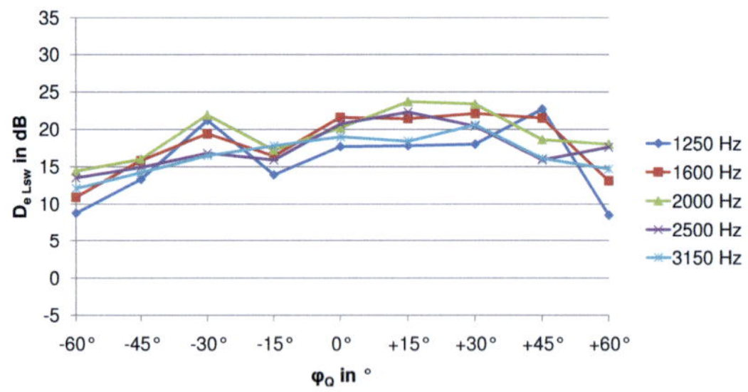

Bild 6.30: Terzband-Einfügungsdämpfung $D_{\mathrm{e\ Lsw}}$ der Referenz-Lsw beim Einsatz des EM-Verfahrens mit Dodekaeder-Lautsprecher nach Anwendung der Quellspektrumskorrektur in Abhängigkeit vom Quellwinkel; Terzmittenfrequenz 1,25 kHz bis 3,15 kHz; hor. Quellwinkel $-60° \leq \varphi_{\mathrm{Q}} \leq 60°$

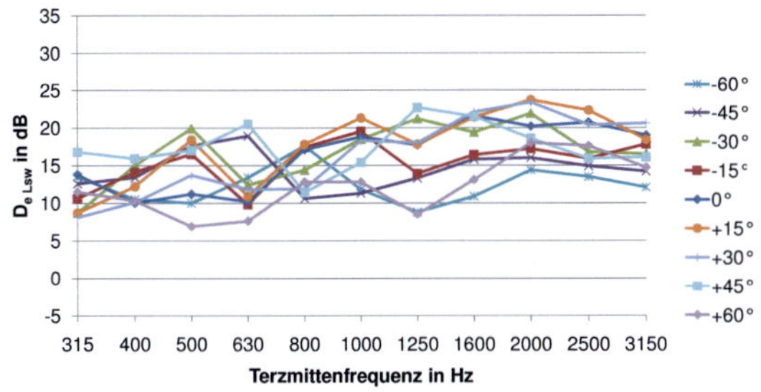

Bild 6.31: Terzband-Einfügungsdämpfung $D_{\mathrm{e\ Lsw}}$ der Referenz-Lsw beim Einsatz des EM-Verfahrens mit Dodekaeder-Lautsprecher nach Anwendung der Quellspektrumskorrektur in Abhängigkeit von der Frequenz; Terzmittenfrequenz 315 Hz bis 3,15 kHz; hor. Quellwinkel $-60° \leq \varphi_{\mathrm{Q}} \leq 60°$

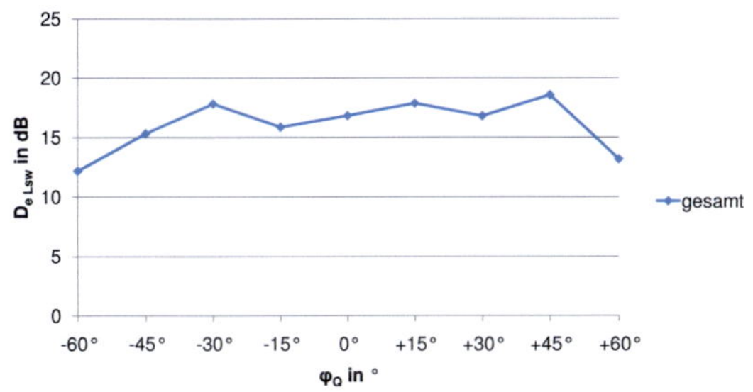

Bild 6.32: Einfügungsdämpfung $D_{\mathrm{e\ Lsw}}$ der Referenz-Lsw beim Einsatz des MA-Verfahrens mit Dodekaeder-Lautsprecher nach Anwendung der Quellspektrumskorrektur in Abhängigkeit vom Quellwinkel; Gesamtpegel über Terzbänder 315 Hz bis 3,15 kHz; hor. Quellwinkel $-60° \leq \varphi_{\mathrm{Q}} \leq 60°$

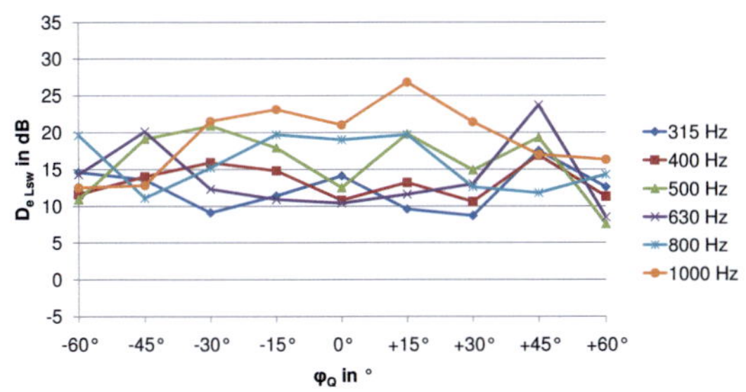

Bild 6.33: Terzband-Einfügungsdämpfung $D_{\mathrm{e\ Lsw}}$ der Referenz-Lsw beim Einsatz des MA-Verfahrens mit Dodekaeder-Lautsprecher nach Anwendung der Quellspektrumskorrektur in Abhängigkeit vom Quellwinkel; Terzmittenfrequenz 315 Hz bis 1 kHz; hor. Quellwinkel $-60° \leq \varphi_{\mathrm{Q}} \leq 60°$

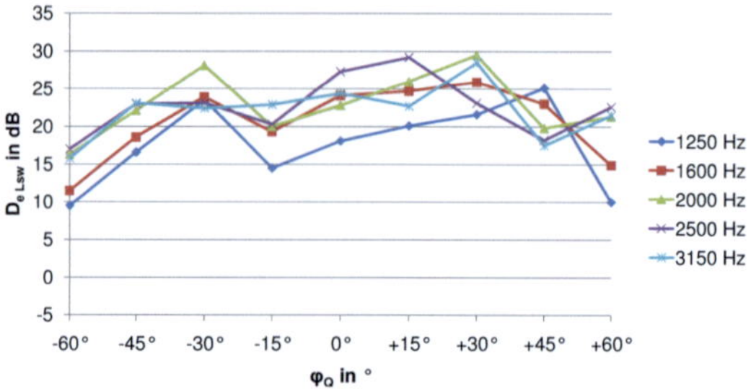

Bild 6.34: Terzband-Einfügungsdämpfung $D_{\mathrm{e\ Lsw}}$ der Referenz-Lsw beim Einsatz des MA-Verfahrens mit Dodekaeder-Lautsprecher nach Anwendung der Quellspektrumskorrektur in Abhängigkeit vom Quellwinkel; Terzmittenfrequenz 1,25 kHz bis 3,15 kHz; hor. Quellwinkel $-60° \leq \varphi_{\mathrm{Q}} \leq 60°$

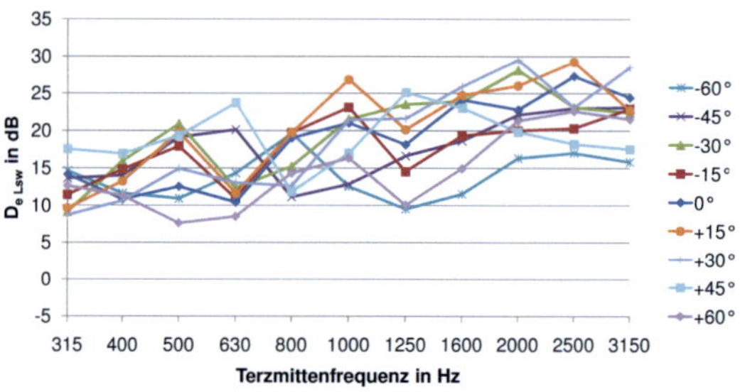

Bild 6.35: Terzband-Einfügungsdämpfung $D_{\mathrm{e\ Lsw}}$ der Referenz-Lsw beim Einsatz des MA-Verfahrens mit Dodekaeder-Lautsprecher nach Anwendung der Quellspektrumskorrektur in Abhängigkeit von der Frequenz; Terzmittenfrequenz 315 Hz bis 3,15 kHz; hor. Quellwinkel $-60° \leq \varphi_{\mathrm{Q}} \leq 60°$

6.1.2.2 Beobachtung eines vorbeifahrenden Fahrzeugs

Immissionsschalldruckpegel $L_{\mathrm{pE\ frei}}$ am Referenzmikrofon

Bild 6.36 zeigt den A-bewerteten relativen Gesamt-Immissionsschalldruckpegel $L_{\mathrm{pE\ frei}}$, der sich bei annähernd freier Schallausbreitung vom vorbeifahrenden Fahrzeug über reflektierendem Grund am Referenzmikrofon ergibt. Die dazugehörigen Terzbandpegel in Abhängigkeit vom horizontalen Quellwinkel φ_{Q} sind in Bild 6.37 und Bild 6.38 dargestellt.

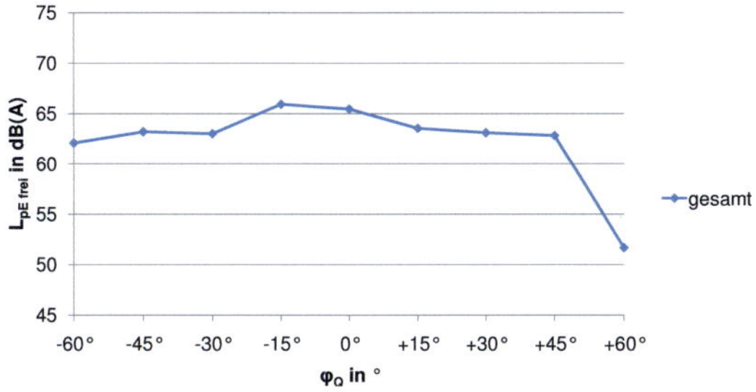

Bild 6.36: A-bewerteter Schalldruckpegel $L_{\mathrm{pE\ frei}}$ am Referenzmikrofon bei annähernd freier Schallausbreitung vom vorbeifahrenden Fahrzeug über reflektierendem Grund in Abhängigkeit vom Quellwinkel; Gesamtpegel über Terzbänder 315 Hz bis 3,15 kHz; hor. Quellwinkel $-60° \leq \varphi_{\mathrm{Q}} \leq 60°$

Es ist deutlich zu erkennen, dass der Immissionsschalldruckpegel außerhalb des Winkelbereichs von $-45° \leq \varphi_{\mathrm{Q}} \leq +45°$ keinen axialsymmetrischen Verlauf zum senkrechten Schalleinfall aufweist. Wie im Fall der messtechnischen Untersuchungen mit Dodekaeder-Lautsprecher deutet dies auf den Einfluss einer Störquelle aus der Richtung $\varphi_{\mathrm{Q}} = -60°$ hin. Da die emittierte spektrale Schallleistung des vorbeifahrenden Fahrzeugs geringer ist als die des Dodekaeder-Lautsprechers, wurde der Immissionsschalldruckpegel am Referenzmikrofon bei dieser Messung stärker beeinflusst.

Bild 6.39 zeigt den am Referenzmikrofon gemessenen A-bewerteten Terzband-Schalldruckpegel für die verschiedenen Schalleinfallswinkel in Abhängigkeit von der Frequenz. Im mittleren und hohen Frequenzbereich weisen die Spektren den näherungsweisen Verlauf des standardisierten Verkehrslärmspektrums auf. Das Amplitudenverhältnis zwischen den niederfrequenten Komponenten und den spektralen Anteilen des mittleren und hohen Frequenzbereichs fällt für das durch das Fahrzeug hervorgerufene Schalldruckpegelspektrum niedriger aus als für das standardisierte Verkehrslärmspektrum.

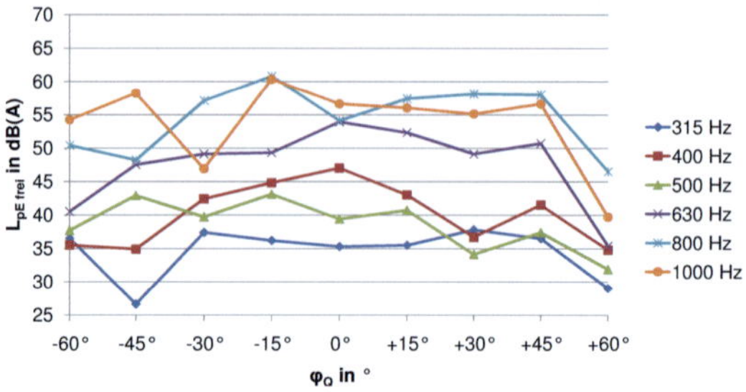

Bild 6.37: A-bewerteter Terzband-Schalldruckpegel $L_{\mathrm{pE\ frei}}$ am Referenzmikrofon bei annähernd freier Schallausbreitung vom vorbeifahrenden Fahrzeug über reflektierendem Grund in Abhängigkeit vom Quellwinkel; Terzmittenfrequenz 315 Hz bis 1 kHz; hor. Quellwinkel $-60° \leq \varphi_{\mathrm{Q}} \leq 60°$

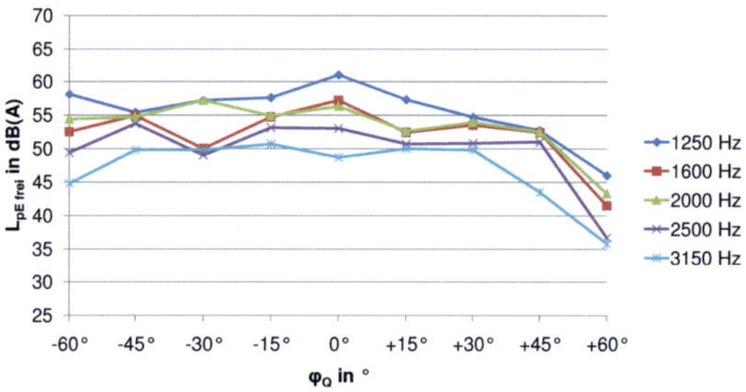

Bild 6.38: A-bewerteter Terzband-Schalldruckpegel $L_{\mathrm{pE\ frei}}$ am Referenzmikrofon bei annähernd freier Schallausbreitung vom vorbeifahrenden Fahrzeug über reflektierendem Grund in Abhängigkeit vom Quellwinkel; Terzmittenfrequenz 1,25 kHz bis 3,15 kHz; hor. Quellwinkel $-60° \leq \varphi_{\mathrm{Q}} \leq 60°$

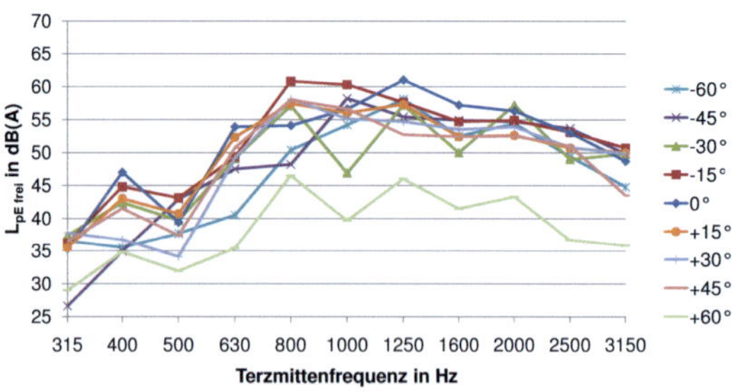

Bild 6.39: A-bewerteter Terzband-Schalldruckpegel $L_{\mathrm{pE\ frei}}$ am Referenzmikrofon bei annähernd freier Schallausbreitung vom vorbeifahrenden Fahrzeug über reflektierendem Grund in Abhängigkeit von der Frequenz; Terzmittenfrequenz 315 Hz bis 3,15 kHz; hor. Quellwinkel $-60° \leq \varphi_{\mathrm{Q}} \leq 60°$

Immissionsschalldruckpegel $L_{\mathrm{pE\ Lsw}}$ am Einzelmikrofon

Der A-bewertete Gesamt-Schalldruckpegel $L_{\mathrm{pE\ Lsw}}$, der sich bei Schallausbreitung vom vorbeifahrenden Fahrzeug über die Referenz-Lärmschutzwand am Einzelmikrofon ergibt, ist in Bild 6.40 dargestellt. Die dazugehörigen Terzbandpegel in Abhängigkeit vom horizontalen Quellwinkel φ_{Q} zeigen Bild 6.41 und Bild 6.42.

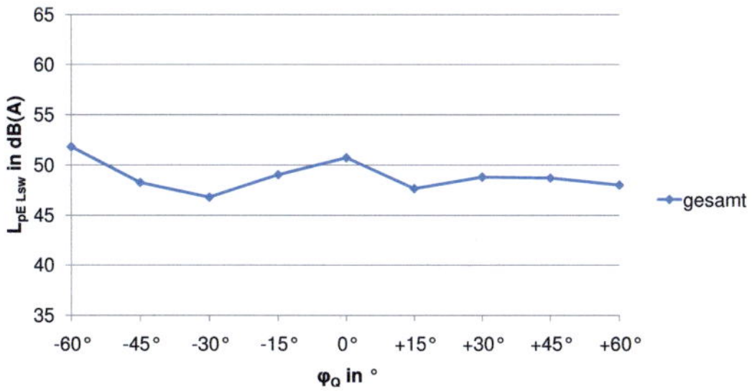

Bild 6.40: A-bewerteter Schalldruckpegel $L_{\mathrm{pE\ Lsw}}$ am EM bei Schallausbreitung vom vorbeifahrenden Fahrzeug über die Referenz-Lsw über reflektierendem Grund in Abhängigkeit vom Quellwinkel; Gesamtpegel über Terzbänder 315 Hz bis 3,15 kHz; hor. Quellwinkel $-60° \leq \varphi_{\mathrm{Q}} \leq 60°$

Wie bei den Untersuchungen mit dem Dodekaeder-Lautsprecher in Bild 6.17 ist die näherungsweise Axialsymmetrie des winkelabhängigen Pegelverlaufs des mit Einzelmikrofon ermittelten Gesamt-Immissionsschalldruckpegels zu erkennen. Insbesondere für den horizontalen Quellwinkel von $\varphi_{\mathrm{Q}} = -60°$ tritt jedoch der Einfluss der linksseitigen Störquelle auf das Messergebnis des Einzelmikrofons deutlich hervor.

Bild 6.43 zeigt den am Einzelmikrofon gemessenen A-bewerteten Terzband-Schalldruckpegel für die verschiedenen Schalleinfallswinkel in Abhängigkeit von der Frequenz. Wie bei den messtechnischen Untersuchungen mit dem Dodekaeder-Lautsprecher weisen die Spektren einen niederfrequenteren spektralen Schwerpunkt auf als das standardisierte Verkehrslärmspektrum.

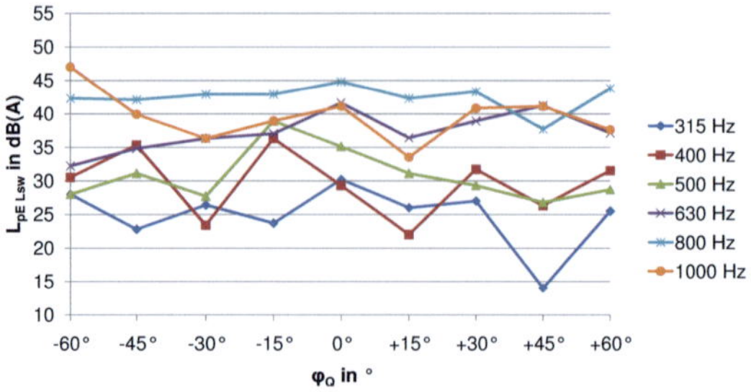

Bild 6.41: A-bewerteter Terzband-Schalldruckpegel $L_{\mathrm{pE\ Lsw}}$ am EM bei Schallausbreitung vom vorbeifahrenden Fahrzeug über die Referenz-Lsw über reflektierendem Grund in Abhängigkeit vom Quellwinkel; Terzmittenfrequenz 315 Hz bis 1 kHz; hor. Quellwinkel $-60° \leq \varphi_{\mathrm{Q}} \leq 60°$

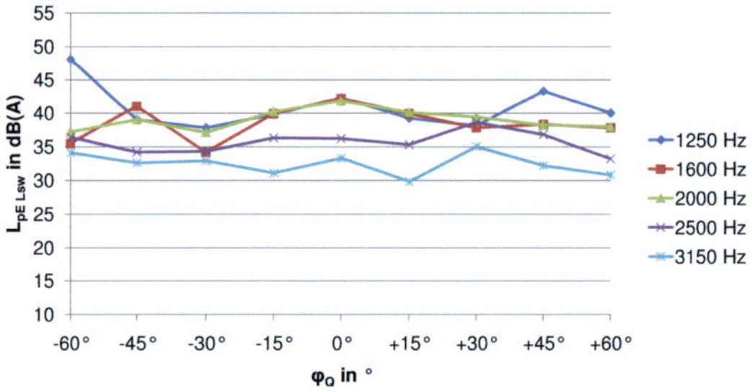

Bild 6.42: A-bewerteter Terzband-Schalldruckpegel $L_{\mathrm{pE\ Lsw}}$ am EM bei Schallausbreitung vom vorbeifahrenden Fahrzeug über die Referenz-Lsw über reflektierendem Grund in Abhängigkeit vom Quellwinkel; Terzmittenfrequenz 1,25 kHz bis 3,15 kHz; hor. Quellwinkel $-60° \leq \varphi_{\mathrm{Q}} \leq 60°$

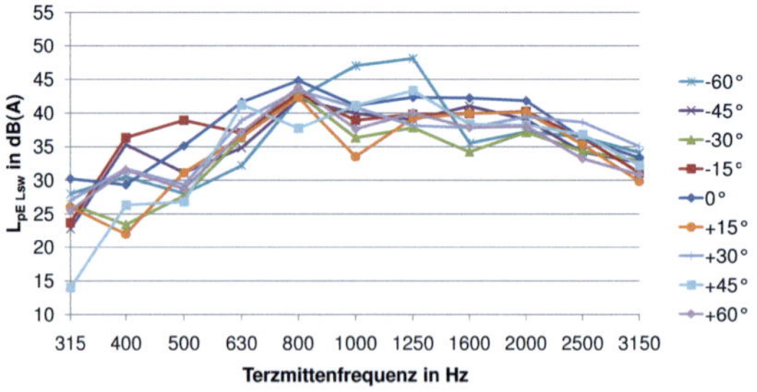

Bild 6.43: A-bewerteter Terzband-Schalldruckpegel $L_{\mathrm{pE\ Lsw}}$ am EM bei Schallausbreitung vom vorbeifahrenden Fahrzeug über die Referenz-Lsw über reflektierendem Grund in Abhängigkeit von der Frequenz; Terzmittenfrequenz 315 Hz bis 3,15 kHz; hor. Quellwinkel $-60° \leq \varphi_{\mathrm{Q}} \leq 60°$

Immissionsschalldruckpegel $L_{\mathrm{pE\ Lsw}}$ am Mikrofonarray

Analog zu den Bildern 6.40 bis 6.43 zeigen Bild 6.44 bis Bild 6.47 die Ergebnisse des A-bewerteten Immissionsschalldruckpegels $L_{\mathrm{pE\ Lsw}}$ bei Schallausbreitung vom vorbeifahrenden Fahrzeug über die Referenz-Lärmschutzwand am Mikrofonarray.

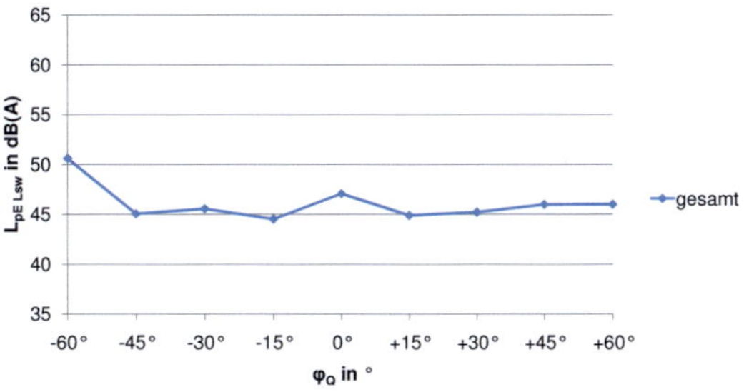

Bild 6.44: A-bewerteter Schalldruckpegel $L_{\mathrm{pE\ Lsw}}$ am MA bei Schallausbreitung vom vorbeifahrenden Fahrzeug über die Referenz-Lsw über reflektierendem Grund in Abhängigkeit vom Quellwinkel; Gesamtpegel über Terzbänder 315 Hz bis 3,15 kHz; hor. Quellwinkel $-60° \leq \varphi_{\mathrm{Q}} \leq 60°$

Wie bei den Untersuchungen mit Dodekaeder-Lautsprecher besitzen die mit dem Mikrofonarray bestimmten Schalldruckpegel eine geringere Amplitude als die Messergebnisse am Einzelmikrofon. Ursache dafür sind wiederum die während der Messungen aufgetretenen Störeinflüsse, die durch die Richtcharakteristik des Mikrofonarrays zum großen Teil ausgeblendet werden konnten.

Analog zu den Bildern 6.25 bis 6.27 zeigen Bild 6.48 bis Bild 6.50 beispielhaft den A-bewerteten Leistungsdichtepegel L_{S} am Mikrofonarray bei vorbeifahrendem Fahrzeug für senkrechten Schalleinfall ($\varphi_{\mathrm{Q}} = 0°$). In Bild 6.48 sind wiederholt die wesentlichen Bestandteile des Lokalisationsergebnisses gekennzeichnet. In der Mitte der Abbildung ist die lokalisierte Schallquelle an der Oberkante der Referenz-Lärmschutzwand deutlich zu erkennen, die durch das vorbeifahrende Fahrzeug hinter dem Schallschirm verursacht wird. Auf der linken Seite des Lokalisationsergebnisses bildet das Mikrofonarray, wie in den Untersuchungen mit dem Dodekaeder-Lautsprecher, eine Störquelle in Richtung des Gebäudekomplexes getrennt ab. Auch in diesem Fall verursacht diese Störquelle auf der rechten Seite des Lokalisationsergebnisses örtliche Aliasing-Effekte.

In Bild 6.51 sind der A-bewertete relative Breitband-Leistungsdichtepegel am Mikrofonarray bei Schallausbreitung über die Referenz-Lärmschutzwand bei eingesetztem Dodekaeder-Lautsprecher (blaue Kurve) und das Lokalisationsergebnis bei vorbeifahrendem Fahrzeug (rote Kurve) für senkrechten Schalleinfall direkt gegenübergestellt. Zur besseren Vergleichbarkeit wurde der Maximalpegel der schalltechnischen Abbildung des vorbeifahrenden Fahrzeugs an den Maximalpegel der Abbildung des Dodekaeder-Lautsprechers angepasst. Es ist deutlich zu erkennen, dass die linksseitige Störquelle, und damit auch deren periodische Hauptkeulen, im Lokalisationsergebnis des vorbeifahrenden Fahrzeugs eine größere Amplitude aufweisen als im Lokalisationsergebnis des Dodekaeder-Lautsprechers.

Bild 6.51 enthält eine grüne dritte Kurve. Diese zeigt das gewichtete Breitband-Arraypattern $L_{W\mathrm{A}}$ (blaue Kurve in Bild 5.51), das die Grundlage für die Abschätzung der erforderlichen Mindestlänge der Lärmschutzwand in Abschnitt 5.2 darstellt. Auf der Basis, dass die Relativpegel von logarithmiertem Arraypattern und Leistungsdichtepegel für eine Punktschallquelle gleich groß sind, wurde der Maximalpegel von $L_{W\mathrm{A}}$ an den Maximalpegel der Abbildung des Dodekaeder-Lautsprechers angepasst. Es ist deutlich zu erkennen, dass die blaue und die grüne Kurve über einen weiten Dynamikbereich nahezu deckungsgleich verlaufen. Dies bestätigt, dass die spektrale Wichtung der Terzband-Arraypattern durch die Kombination von standardisiertem Verkehrslärmspektrum und Abschirmmaß D_{z} zielführend war.

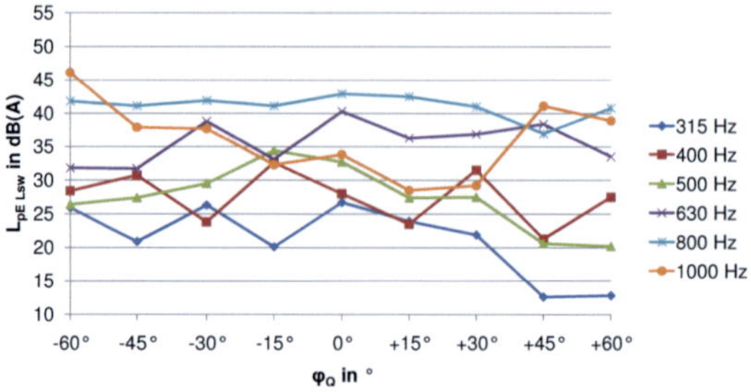

Bild 6.45: A-bewerteter Terzband-Schalldruckpegel $L_{\mathrm{pE\ Lsw}}$ am MA bei Schallausbreitung vom vorbeifahrenden Fahrzeug über die Referenz-Lsw über reflektierendem Grund in Abhängigkeit vom Quellwinkel; Terzmittenfrequenz 315 Hz bis 1 kHz; hor. Quellwinkel $-60° \leq \varphi_{\mathrm{Q}} \leq 60°$

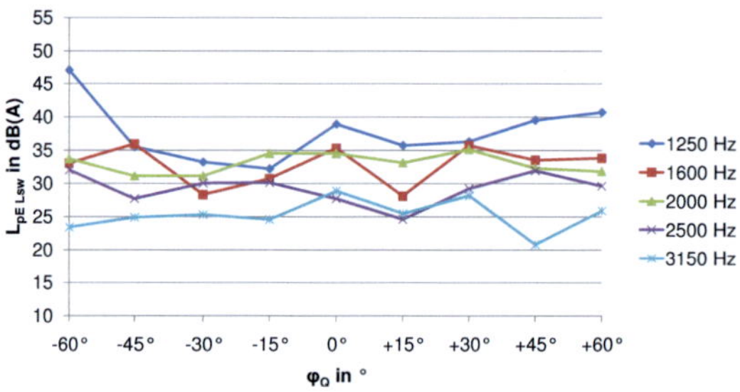

Bild 6.46: A-bewerteter Terzband-Schalldruckpegel $L_{\mathrm{pE\ Lsw}}$ am MA bei Schallausbreitung vom vorbeifahrenden Fahrzeug über die Referenz-Lsw über reflektierendem Grund in Abhängigkeit vom Quellwinkel; Terzmittenfrequenz 1,25 kHz bis 3,15 kHz; hor. Quellwinkel $-60° \leq \varphi_{\mathrm{Q}} \leq 60°$

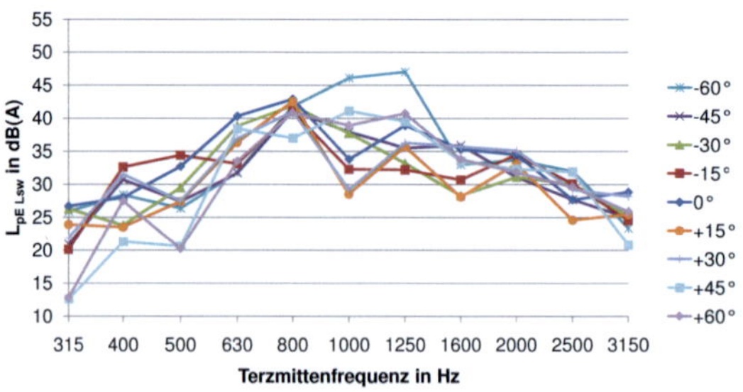

Bild 6.47: A-bewerteter Terzband-Schalldruckpegel $L_{\mathrm{pE\ Lsw}}$ am MA bei Schallausbreitung vom vorbeifahrenden Fahrzeug über die Referenz-Lsw über reflektierendem Grund in Abhängigkeit von der Frequenz; Terzmittenfrequenz 315 Hz bis 3,15 kHz; hor. Quellwinkel $-60° \leq \varphi_{\mathrm{Q}} \leq 60°$

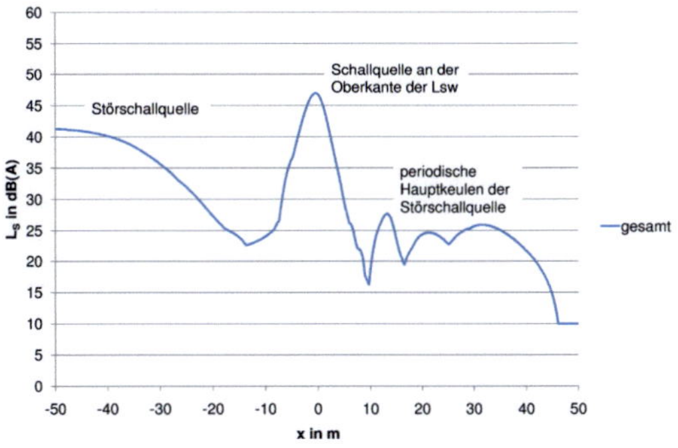

Bild 6.48: A-bewerteter Breitband-Leistungsdichtepegel L_S am MA bei Schallausbreitung vom vorbeifahrenden Fahrzeug über die Referenz-Lsw über reflektierendem Grund; Gesamtpegel über Terzbänder 315 Hz bis 3,15 kHz; hor. Quellwinkel $\varphi_Q = 0°$ ($x = 0$ m); Entfernung der Fokusebene vom MA 17,4 m; hor. Fokuswinkel $-70,8° \leq \varphi_F \leq 70,8°$ (-50 m $\leq x \leq 50$ m); Kennzeichnung der wesentlichen Bestandteile des Lokalisationsergebnisses

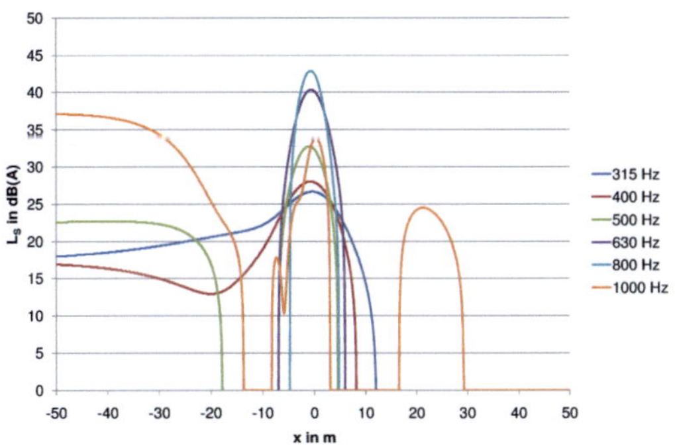

Bild 6.49: A-bewerteter Terzband-Leistungsdichtepegel L_S am MA bei Schallausbreitung vom vorbeifahrenden Fahrzeug über die Referenz-Lsw über reflektierendem Grund; Terzmittenfrequenz 315 Hz bis 1 kHz; hor. Quellwinkel $\varphi_Q = 0°$ ($x = 0$ m); Entfernung der Fokusebene vom MA 17,4 m; hor. Fokuswinkel $-70,8° \leq \varphi_F \leq 70,8°$ (-50 m $\leq x \leq 50$ m)

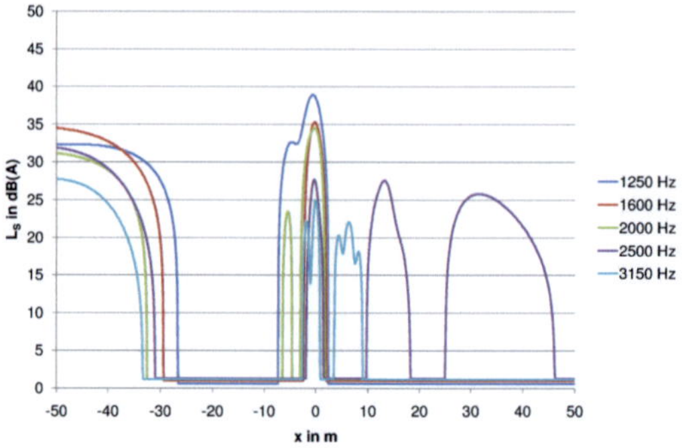

Bild 6.50: A-bewerteter Terzband-Leistungsdichtepegel L_S am MA bei Schallausbreitung vom vorbeifahrenden Fahrzeug über die Referenz-Lsw über reflektierendem Grund; Terzmittenfrequenz 1,25 kHz bis 3,15 kHz; hor. Quellwinkel $\varphi_Q = 0°$ ($x = 0$ m); Entfernung der Fokusebene vom MA 17,4 m; hor. Fokuswinkel $-70,8° \leq \varphi_F \leq 70,8°$ (-50 m $\leq x \leq 50$ m)

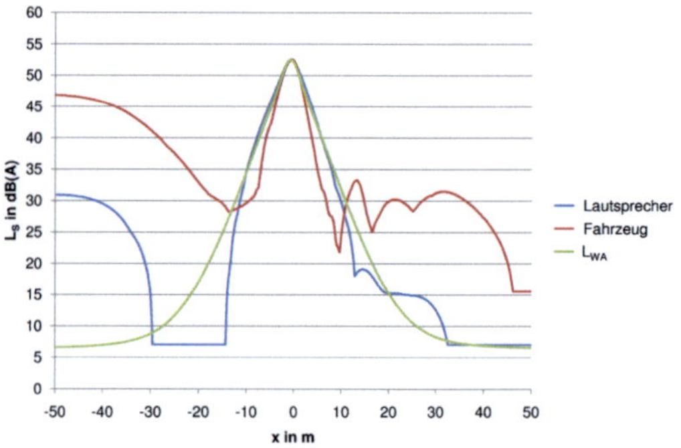

Bild 6.51: A-bewerteter relativer Breitband-Leistungsdichtepegel L_S am MA bei Schallausbreitung über die Referenz-Lsw über reflektierendem Grund; Gesamtpegel über Terzbänder 315 Hz bis 3,15 kHz; hor. Quellwinkel $\varphi_Q = 0°$ ($x = 0$ m); Entfernung der Fokusebene vom MA 17,4 m; hor. Fokuswinkel $-70,8° \leq \varphi_F \leq 70,8°$ (-50 m $\leq x \leq 50$ m); blau: Abbildung des Dodekaeder-Lautsprechers nach Anwendung der Quellspektrumskorrektur; rot: Abbildung des vorbeifahrenden Fahrzeugs (Maximalpegel an den des lokalisierten Dodekaeder-Lautsprechers angepasst); grün: berechnete Abbildung einer Punktschallquelle für die Abschätzung der erforderlichen Mindestlänge der Lsw (gewichtetes Breitband-Arraypattern L_{WA} aus Bild 5.51; Maximalpegel an den des lokalisierten Dodekaeder-Lautsprechers angepasst)

Die Hauptkeule der abgebildeten Fahrzeug-Schallquelle weist innerhalb der messtechnischen Untersuchungen eine geringere Breite auf als die abgebildete Dodekaeder-Schallquelle. Wie bereits bei der Beschreibung von Bild 6.39 angeführt wurde, ist dies darauf zurückzuführen, dass die niederfrequenten Komponenten der emittierten Schallleistung des beobachteten Fahrzeugs, im Verhältnis zu den mittleren und hohen Frequenzanteilen, einen geringeren Pegel aufweisen als im standardisierten Verkehrslärmspektrum definiert ist.

Einfügungsdämpfung $D_{\mathrm{e\ Lsw}}$ mit Einzelmikrofon-Verfahren und Mikrofonarray-Verfahren

Die gemäß Gleichung (4.96) bzw. Gleichung (4.97) bestimmte Einfügungsdämpfung der Referenz-Lärmschutzwand bei Beobachtung des vorbeifahrenden Fahrzeugs ist für das Einzelmikrofon-Verfahren in den Bildern 6.52 bis 6.55 dargestellt. Bild 6.56 bis Bild 6.59 enthalten die Ergebnisse des Mikrofonarray-Verfahrens.

Der mit Hilfe beider Messverfahren ermittelte Pegelunterschied zwischen der Einfügungsdämpfung für $\varphi_{\mathrm{Q}} = -60°$ und der Einfügungsdämpfung für $\varphi_{\mathrm{Q}} = +60°$ resultiert aus der linksseitigen Störquelle. Für senkrechten Schalleinfall ($\varphi_{\mathrm{Q}} = 0°$) stimmt das Ergebnis der Schallfeldsimulation für die semi-infinite schallharte Lärmschutzwand in Tabelle 4.5 für eine Quellhöhe von 0,01 m mit $D_{\mathrm{e\ Lsw}}(0°)$ von 14,5 dB nur hinreichend mit dem Ergebnis $D_{\mathrm{e\ Lsw}}(0°)$ des Mikrofonarray-Verfahrens von 21,4 dB überein. Analog zum Ergebnis der messtechnischen Untersuchungen mit dem Dodekaeder-Lautsprecher liegt es nahe, dass die aufgetretene Pegeldifferenz von ca. 6 dB auf den Einfluss der Schallreflexion an der untersuchten Referenz-Lärmschutzwand sowie den Einfluss der beschriebenen Störquellen auf den Immissionsschalldruckpegel am Referenzmikrofon zurückzuführen ist. Da das vorbeifahrende Fahrzeug eine geringere Schallleistung emittiert als der Dodekaeder-Lautsprecher, wird der Einfluss der Störquellen noch verstärkt. Ungeachtet der Störeinflüsse wurde die Einfügungsdämpfung der Referenz-Lärmschutzwand innerhalb der messtechnischen Untersuchungen bei Beobachtung eines vorbeifahrenden Fahrzeugs durchgehend höher bestimmt als beim Einsatz eines Dodekaeder-Lautsprechers.

Die direkte Gegenüberstellung der Ergebnisse von Einzelmikrofon-Verfahren und Mikrofonarray-Verfahren erfolgt in Abschnitt 6.2.

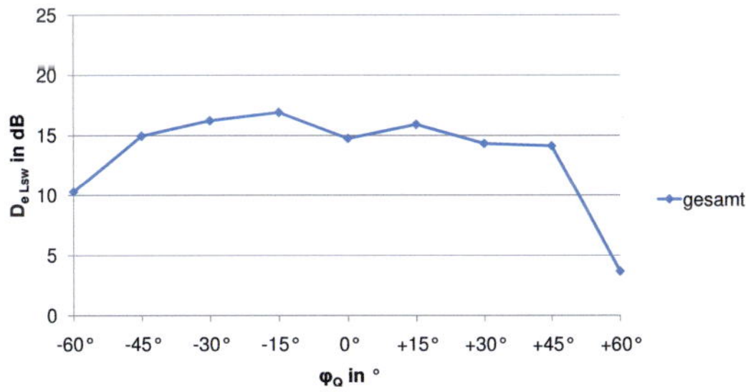

Bild 6.52: Einfügungsdämpfung $D_{\mathrm{e\ Lsw}}$ der Referenz-Lsw beim Einsatz des EM-Verfahrens mit vorbeifahrendem Fahrzeug in Abhängigkeit vom Quellwinkel; Gesamtpegel über Terzbänder 315 Hz bis 3,15 kHz; hor. Quellwinkel $-60° \leq \varphi_{\mathrm{Q}} \leq 60°$

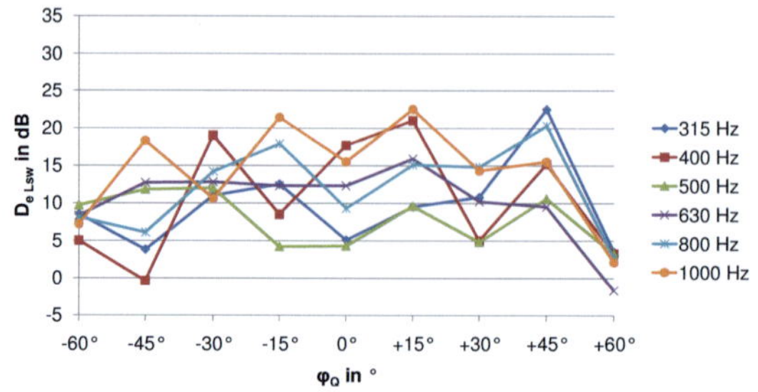

Bild 6.53: Terzband-Einfügungsdämpfung $D_{\mathrm{e\,Lsw}}$ der Referenz-Lsw beim Einsatz des EM-Verfahrens mit vorbeifahrendem Fahrzeug in Abhängigkeit vom Quellwinkel; Terzmittenfrequenz 315 Hz bis 1 kHz; hor. Quellwinkel $-60° \leq \varphi_{\mathrm{Q}} \leq 60°$

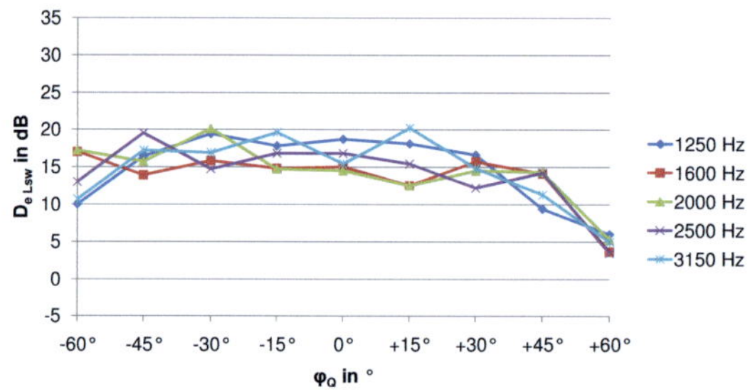

Bild 6.54: Terzband-Einfügungsdämpfung $D_{\mathrm{e\,Lsw}}$ der Referenz-Lsw beim Einsatz des EM-Verfahrens mit vorbeifahrendem Fahrzeug in Abhängigkeit vom Quellwinkel; Terzmittenfrequenz 1,25 kHz bis 3,15 kHz; hor. Quellwinkel $-60° \leq \varphi_{\mathrm{Q}} \leq 60°$

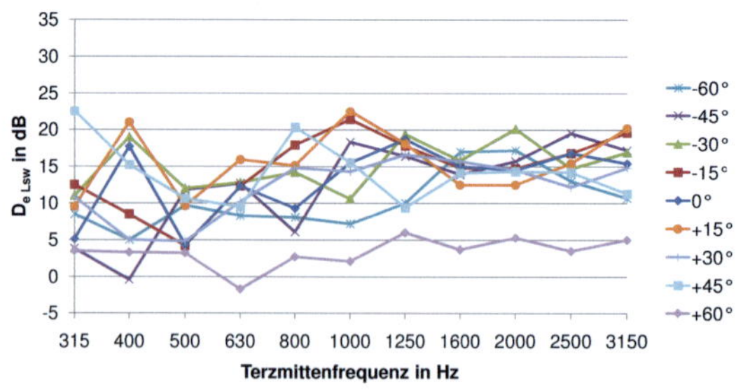

Bild 6.55: Terzband-Einfügungsdämpfung $D_{\mathrm{e\,Lsw}}$ der Referenz-Lsw beim Einsatz des EM-Verfahrens mit vorbeifahrendem Fahrzeug in Abhängigkeit von der Frequenz; Terzmittenfrequenz 315 Hz bis 3,15 kHz; hor. Quellwinkel $-60° \leq \varphi_{\mathrm{Q}} \leq 60°$

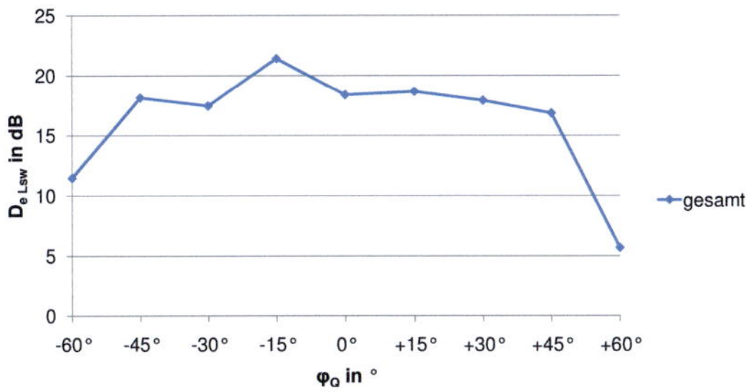

Bild 6.56: Einfügungsdämpfung $D_{\mathrm{e\ Lsw}}$ der Referenz-Lsw beim Einsatz des MA-Verfahrens mit vorbeifahrendem Fahrzeug in Abhängigkeit vom Quellwinkel; Gesamtpegel über Terzbänder 315 Hz bis 3,15 kHz; hor. Quellwinkel $-60° \leq \varphi_{\mathrm{Q}} \leq 60°$

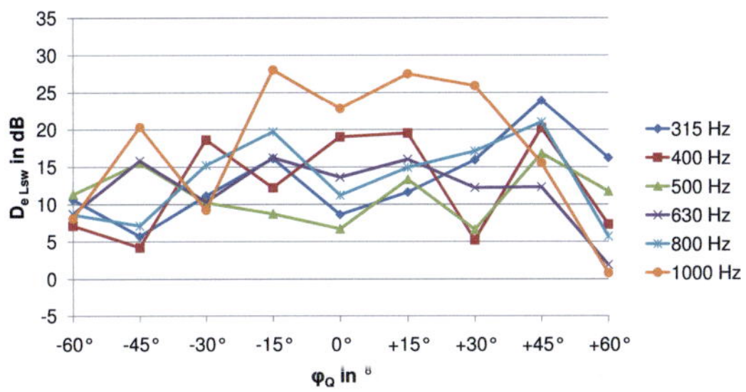

Bild 6.57: Terzband-Einfügungsdämpfung $D_{\mathrm{e\ Lsw}}$ der Referenz-Lsw beim Einsatz des MA-Verfahrens mit vorbeifahrendem Fahrzeug in Abhängigkeit vom Quellwinkel; Terzmittenfrequenz 315 Hz bis 1 kHz; hor. Quellwinkel $-60° \leq \varphi_{\mathrm{Q}} \leq 60°$

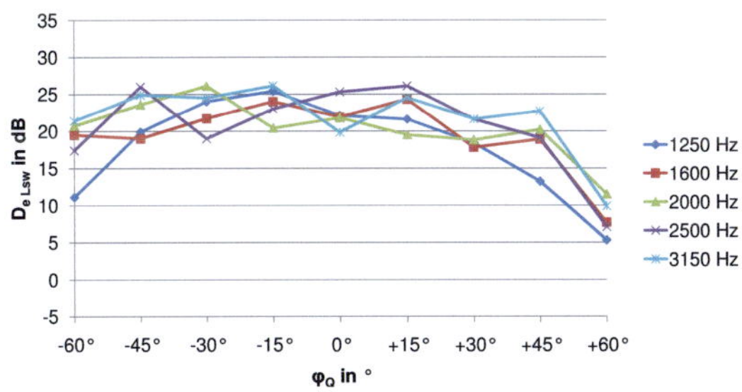

Bild 6.58: Terzband-Einfügungsdämpfung $D_{\mathrm{e\ Lsw}}$ der Referenz-Lsw beim Einsatz des MA-Verfahrens mit vorbeifahrendem Fahrzeug in Abhängigkeit vom Quellwinkel; Terzmittenfrequenz 1,25 kHz bis 3,15 kHz; hor. Quellwinkel $-60° \leq \varphi_{\mathrm{Q}} \leq 60°$

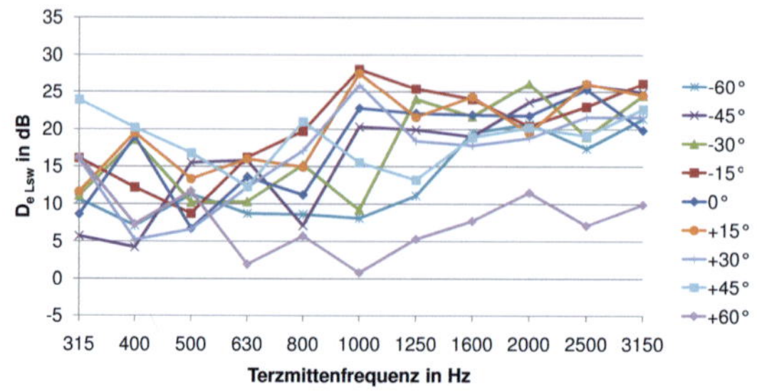

Bild 6.59: Terzband-Einfügungsdämpfung $D_{\mathrm{e\ Lsw}}$ der Referenz-Lsw beim Einsatz des MA-Verfahrens mit vorbeifahrendem Fahrzeug in Abhängigkeit von der Frequenz; Terzmittenfrequenz 315 Hz bis 3,15 kHz; hor. Quellwinkel $-60° \leq \varphi_{\mathrm{Q}} \leq 60°$

6.2 VERGLEICH VON KONVENTIONELLEM EINZELMIKROFON-VERFAHREN UND NEUEM MIKROFONARRAY-VERFAHREN

Inhalt dieses Abschnitts ist die direkte Gegenüberstellung der Ergebnisse von Einzelmikrofon-Verfahren und Mikrofonarray-Verfahren an der untersuchten Referenz-Lärmschutzwand. Bild 6.60 zeigt die Gesamtpegel der Einfügungsdämpfung $D_{\mathrm{e\ Lsw}}$ der Referenz-Lärmschutzwand bei eingesetztem Dodekaeder-Lautsprecher für das Einzelmikrofon-Verfahren (blaue Kurve) und das Mikrofonarray-Verfahren (rote Kurve) in Abhängigkeit vom horizontalen Quellwinkel. Es ist zu erkennen, dass beide Kurven einen nahezu gleichen Verlauf haben. Daraus resultiert eine vom Schalleinfallswinkel nahezu unabhängige, konstante Pegeldifferenz der Einfügungsdämpfung $\Delta D_{\mathrm{e\ Lsw}}$ (vgl. Bild 6.61). Die Einfügungsdämpfung der Referenz-Lärmschutzwand wurde mit dem Mikrofonarray-Verfahren um durchschnittlich 1,3 dB höher bestimmt als mit dem Einzelmikrofon-Verfahren. Die dazugehörigen Differenzen der Terzbandpegel der Einfügungsdämpfung in Abhängigkeit vom horizontalen Quellwinkel φ_{Q} sind in Bild 6.62 bis Bild 6.63 dargestellt. Darin ist zu erkennen, dass $\Delta D_{\mathrm{e\ Lsw}}$ stark mit dem Quellwinkel und mit der Frequenz variiert. Bild 6.64 zeigt, dass die spektrale Pegeldifferenz der Einfügungsdämpfung der untersuchten Referenz-Lärmschutzwand näherungsweise linear mit der logarithmierten Frequenz ansteigt.

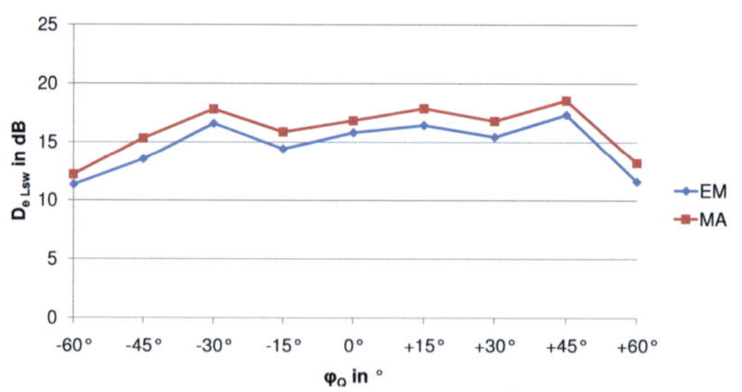

Bild 6.60: Einfügungsdämpfung $D_{\mathrm{e\ Lsw}}$ der Referenz-Lsw beim Einsatz des MA-Verfahrens (rot) und des EM-Verfahrens (blau) mit Dodekaeder-Lautsprecher nach Anwendung der Quellspektrumskorrektur in Abhängigkeit vom Quellwinkel; Gesamtpegel über Terzbänder 315 Hz bis 3,15 kHz; hor. Quellwinkel $-60° \leq \varphi_{\mathrm{Q}} \leq 60°$

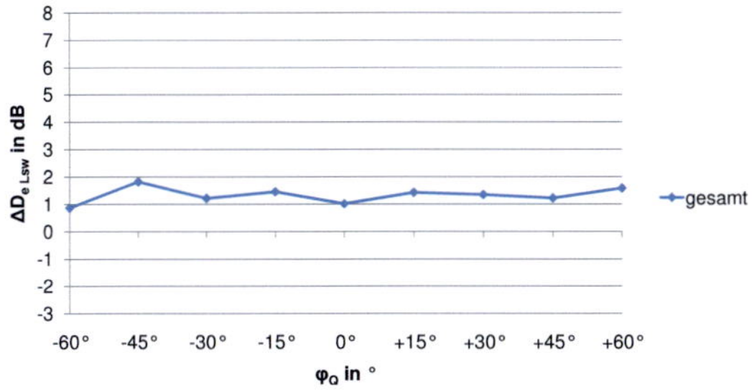

Bild 6.61: Differenz $\Delta D_{\mathrm{e\ Lsw}}$ zwischen der Einfügungsdämpfung der Referenz-Lsw beim Einsatz des MA-Verfahrens und des EM-Verfahrens mit Dodekaeder-Lautsprecher nach Anwendung der Quellspektrumskorrektur in Abhängigkeit vom Quellwinkel; Gesamtpegel über Terzbänder 315 Hz bis 3,15 kHz; hor. Quellwinkel $-60° \leq \varphi_{\mathrm{Q}} \leq 60°$

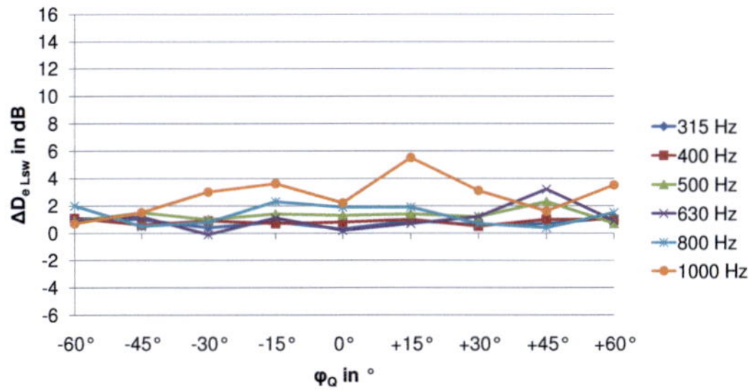

Bild 6.62: Differenz $\Delta D_{\mathrm{e\ Lsw}}$ zwischen der Terzband-Einfügungsdämpfung der Referenz-Lsw beim Einsatz des MA-Verfahrens und des EM-Verfahrens mit Dodekaeder-Lautsprecher nach Anwendung der Quellspektrumskorrektur in Abhängigkeit vom Quellwinkel; Terzmittenfrequenz 315 Hz bis 1 kHz; hor. Quellwinkel $-60° \leq \varphi_{\mathrm{Q}} \leq 60°$

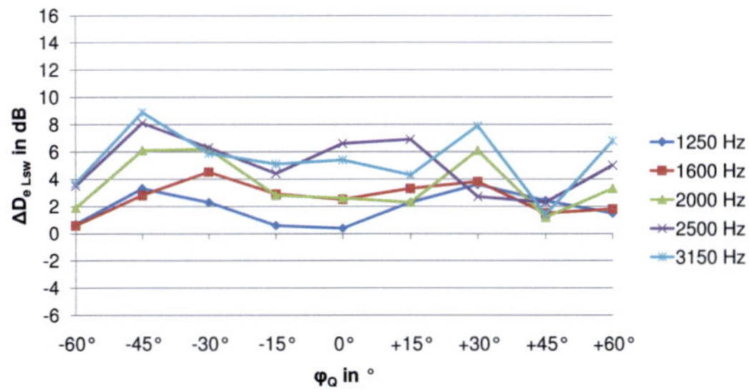

Bild 6.63: Differenz $\Delta D_{\mathrm{e\ Lsw}}$ zwischen der Terzband-Einfügungsdämpfung der Referenz-Lsw beim Einsatz des MA-Verfahrens und des EM-Verfahrens mit Dodekaeder-Lautsprecher nach Anwendung der Quellspektrumskorrektur in Abhängigkeit vom Quellwinkel; Terzmittenfrequenz 1,25 kHz bis 3,15 kHz; hor. Quellwinkel $-60° \leq \varphi_{\mathrm{Q}} \leq 60°$

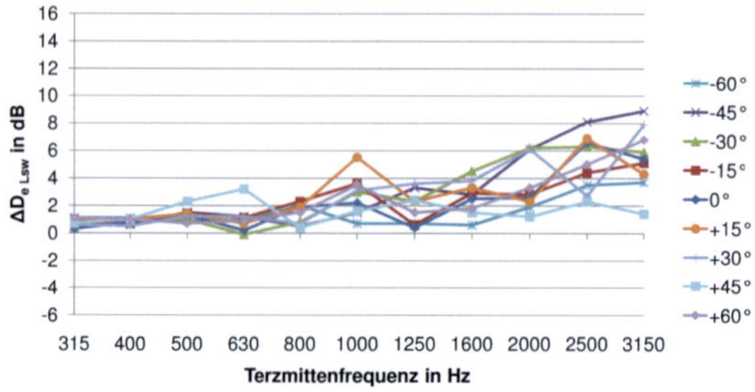

Bild 6.64: Differenz $\Delta D_{\mathrm{e\ Lsw}}$ zwischen der Terzband-Einfügungsdämpfung der Referenz-Lsw beim Einsatz des MA-Verfahrens und des EM-Verfahrens mit Dodekaeder-Lautsprecher nach Anwendung der Quellspektrumskorrektur in Abhängigkeit von der Frequenz; Terzmittenfrequenz 315 Hz bis 3,15 kHz; hor. Quellwinkel $-60° \leq \varphi_{\mathrm{Q}} \leq 60°$

Die Differenz zwischen der mit beiden Messverfahren bestimmten spektralen Einfügungsdämpfung der Referenz-Lärmschutzwand ist direkt mit der Differenz des spektralen Immissionsschalldruckpegels beider Verfahren bei Schallausbreitung über den Schallschirm gleichzusetzen. Sie ist damit unabhängig vom Messergebnis am Referenzmikrofon. Da das in Abschnitt 3.2 beschriebene eingesetzte Beamforming-Verfahren die Bestimmung absoluter Schalldruckpegel ermöglicht, kann die ermittelte spektrale Pegeldifferenz damit ausschließlich auf die aufgetretenen Störquellen zurückgeführt werden, deren Wirkung mit steigender Frequenz zunimmt. Die Störquellen konnten durch die Richtcharakteristik des Mikrofonarrays nachgewiesen und gezielt ausgeblendet werden.

Analog zu Bild 6.60 bis Bild 6.64 zeigen Bild 6.65 bis Bild 6.69 die direkte Gegenüberstellung der Ergebnisse von Einzelmikrofon-Verfahren und Mikrofonarray-Verfahren an der untersuchten Referenz-Lärmschutzwand bei Beobachtung eines vorbeifahrenden Fahrzeugs. Diese Ergebnisse lassen vergleichbare Zusammenhänge erkennen wie bei den Untersuchungen mit dem Dodekaeder-Lautsprecher.

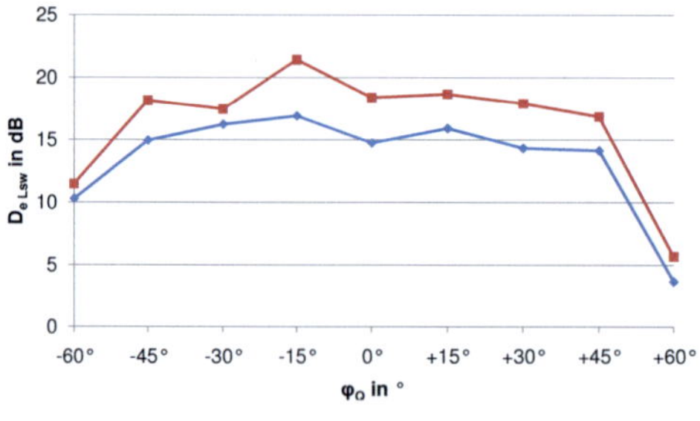

Bild 6.65: Einfügungsdämpfung $D_{\mathrm{e\ Lsw}}$ der Referenz-Lsw beim Einsatz des MA-Verfahrens (rot) und des EM-Verfahrens (blau) mit vorbeifahrendem Fahrzeug in Abhängigkeit vom Quellwinkel; Gesamtpegel über Terzbänder 315 Hz bis 3,15 kHz; hor. Quellwinkel $-60° \leq \varphi_{\mathrm{Q}} \leq 60°$

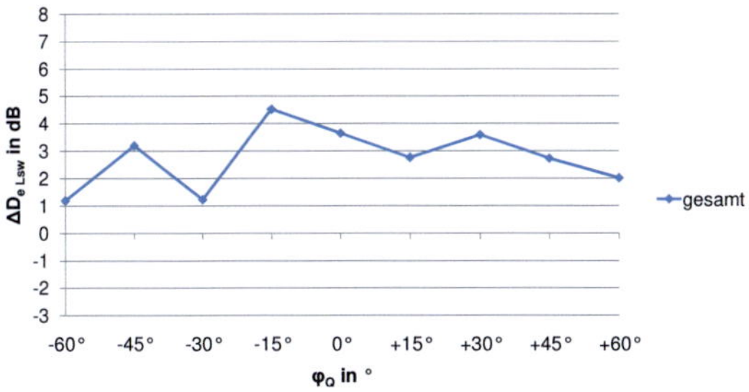

Bild 6.66: Differenz $\Delta D_{\mathrm{e\ Lsw}}$ zwischen der Einfügungsdämpfung der Referenz-Lsw beim Einsatz des MA-Verfahrens und des EM-Verfahrens mit vorbeifahrendem Fahrzeug in Abhängigkeit vom Quellwinkel; Gesamtpegel über Terzbänder 315 Hz bis 3,15 kHz; hor. Quellwinkel $-60° \leq \varphi_{\mathrm{Q}} \leq 60°$

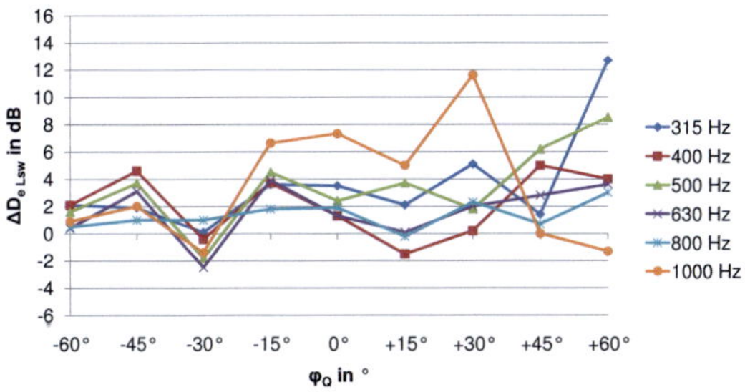

Bild 6.67: Differenz $\Delta D_{\mathrm{e\ Lsw}}$ zwischen der Terzband-Einfügungsdämpfung der Referenz-Lsw beim Einsatz des MA-Verfahrens und des EM-Verfahrens mit vorbeifahrendem Fahrzeug in Abhängigkeit vom Quellwinkel; Terzmittenfrequenz 315 Hz bis 1 kHz; hor. Quellwinkel $-60° \leq \varphi_{\mathrm{Q}} \leq 60°$

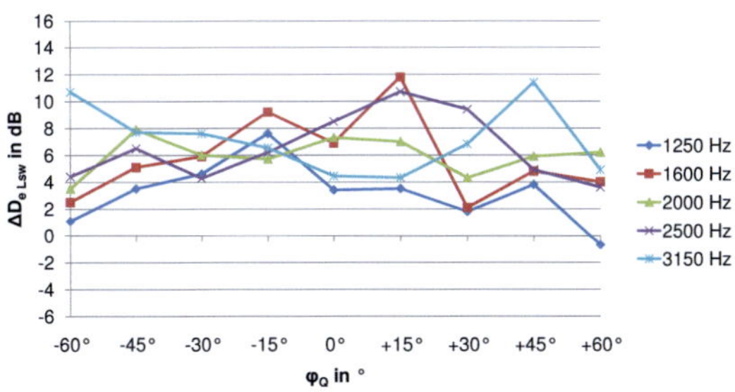

Bild 6.68: Differenz $\Delta D_{\mathrm{e\ Lsw}}$ zwischen der Terzband-Einfügungsdämpfung der Referenz-Lsw beim Einsatz des MA-Verfahrens und des EM-Verfahrens mit vorbeifahrendem Fahrzeug in Abhängigkeit vom Quellwinkel; Terzmittenfrequenz 1,25 kHz bis 3,15 kHz; hor. Quellwinkel $-60° \leq \varphi_{\mathrm{Q}} \leq 60°$

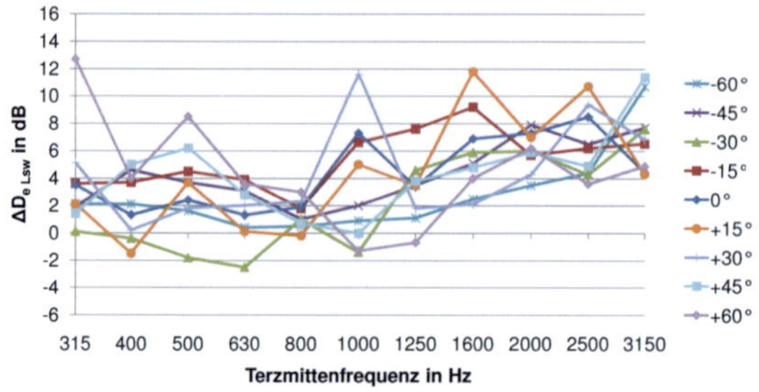

Bild 6.69: Differenz $\Delta D_{\mathrm{e\ Lsw}}$ zwischen der Terzband-Einfügungsdämpfung der Referenz-Lsw beim Einsatz des MA-Verfahrens und des EM-Verfahrens mit vorbeifahrendem Fahrzeug in Abhängigkeit von der Frequenz; Terzmittenfrequenz 315 Hz bis 3,15 kHz; hor. Quellwinkel $-60° \leq \varphi_{\mathrm{Q}} \leq 60°$

Die Einfügungsdämpfung der Referenz-Lärmschutzwand wurde mit dem Mikrofonarray-Verfahren um durchschnittlich 2,8 dB höher bestimmt als mit dem Einzelmikrofon-Verfahren (vgl. Bild 6.66). Auch bei der Fahrzeugbeobachtung steigt die Pegeldifferenz der mit beiden Verfahren bestimmten Einfügungsdämpfung im Allgemeinen mit der Frequenz an (vgl. Bild 6.69), was wiederum auf Störquellen zurückzuführen ist. Wie bereits beschrieben, sind die im Vergleich zu den Untersuchungen mit dem Dodekaeder-Lautsprecher deutlich größeren spektralen Pegeldifferenzen auf den geringeren Schallleistungspegel des vorbeifahrenden Fahrzeugs und damit auf den größeren Einfluss der Störquellen auf den Immissionsschalldruckpegel am Einzelmikrofon zurückzuführen.

Die Fähigkeit des Mikrofonarrays, durch seine Richtcharakteristik Störquellen gezielt ausblenden zu können, stellt einen großen Vorteil gegenüber dem bisher zur Bestimmung der Einfügungsdämpfung von Schallschirmen eingesetzten Einzelmikrofon dar. Eine zu hohe messtechnische Bestimmung des Immissionsschalldruckpegels $L_{\mathrm{pE\ Lsw}}$ mit dem Einzelmikrofon führt zur Ermittlung einer zu geringen schalltechnischen Wirksamkeit der untersuchten Lärmschutzwand. Im Gegensatz dazu zieht ein mit Einzelmikrofon im Freifeld zu hoch bestimmter Immissionsschalldruckpegel $L_{\mathrm{pE\ frei}}$ eine zu hoch angegebene Einfügungsdämpfung nach sich.

Da es sich bei der messtechnischen Bestimmung der Einfügungsdämpfung einer Lärmschutzwand um ein relatives Verfahren handelt, das die Bestimmung der Differenz der Immissionsschalldruckpegel $L_{\mathrm{pE\ Lsw}}$ und $L_{\mathrm{pE\ frei}}$ beinhaltet, kann davon ausgegangen werden, dass in ungestörter akustischer Umgebung keine wesentliche Pegeldifferenz zwischen den Ergebnissen von Einzelmikrofon-Verfahren und Mikrofonarray-Verfahren auftritt. Eine Umrechnung der Messergebnisse beider Verfahren für senkrechten Schalleinfall ist daher nicht erforderlich. Die Anwendung des konventionellen Einzelmikrofon-Verfahrens erfolgt jedoch durch Betrachtung der mittleren winkelabhängigen Einfügungsdämpfung des Schallschirms. Um die Ergebnisse des Mikrofonarray-Verfahrens am finiten Schallschirm und die Ergebnisse des Einzelmikrofon-Verfahrens am semi-infiniten Schallschirm vergleichbar zu machen, ist somit ist ausschließlich ein Korrekturwert bezüglich der im Allgemeinen höheren Einfügungsdämpfung der Lärmschutzwand für senkrechten Schalleinfall ($\varphi_{\mathrm{Q}} = 0°$) erforderlich. Dieser Korrekturwert wurde in Abschnitt 4.2.1 rechnerisch mit 2 dB bestimmt. Die Wahl der Durchführung des Array-Verfahrens, entweder mit Dodekaeder-Lautsprecher oder mit vorbeifahrendem Fahrzeug, spielt für diesen Korrekturwert keine entscheidende Rolle. Die in Abschnitt 4.2.1 durchgeführten Berechnungen zeigen jedoch, dass die mittlere Einfügungsdämpfung der Lärmschutzwand für eine Punktschallquelle mit einer Quellhöhe von 0,01 m um ca. 1,5 dB höher bestimmt wird als für eine Punktschallquelle mit einer Quellhöhe von 0,5 m. Es ist nochmals hervorzuheben, dass der Einsatz eines Dodekaeder-Lautsprechers, bedingt durch dessen größere Schallleistung, einen größeren Signal-Rausch-Abstand am Immissionsort bewirkt.

7 ZUSAMMENFASSUNG

Motivation und Lösungsansatz

Ziel der vorliegenden Arbeit war die Entwicklung und Erprobung eines innovativen Messverfahrens, das ein Mikrofonarray zur In-situ-Bestimmung der spektralen Einfügungsdämpfung an verkürzten Prototypen neuartiger Lärmschutzwände mit und ohne Aufsätze nutzt. Bisher wird zur Bestimmung der Einfügungsdämpfung mit einem Einzelmikrofon der spektrale Immissionsschalldruckpegel gemessen, der während der Fahrzeugvorbeifahrt bei freier Schallausbreitung bzw. bei installierter Lärmschutzwand auftritt. Die Einfügungsdämpfung des Schallschirms ergibt sich anschließend durch Subtraktion der beiden gemessenen Immissionsschalldruckpegel.

Für die Messungen mit Einzelmikrofon ist es erforderlich, dass die zu prüfende Wand eine Mindestlänge von ca. 200 m aufweist. Diese Mindestlänge soll erstens sicherstellen, dass mit den Messungen der Mittelwert der vom horizontalen Schalleinfallswinkel abhängigen Einfügungsdämpfung einer semi-infiniten Lärmschutzwand erfasst wird. Zweitens muss gewährleistet sein, dass die Schallbeugung um die Seitenkanten des Schallschirms keinen relevanten Einfluss auf den Immissionsschalldruckpegel besitzt. Drittens sollen Störquellen abgeschirmt werden, die sich seitlich des vorbeifahrenden Fahrzeugs befinden und durch die kugelförmige Richtcharakteristik des Einzelmikrofons nicht ausgeblendet werden können. Die aus diesen drei Forderungen resultierende große Länge des zu untersuchenden Schallschirms ist jedoch mit erheblichen Kosten sowie gegebenenfalls mit Beeinträchtigungen des laufenden Verkehrs durch aufwendige Absperrmaßnahmen während des Wandaufbaus verbunden.

Die Idee des innerhalb der vorliegenden Arbeit entwickelten Messverfahrens beruht auf der Richtwirkungseigenschaft des Mikrofonarrays, die es ermöglicht, Störanteile im Schallfeld gezielt auszublenden. Die Leistungsfähigkeit eines Mikrofonarrays zur Bestimmung der Einfügungsdämpfung am finiten Schallschirm kann durch zwei Qualitätskriterien charakterisiert werden. Primäres Kriterium ist die Nebenkeulenunterdrückung des Arraypatterns, die dem Array die Fähigkeit verleiht, Störquellen auszublenden. Die Breite der Hauptkeule des Arraypatterns stellt ein sekundäres Qualitätskriterium dar, das die örtliche Auflösung des Arrays bestimmt.

Schallfeldsimulationen zur Ableitung der Anforderungen an das Messsystem

Die Anforderungen an das einzusetzende Mikrofonarray wurden aus Ergebnissen von Schallfeldsimulationen für einen semi-infiniten Schallschirm und eine finite Wand in ungestörter bzw. gestörter akustischer Umgebung abgeleitet. Das angewendete Schallfeldmodell berücksichtigt dabei die Modellierung der Schallquelle und die wesentlichen Einflussgrößen der Schallausbreitung von der Quelle zum Empfänger.

In Übereinstimmung mit den nationalen Richtlinien für den Lärmschutz an Straßen (RLS-90) [RLS92] und verschiedenen betrachteten internationalen Prognosemodellen wurde das Fahrzeug vereinfacht als Punktschallquelle in 0,5 m bzw. 0,01 m Höhe über der Mitte des betrachteten Fahrstreifens modelliert. Die Charakterisierung des spektralen Schallleistungspegels der Punktschallquelle erfolgte auf Basis des standardisierten Verkehrslärmspektrums nach [DIN97].

Bei der Modellierung der Schallausbreitung wurde besonderes Augenmerk auf die Reflexion von Kugelwellen über impedanzbelegtem Boden mit Impedanzdiskontinuität, die Schallbeugung an Hindernissen mit impedanzbelegten Flächen sowie die partiell kohärente Kombination der schalltechnischen Wirkung der verschiedenen relevanten Ausbreitungspfade am Immissionsort gelegt. Diese Effekte sind zum aktuellen Zeitpunkt weder in den ingenieurmäßigen Formeln der nationalen RLS-90 [RLS92] noch in denen der zur Dimensionierung von Lärmschutzwänden in Deutschland anwendbaren VDI-Richtlinie 2720-1 [VDI97] enthalten. Die Reflexion von Kugelwellen über impedanzbelegtem Boden mit Impedanzdiskontinuität konnte durch den Einsatz des Fresnel-Zonen-Modells berücksichtigt werden. Dabei wurde, abweichend zu [BWFAL97], ein mittlerer wirksamer komplexer Kugelwellenreflexionsfaktor eingeführt, der die partiell kohärente Addition der einzelnen Schalldruckanteile am Immissionsort ermöglicht. Die komplexen Kugelwellenreflexionsfaktoren der beiden relevanten Oberflächen – Fahrbahn und angrenzender Boden – ließen sich durch Anwendung der Weyl-Van-der-Pol-Lösung gemäß [CS80] und [Sti95] berechnen. Die Schallbeugung am Schallschirm wurde mittels mathematischer Beschreibung der Schallbeugung an einem keilförmigen Hindernis mit impedanzbelegten Flächen gemäß [HP81] und [PK01] modelliert. Die Kombination der schalltechnischen Wirkung der verschiedenen relevanten Ausbreitungspfade erfolgte auf der Grundlage von [Heu04] durch partiell kohärente Addition der einzelnen Schalldruck-Anteile am Immissionsort in Verbindung mit einem spektralen Kohärenzfaktor.

Die Simulationsergebnisse der spektralen Einfügungsdämpfung semi-infiniter schallharter Schallschirme verschiedener Höhe zeigen, dass die Anzahl der Extremwerte je Terzband mit steigender Terzmittenfrequenz zunimmt. Es stellte sich dennoch heraus, dass die ausschließliche Berücksichtigung der Mittenfrequenz je relevantem Terzband für die qualitative Vorhersage des Gesamtpegels der vom horizontalen Schalleinfallswinkel abhängigen Einfügungsdämpfung des Schallschirms ausreichend ist. Dies gilt sowohl für die Quellhöhe von 0,5 m als auch für die Quellhöhe von 0,01 m.

Die Simulationsergebnisse lassen darüber hinaus erkennen, dass der Immissionsschalldruckpegel mit zunehmendem Betrag des horizontalen Quellwinkels sinkt, unabhängig von der Quellhöhe. Da dieser Effekt für freie Schallausbreitung stärker ist als für Schallausbreitung über die Lärmschutzwand, verringert sich mit zunehmendem Betrag des Quellwinkels die Einfügungsdämpfung des Schallschirms, unabhängig von dessen Höhe.

Die Simulationen zeigen weiter, dass die Einfügungsdämpfung eines semi-infiniten schallharten Schallschirms für senkrechten Schalleinfall um 2 dB größer ist als dessen mittlere winkelabhängige Einfügungsdämpfung für einen betrachteten maximalen Betrag des Quellwinkels von 80°. Dies gilt sowohl für 0,5 m als auch für 0,01 m Quellhöhe. Der Wert von 2 dB kann als Korrektur verwendet werden, um die Ergebnisse des neuartigen Mikrofonarray-Verfahrens am finiten Schallschirm und die Ergebnisse des bisherigen Einzelmikrofon-Verfahrens am semi-infiniten Schallschirm vergleichbar zu machen. Der Korrekturwert ist annähernd unabhängig von der Schirmhöhe.

Es kann davon ausgegangen werden, dass in ungestörter akustischer Umgebung keine wesentliche Pegeldifferenz zwischen den Ergebnissen von Einzelmikrofon-Verfahren und Mikrofonarray-Verfahren auftritt. Eine Umrechnung der Messergebnisse beider Verfahren für senkrechten Schalleinfall ist daher nicht erforderlich.

Anhand der Simulationen am semi-infiniten Schallschirm konnte außerdem gezeigt werden, dass die mittlere Einfügungsdämpfung einer Lärmschutzwand erwartungsgemäß mit zunehmender Schirmhöhe ansteigt. Für eine Punktschallquelle mit einer Quellhöhe von 0,01 m fällt die mittlere Einfügungsdämpfung des Schallschirms dabei jedoch um ca. 1,5 dB höher aus als bei einer

Quellhöhe von 0,5 m. Dieser Sachverhalt muss bei der Wahl der Höhe der Testschallquelle berücksichtigt werden.

Die Simulationen am finiten Schallschirm ergaben, dass die Anforderungen an das Mikrofonarray von der Höhe der Lärmschutzwand und von den akustischen Umgebungsbedingungen (gestört oder ungestört) abhängen, die bei der Anwendung des Array-Messverfahrens vorherrschen. Bei Anwendung des Mikrofonarray-Verfahrens in ungestörter akustischer Umgebung setzt sich das Lokalisationsergebnis aus drei wesentlichen Anteilen zusammen. Der erste Anteil wird durch Schallbeugung an der Oberkante des Schallschirms verursacht. Die beiden übrigen Anteile resultieren aus der Schallausbreitung um die linke und die rechte Seitenkante des finiten Schallschirms. In gestörter akustischer Umgebung wird das Lokalisationsergebnis dagegen durch weitere Anteile bestimmt. Diese resultieren aus der freien Schallausbreitung von Stör-Schallquellen, die zu beiden Seiten des finiten Schallschirms auftreten können.

Um das Array-Verfahren am finiten Schallschirm pegelrichtig in ungestörter akustischer Umgebung anwenden zu können, muss das Arraypattern des Mikrofonarrays eine Nebenkeulenunterdrückung von mindestens 15 dB aufweisen. Für die pegelrichtige Anwendung des Array-Verfahrens bei bis zu zwei gleichzeitig auftretenden Stör-Schallquellen ist dagegen ein Arraypattern mit einer Nebenkeulenunterdrückung von mindestens 40 dB bei einer Quellhöhe von 0,5 m bzw. 42 dB bei einer Quellhöhe von 0,01 m erforderlich.

Auslegung des Messsystems

In der Arbeit konnte gezeigt werden, dass die aus den Schallfeldsimulationen resultierenden Anforderungen an das Mikrofonarray-Messsystem durch eine Optimierung des spektralen Arraypatterns erfüllt werden können. Da für die Ermittlung der vom horizontalen Schalleinfallswinkel abhängigen Einfügungsdämpfung der Lärmschutzwand ausschließlich die Quelllokalisation in horizontaler Richtung notwendig ist, wurde für das neuartige Messverfahren ein horizontal ausgerichtetes Linienarray eingesetzt.

Auf Basis der in [Sch04] vorgestellten numerischen Synthese wurde das spektrale Arraypattern hinsichtlich der Nebenkeulenunterdrückung durch Optimierung einer 32-elementigen Mikrofonanordnung verbessert. Es zeigte sich jedoch, dass die Nebenkeulenunterdrückung des resultierenden Arraypatterns ausschließlich die Anforderungen für die pegelrichtige Anwendung des Array-Verfahrens in ungestörter akustischer Umgebung erfüllt. Daher wurde das spektrale Arraypattern durch Kombination von Mikrofonanordnung und optimierter Mikrofonwichtung verbessert. Für Linienarrays mit äquidistanter Mikrofonanordnung lassen sich Fensterfunktionen aus der Signal- und Bildverarbeitung effektiv auf die Mikrofonwichtung anwenden. Für ein 32-elementiges Linienarray konnte die Nebenkeulenunterdrückung durch Mikrofonwichtung nach *HAMMING*, *BLACKMAN* bzw. *BLACKMAN-NUTTALL* von 13 dB auf 44 dB bis 91 dB erhöht werden. Mit zunehmender Nebenkeulenunterdrückung des Arraypatterns vergrößert sich jedoch die Breite der Hauptkeule, wodurch die örtliche Auflösung sinkt. Es zeigte sich, dass die *HAMMING*-Wichtung für das Array-Verfahren einen guten Kompromiss aus Nebenkeulenunterdrückung und örtlicher Auflösung des Arraypatterns darstellt.

Bei starkem „Schwenken" eines Linienarrays mit äquidistanter Mikrofonanordnung können verstärkt örtliche Aliasing-Effekte in Form von periodischen Hauptkeulen im Arraypattern auftreten. Durch Kombination des Hauptarrays mit einem Unterarray konnten diese Effekte vermindert und der zuverlässig auswertbare Arbeitsfrequenzbereich des Mikrofonarrays vergrößert werden, ohne die für die Messung erforderliche Mindestlänge der zu untersuchenden Lärmschutzwand erhöhen zu müssen.

Durch energetische Addition der einzelnen Terzband-Arraypattern konnte die Nebenkeulenstruktur nochmals geglättet und die Nebenkeulenunterdrückung weiter erhöht werden. Die spektrale Wichtung der einzelnen Terzband-Arraypattern mit dem standardisierten Verkehrslärmspektrum ermöglichte die Bestimmung der erforderlichen Mindestentfernung einer seitlichen Stör-Schallquelle zur Mitte des Schallschirms. Durch zusätzliche Wichtung mit dem Abschirmmaß eines schallharten Schallschirms konnte die für die Messung erforderliche Mindestlänge der zu untersuchenden Lärmschutzwand bestimmt werden. Mit einer Nebenkeulenunterdrückung des gewichteten Breitband-Arraypatterns von ca. 47 dB erfüllt das kombinierte Linienarray die ermittelten Anforderungen an das Mikrofonarray-Messsystem für die pegelrichtige Anwendung des Messverfahrens sowohl in ungestörter als auch in gestörter akustischer Umgebung.

Validierung des Messverfahrens

Das Array-Verfahren wurde durch zeitgleiche Anwendung des bisherigen Einzelmikrofon-Verfahrens an einer 3 m hohen Referenz-Lärmschutzwand messtechnisch erprobt und validiert. Die Durchführung der Messungen erfolgte zum einen mit einer messtechnisch durch einen Dodekaeder-Lautsprecher realisierten stationären Punktschallquelle, zum anderen durch ein kontrolliert vorbeifahrendes Fahrzeug mit einer Geschwindigkeit von 80 km/h. Das neuartige Mikrofonarray-Verfahren erfordert es, den absoluten Immissionsschalldruckpegel im Arraymittelpunkt zu bestimmen. Dies konnte erreicht werden, indem das Mikrofonarray durch den Beamforming-Algorithmus im Frequenzbereich mit modifizierter Kreuzspektralmatrix angesteuert wurde. Die Messergebnisse bestätigten die Fähigkeit des optimierten Arrays, Störquellen gezielt ausblenden zu können, was einen großen Vorteil gegenüber dem bisher zur Bestimmung der Einfügungsdämpfung von Schallschirmen eingesetzten Einzelmikrofon-Verfahren darstellt. Es konnte nachgewiesen werden, dass das Array-Verfahren sowohl mit Dodekaeder-Lautsprecher als auch mit vorbeifahrendem Fahrzeug erfolgreich angewendet werden kann. Dabei ist sowohl der Einfluss der Höhe der Testschallquelle auf die absolute Einfügungsdämpfung des Schallschirms zu berücksichtigen als auch der größere Signal-Rausch-Abstand hervorzuheben, der beim Einsatz eines Dodekaeder-Lautsprechers, bedingt durch dessen größere Schallleistung, am Immissionsort bewirkt wird.

Potenzial des neuen Verfahrens

Die Ergebnisse der vorgelegten Arbeit zeigen, dass der Einsatz eines optimierten Mikrofonarrays die In-situ-Bestimmung der Einfügungsdämpfung für senkrechten Schalleinfall an einer stark verkürzten Lärmschutzwand von ca. 20 m Länge ermöglicht. Dies erlaubt eine erhebliche Senkung der Kosten für den Aufbau des Prototyps der zu testenden Wand. Durch die Richtwirkungseigenschaft des Arrays können Störanteile im Schallfeld gezielt ausgeblendet werden. Dies trifft zum einen auf die Schallbeugung um die Seitenkanten des Schallschirms zu. Zum anderen können bis zu zwei gleichzeitig auftretende Stör-Schallquellen seitlich des Schallschirms ausgeblendet werden, wenn diese eine Mindestentfernung von ca. 43 m zur Mitte der zu untersuchenden Wand besitzen. Damit lässt sich das neue Verfahren auch im fließenden Verkehr bei niedriger Verkehrsdichte anwenden. Im Hinblick auf die Einführung eines genormten Mikrofonarray-Verfahrens sollten im nächsten Schritt umfangreiche In-situ-Messungen an verkürzten Testwänden erfolgen.

LITERATURVERZEICHNIS

[ANCS02] ARNOLD, D. P. ; NISHIDA, T. ; CATTAFESTA, L. N. ; SHEPLAK, M.: MEMS-Based Acoustic Array Technology. In: *40. AIAA Aerospace Sciences, Meeting & Exhibit* (2002), 14.-17. Januar, Nr. 2002-0253. – Reno, Nevada

[Asd05] ASDRUBALI, F.: Experimental evaluation of the diffracting performances of multipurpose noise barrier profiles. In: *Proceedings of Forum Acusticum* (2005). – Budapest, Ungarn

[Bar10] BARTOLOMAEUS, W.: Vorbeifahrtpegel von Straßenfahrzeugen. In: *Proceedings of DAGA 2010 - 36. Jahrestagung für Akustik* (2010), 15.-18. März. – Berlin

[BD+09] BESNARD, F. ; DUC, E. L. u. a.: Road noise prediction 2: Noise propagation computation methode including meteorological effects (NMPB 2008) - Methodological guide / SÉTRA - Service d'études sur les transports, les routes et leurs aménagements. 2009 (0957-2A). – Report on behalf of Technical Department of the Ministry of Ecology, Energy Sustainable Development and the Sea

[BH99] BROOKS, T. F. ; HUMPHREYS, W. M.: Effect of directional array size on the measurement of airframe noise components. In: *5. AIAA/ CEAS Aeroacoustics Conference* (1999), 10.-12. Mai, Nr. 99-1958. – Bellevue, Washington

[BH03] BARSIKOW, B. ; HELLMIG, M.: Bestimmung der Einfügungsdämpfung einer Schallschutzwand anhand von Messungen in derselben Messebene / Ingenieurbüro akustik-data, Berlin. 2003. – Forschungsbericht 200 51 201 des Forschungsprogramms UBA-FB 000390 des Umweltforschungsplans des Bundesministeriums für Umwelt, Naturschutz und Reaktorsicherheit. – Texte 58/03, ISSN 0722-186X

[BKSW01] BECKENBAUER, T. ; KURZE, U. J. ; SPIEGLER, P. ; WEISSENBERGER, W.: Absorbierende Schallschutzwand-Aufsätze. In: *Proceedings of DAGA 2001 - 27. Jahrestagung für Akustik* (2001), 26.-29. März. – Hamburg-Harburg

[BWFAL97] BOULANGER, P. ; WATERS-FULLER, T. ; ATTENBOROUGH, K. ; LI, K. M.: Models and measurements of sound propagation from a point source over mixed impedance ground. In: *Journal of the Acoustical Society of America (JASA)* 102 (1997), September, Nr. 3, S. 1432–1442

[CBM11] CHUDALLA, M. ; BARTOLOMAEUS, W. ; MEHRA, S.-R.: Anwendung des Interferenzschalldämpfer-Prinzips auf eine Lärmschutzwand. In: *Proceedings of DAGA 2011 - 37. Jahrestagung für Akustik* (2011), 21.-24. März. – Düsseldorf

[CH04] CHRISTENSEN, J. ; HALD, J.: Beamforming / Brüel & Kjaer. 2004 (1). – Technical Review

[CS75] CHIEN, C. F. ; SOROKA, W. W.: Sound propagation along an impedance plane. In: *Journal of Sound and Vibration* 43 (1975), Februar, Nr. 1, S. 9–20

[CS80] CHIEN, C. F. ; SOROKA, W. W.: A note on the calculation of sound propagation along an impedance surface. In: *Journal of the Acoustical Society of America (JASA)* 69 (1980), September, Nr. 2, S. 340–343

[Dai79] DAIGLE, G. A.: Effects of atmospheric turbulence on the interference of sound waves above a finite impedance boundary. In: *Journal of the Acoustical Society of America (JASA)* 65 (1979), Nr. 1, S. 45–49

[DB70] DELANY, M. E. ; BAZELEY, E. N.: Acoustical properties of fibrous absorbent materials. In: *Applied Acoustics* 3 (1970), S. 105–116

[DEG06] DEGA: *DEGA-Empfehlung 101 - Akustische Wellen und Felder.* Deutsche Gesellschaft für Akustik e. V., 2006

[DIN97] Norm DIN EN 1793-3 November 1997. *Lärmschutzeinrichtungen an Straßen - Prüfverfahren zur Bestimmung der akustischen Eigenschaften, Teil 3: Standardisiertes Verkehrslärmspektrum*

[DIN01] Norm DIN EN ISO 3741 Januar 2001. *Akustik - Bestimmung der Schallleistungspegel von Geräuschquellen aus Schalldruckmessungen - Hallraumverfahren der Genauigkeitsklasse 1*

[DIN02] Norm DIN EN ISO 11819-1 Mai 2002. *Akustik - Messung des Einflusses von Straßenoberflächen auf Verkehrsgeräusche, Teil 1: Statistisches Vorbeifahrtverfahren*

[DIN04] Vornorm DIN CEN/TS 1793-4 März 2004. *Lärmschutzeinrichtungen an Straßen - Prüfverfahren zur Bestimmung der akustischen Eigenschaften, Teil 4: Produktspezifische Merkmale - In-situ-Werte der Schallbeugung*

[DIN13] Norm DIN EN 1793-6 April 2013. *Lärmschutzeinrichtungen an Straßen - Prüfverfahren zur Bestimmung der akustischen Eigenschaften, Teil 6: Produktspezifische Merkmale - In-situ-Werte der Luftschalldämmung in gerichteten Schallfeldern*

[DRP07] DE ROO, F. ; PADMOS, C. J.: How to predict the far field effect of barrier tops from diffraction test results. In: *Proceedings of 19th International Congress on Acoustics* (2007), 02.-07. September. – Madrid, Spanien

[GG07] GARAI, M. ; GUIDORZI, P.: Using CEN/TS 1793-4 to develop an acoustically effective added device for road traffic noise barriers. In: *Proceedings of 19th International Congress on Acoustics* (2007), 02.-07. September. – Madrid, Spanien

[Har78] HARRIS, F. J.: On the use of windows for harmonic analysis with the discrete Fourier transform. In: *Proceedings of the IEEE* 66 (1978), Nr. 1

[HB93] HAMET, J.-F. ; BÉRENGIER, M.: Acoustical characteristics of porous pavements: A new phenomenological model. In: *Proceedings of Internoise* (1993), 24.-26. August. – Leuven, Belgien

[HC02] HALD, J. ; CHRISTENSEN, J.: A class of broad-band phased array geometries designed for easy construction. In: *Proceedings of Internoise* (2002), 19.-21. August. – Dearborn, MI, USA

[Heu04] HEUTSCHI, K.: SonRoad - Berechnungsmodell für Strassenlärm / Bundesamt für Umwelt, Wald und Landschaft BUWAL. 2004 (366). – Schriftenreihe Umwelt-Lärm

[HH95] HOTHERSALL, D. C. ; HARRIOTT, J. N. B.: Approximate models for sound propagation above multi-impedance plane boundaries. In: *Journal of the Acoustical Society of America (JASA)* 97 (1995), September, Nr. 2, S. 918–926

[Hof98] HOFFMANN, R.: *Signalanalyse und -erkennung - Eine Einführung für Informationstechniker.* Springer-Verlag, 1998. – ISBN 3–540–63443–6

[HP81] HADDEN, W. J. ; PIERCE, A. D.: Sound diffraction around screens and wedges for arbitrary point source locations. In: *Journal of the Acoustical Society of America (JASA)* 69 (1981), Nr. 5, S. 1266–1276

[HS06] HÜBELT, J. ; SCHMID, H.: *Charakterisierung der akustischen Eigenschaften offenporiger Straßenbeläge.* Bd. BASt-V-0133. Wirtschaftsverlag N. W. Verlag für neue Wissenschaft, 2006. – ISBN 978–3–86509–397–4. – Gesellschaft für Akustikforschung Dresden mbH, Technische Universität Dresden - Lehrstuhl Straßenbau

[HS07] HÜBELT, J. ; SCHULZE, C.: *Reflexion von Schall an seitlichen Hindernissen.* Bd. BMVBS-Fb-0973. Wirtschaftsverlag N. W. Verlag für neue Wissenschaft, 2007. – ISBN 978–3–86509–714–9. – Gesellschaft für Akustikforschung Dresden mbH

[ISO93] Norm ISO 9613-1 Juni 1993. *Akustik - Dämpfung des Schalls bei der Ausbreitung im Freien, Teil 1: Berechnung der Schallabsorption durch die Luft*

[JD93] JOHNSON, D. H. ; DUDGEON, D. E.: *Array Signal Processing: Concepts and Techniques.* PTR Prentice Hall, 1993. – ISBN 0–13–048513–6

[Jon06] JONASSON, H. G.: Acoustic source modelling of nordic road vehicles / Swedish National Testing and Research Institute. 2006 (2006:12). – SP Report, Energy Technology, Borås 2006

[JS01] JONASSON, H. G. ; STOREHEIER, S.: Nord 2000. New nordic prediction method for road traffic noise / Swedish National Testing and Research Institute. 2001 (2001:10). – SP Report, Acoustics, Borås 2001

[Kok11] KOKAVECZ, J.: *Einfluss der Geometrie auf die Wirkung von Schallschutzwänden*, Technische Universität Berlin, Diss., 2011

[KSH11] KLUTH, S. ; SCHULZE, C. ; HÜBELT, J.: *Verfahren zur direkten Messung der Geräuschemission von Straßen.* Bd. BMVBS-Fb-1063. Wirtschaftsverlag N. W. Verlag für neue Wissenschaft, 2011. – ISBN 978–3–86918–157–8. – Gesellschaft für Akustikforschung Dresden mbH

[Lip04] LIPPMANN, M.: *Untersuchungen von Hohlspiegeln mit Mehrmikrofonanlagen*, Technische Universität Dresden, Studienarbeit, 2004

[LND89] L'ESPÉRANCE, A. ; NICOLAS, J. ; DAIGLE, G. A.: Insertion loss of absorbent barriers on ground. In: *Journal of the Acoustical Society of America (JASA)* 86 (1989), Nr. 3, S. 1060–1064

[Mae68] MAEKAWA, Z.: Noise reduction by screens. In: *Applied Acoustics* 1 (1968), Nr. 3, S. 157–173

[MMWW99] MERZIGER, G. ; MÜHLBACH, G. ; WILLE, D. ; WIRTH, T.: *Formeln + Hilfen zur höheren Mathematik.* Binomi Verlag, 1999. – ISBN 3–923 923–35–X

[Mös12] MÖSER, M.: *Technische Akustik.* 9., aktualisierte Auflage. Springer-Verlag, 2012. – ISBN 978–3–642–30932–8

[MSB07] *Magnetschnellbahn Ausführungsgrundlage - Gesamtsystem, Anlage 5, Schall.* Februar 2007. – MSB Fachausschuss

[MUS+02] MÜLLER, T. ; UNDERBRINK, J. R. ; SODERMAN, P. T. ; LYNCH, D. ; DOUGHERTY, R. P. ; BLAKE, W. K. ; ALLEN, C. S.: *Aeroacoustic measurements.* Springer-Verlag, 2002. – ISBN 3–540–41757–5

[Nut81] NUTTALL, A. H.: Some windows with very good sidelobe behavior. In: *IEEE Transactions on Acoustics, Speech, and Signal Processing* ASSP-29 (1981), Nr. 1, S. 84–91

[Ö97] ÖGREN, M.: Propagation of sound - Screening and ground effect. Part I: Non-refracting atmosphere / Swedish National Testing and Research Institute. 1997 (1997:44). – SP Report, Acoustics, Borås 1997

[Pie74] PIERCE, A. D.: Diffraction of sound around corners and over wide barriers. In: *Journal of the Acoustical Society of America (JASA)* 55 (1974), Nr. 5, S. 941–955

[PK98] PLOVSING, B. ; KRAGH, J.: Prediction of sound propagation in an atmosphere without significant refraction. Outline of a comprehensive model / DELTA Acoustics & Vibration. 1998 (AV 1818/98). – Report on behalf of Nordic Noise Group

[PK01] PLOVSING, B. ; KRAGH, J.: Nord2000. Comprehensive Outdoor Sound Propagation Model. Part 1: Propagation in an Atmosphere without Significant Refraction / DELTA Danish Electronics, Light & Acoustics. 2001 (AV 1849/00). – Report on behalf of Nordic Noise Group

[PS65] PARKIN, P. H. ; SCHOLES, W. E.: The horizontal propagation of sound from a jet engine close to the ground, at Hatfield. In: *Journal of Sound and Vibration (JSV)* 2 (1965), Nr. 4, S. 353–374

[RAS96] *RAS-Q - Richtlinie für die Anlage von Straßen, Teil Querschnitt.* März 1996. – Forschungsgesellschaft für Straßen- und Verkehrswesen

[Rei73] REINHOLD, G.: Optimierungsprobleme bei der Planung von Abschirmeinrichtungen. In: *Proceedings of DAGA 1973 - 3. Jahrestagung für Akustik* (1973). – Aachen

[Rie12] RIEGEL, M.: Entwicklung eines akustischen Hohlspiegels mit integriertem Mikrofon-Array. In: *Proceedings of DAGA 2012 - 38. Jahrestagung für Akustik* (2012), 19.-22. März. – Darmstadt

[RLS92] *RLS-90 - Richtlinien für den Lärmschutz an Straßen.* März 1992. – Bundesministerium für Verkehr (Ausgabe 1990, berichtigte Fassung 1992)

[SB87] SLUTSKY, S. ; BERTONI, H. L.: *Analysis and programs for assessment of absorptive and tilted parallel barriers.* Bd. Transportation Research Record 1176. National Research Council, Transportation Research Board, 1987

[Sch04] SCHULZE, C.: *Anwendung eines Mikrofonarrays zur Ortung von Schallquellen*, Technische Universität Dresden, Diplomarbeit, 2004

[SH08a] SCHULZE, C. ; HÜBELT, J.: *Bestimmung der Einfügungsdämpfung an verkürzten Lärmschutzwänden.* Bd. BMVBS-Fb-1010. Wirtschaftsverlag N. W. Verlag für neue Wissenschaft, 2008. – ISBN 978–3–86509–875–7. – Gesellschaft für Akustikforschung Dresden mbH

[SH08b] SCHULZE, C. ; HÜBELT, J.: *Bestimmung der vertikalen Richtcharakteristik der Schallausbreitung von Pkw, Transportern und Lkw.* Bd. BASt-V-0176. Wirtschaftsverlag N. W. Verlag für neue Wissenschaft, 2008. – ISBN 978–3–86509–879–5. – Gesellschaft für Akustikforschung Dresden mbH

[SH11] SCHUBERT, S. ; HÜBELT, J.: Minderung des Verkehrslärms durch den Einsatz aktiver Lärmschutzwände für Anwendung im Straßen- und Schienenverkehr / Hochschule Mittweida. 2011. – Forschungsbericht

[Sij07] SIJTSMA, P.: Phased array beamforming in wind tunnels / National Aerospace Laboratory NLR. 2007 (NLR-TP-2006-732). – VKI/EWA Lecture Series on Experimental Aeroacoustics, Brüssel, November, 2006

[SKH12a] SCHULZE, C. ; KLUTH, S. ; HÜBELT, J.: *Emission of Galleries, Trenches etc. (Emission von Galerien, Trögen etc.)*. Bd. BMVBS-Fb-1076. Wirtschaftsverlag N. W. Verlag für neue Wissenschaft, 2012. – ISBN 978–3–86918–247–6. – Gesellschaft für Akustikforschung Dresden mbH

[SKH12b] SCHULZE, C. ; KLUTH, S. ; HÜBELT, J.: *Lärmemission am Tunnelmund*. Bd. BMVBS-Fb-1080. Wirtschaftsverlag N. W. Verlag für neue Wissenschaft, 2012. – ISBN 978–3–86918–270–4. – Gesellschaft für Akustikforschung Dresden mbH

[Sti95] STINSON, M. R.: A note on the use of an approximate formula to predict sound fields above an impedance plane due to a point source. In: *Journal of the Acoustical Society of America (JASA)* 98 (1995), September, Nr. 3, S. 1810–1812

[Tre02] TREES, H. L. V.: *Optimum Array Processing*. Bd. IV of Detection, Estimation and Modulation Theory. John Wiley & Sons, Inc., 2002. – ISBN 0–471–09390–4

[VDI97] *VDI 2720-1 - Schallschutz durch Abschirmung im Freien*. März 1997

[VM00a] VOLZ, R. ; MÖSER, M.: Aufsätze für Schallschirme - Messungen an einer Lärmschutzwand. In: *Proceedings of DAGA 2000 - 26. Jahrestagung für Akustik* (2000), 20.-23. März. – Oldenburg

[VM00b] VOLZ, R. ; MÖSER, M.: Aufsätze für Schallschirme - verschieden abgestimmte Resonatoren. In: *Proceedings of DAGA 2000 - 26. Jahrestagung für Akustik* (2000), 20.-23. März. – Oldenburg

[Yam10] YAMAMOTO, K.: Road traffic noise prediction model „ASJ RTN-Model 2008". Report of the Research Committee on Road Traffic Noise. In: *Acoust. Sci. & Tech. - The Acoustical Society of Japan* 31 (2010), Nr. 1

[ZBEA11] ZALESKI, O. ; BOCKSTEDTE, A. ; ESTORFF, O. von ; AUERBACH, M.: Anwendung der Boundary-Elemente-Methode und der numerischen Optimierung zur Auslegung einer Beugungskante mit Helmholtz-Resonatoren für Lärmschutzwände. In: *Proceedings of DAGA 2011 - 37. Jahrestagung für Akustik* (2011), 21.-24. März. – Düsseldorf

ABBILDUNGSVERZEICHNIS

TABELLENVERZEICHNIS

ERKLÄRUNG

Dieser Arbeit liegen Teile der im Auftrag des Bundesministeriums für Verkehr und digitale Infrastruktur, vertreten durch die Bundesanstalt für Straßenwesen, unter FE-Nr. 02.264/2005/LRB [HS07] und FE-Nr. 02.272/2006/LRB [SH08a] durchgeführten Forschungsarbeit zugrunde.

Die Verantwortung für den Inhalt liegt allein beim Autor.

This work is based on parts of the research projects carried out at the request of the Federal Ministry for Transport and digital Infrastructure, represented by the Federal Highway Research Institute, under research project No. 02.264/2005/LRB [HS07] and 02.272/2006/LRB [SH08a].

The author is solely responsible for the content.

Dresden, 29. August 2014